High Voltage Receiving Equipment

高圧受電設備等 設計・施工要領

オーム社 編

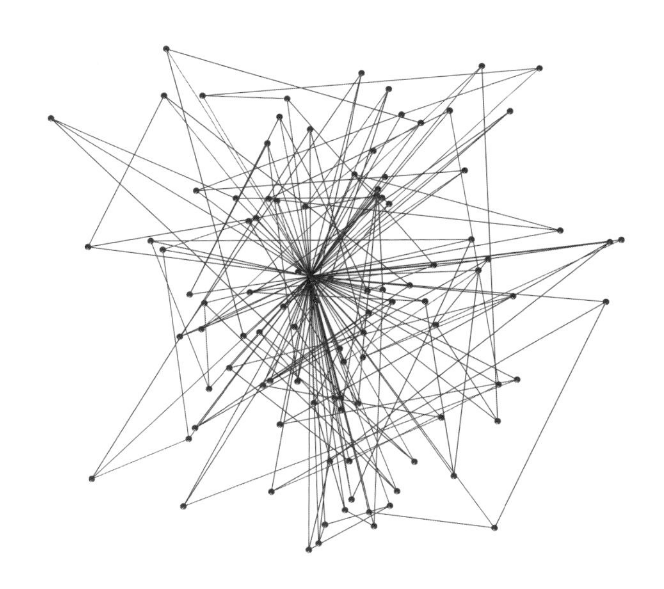

はしがき

本書は，高圧受電設備等の設計・施工に携わる方々のために，その設計・施工上の要点を手早く把握し，基本的な技術データをまとめて，設計図や施工図作成の一助となるような実務書を目的としてまとめたものです．

実際に高圧受電設備等の設計や施工を進める場合，「電気設備技術基準」，「電気設備技術基準の解釈」，「高圧受電設備規程」などの技術基準，規程，指針に沿って基本的なことを決めていくわけですが，これらは独立したものとなっており，又，高圧受電設備以外のことも数多く記載され，あれを見てこれを見てということになり，煩雑で，使い慣れていないと理解しにくい面があります．

本書は，これら諸技術基準，規程，指針などから，高圧受電設備に係る必要な事項やデータを抽出して取りまとめたもので，これ 1 冊あれば大抵のことはわかる，といったことを主眼としました．

ここでは，理解しやすいように図表や写真を中心に解説し，又，標準的な事例をあげて実務に直結できるような内容とし，例外的なことは極力省きました．

なお，本書は 2002 年 1 月に初版を，2012 年 9 月に改訂 2 版を発行しております．そして「電気設備技術基準」「電気設備技術基準の解釈」「高圧受電設備規程」などが改定されるのに伴い，装いも新たにこの度「改訂 3 版」として，本書を発行することになりました．

高圧受電設備等の設計・施工に係る電気設備工事技術者の方々に役立つと思いますが，電気主任技術者の保守・点検やこれから勉強される方々にもお役に立つと思っています．安全で信頼性が高く効率のよい受電設備づくりにお役立てください．

2023 年 4 月　　オーム社

High Voltage Receiving Equipment

高圧受電設備等 設計・施工要領

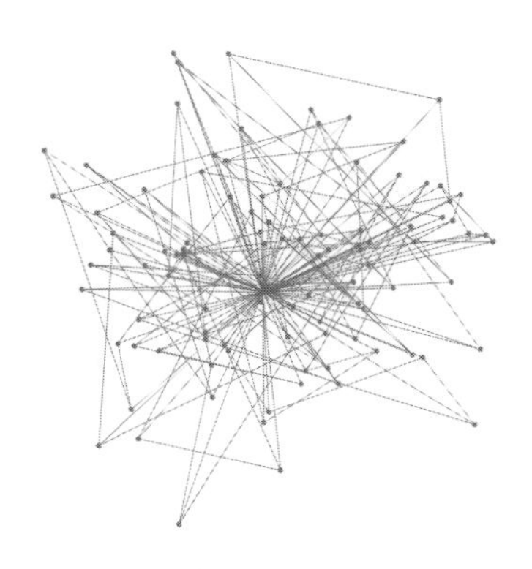

CONTENTS

第1章 高圧受電設備のプランニング

第4章 高圧受電設備機器 …… 149

第5章 接地工事 …… 213

凡　例

電気設備に関する技術基準を定める省令	電技
電気設備の技術基準の解釈	電技解釈
電気用品安全法	用品法
消防法	消防法
消防法施行令	消施令
消防法施行規則	消規則
東京都火災予防条例	都条例
東京都火災予防条例施行規則	都規則
建築基準法	建基法
建築基準法施行令	建基令
建築基準法施行規則	建基則
日本産業規格	JIS
電気学会電気規格調査会標準規格	JEC
日本電機工業会規格	JEM
高圧受電設備規程　JEAC8011-2020	設備規程
キュービクル式非常電源専用受電設備認定基準	認定基準
キュービクル式高圧受電設備推奨基準	推奨基準
日本電線工業会規格	JCS
日本電力ケーブル接続技術協会規格	JCAA
日本電設工業協会技術指針	JECA
日本電気技術規格委員会規格	JESC
内線規程　JEAC8001-2022	内規
国際電気標準会議	IEC
国際標準化機構	ISO
国際単位系	SI

第 1 章

高圧受電設備のプランニング

自家用電気工作物の90％強が高圧受電設備といわれており，ビルディング，工場などにはその用途，規模に応じた各種の高圧受電設備がある．また，需要家の業種，業態，建設予算などによって，その高圧受電設備は多種多様であり，プランニングの良否は後の運転，保安，増設の容易さなどに影響するところが大きいため，十分な検討が必要である．

1.1 プランニングのチェックポイント

信頼性　安全性　環境と整合

防災対策　容易に操作・点検

設備変更が容易　省エネルギー対策

高調波対策　経済性 ⇦ LCC

チェックポイント

高圧受電設備が一般的に具備すべき条件は，次のとおりである．

（1）設備の信頼性が高いこと

電気設備の運転・保守員が常駐している大規模設備とは異なり，常時は無人である場合が多いので，大規模設備と同等，又はそれ以上の信頼性が要求され，万一事故が発生した場合でも，自動的に事故範囲が局限化できることが重要である．

（2）安全であること

設備自体の安全対策として保護装置の取付けの他，漏電，火災，感電事故などの発生源とならないようにすること．

（3）環境と整合すること

設備の設置場所又は外形，色相などが，環境によく整合していることが大切である．又，騒音・振動等が周囲環境に悪影響を与えないように配慮する必要がある．

（4）防災対策が万全であること

設備自体が災害源とならないようにすることはもちろんであるが，耐震策，類焼防止策，水害対策など異常時にもなお電源を確保できるよう配慮すること．なお，近年は大規模自然災害による企業への影響が大規模かつ多様化していることから，自然災害に直面した際も事業を継続するBCP対策の重要性も認識し，特に非常電源については，法的設置義務にとらわれず生命に関わる設備や通信手段の電源確保についても配慮することが重要である．

（5）安全かつ容易に操作・点検ができるような設備であること

遮断器，開閉器などの操作，計器指示の読み取りなどが容易にできるように，足場，照明，作業空間，器具の操作性について配慮してあることが大切である．

又，保安点検の際は安全に，容易に，十分に点検できることが重要である．

（6）増設などの設備変更が容易にできるよう配慮されていること

当初から最終形態をとることは経済的でないため，通常は必要な時期に増設が行われる．したがって，機器増設等を考慮した配置，作業スペースや機器搬入経路の確保などが適切に配慮されている必要がある．

（7）省エネルギー対策がなされていること

CO_2 排出量削減，資源の有効活用など，地球規模の環境への配慮が叫ばれている中，使用設備機器の高効率化と併せて，高圧受電設備についても高効率機器の採用，負荷平準化対策の他，プランニングの段階からシステムとしての省エネルギー対策を検討しておく必要がある．

（8）高調波対策がなされていること

従来からの電気化学・電鉄用の直流電源やアーク炉等の高調波の発生源に加え，OA 機器，インバータ機器の発達に伴い，これらが高調波の発生源となり，機器に悪影響を与えるケースが増えている．「高圧又は特別高圧で受電する需要家の高調波抑制対策ガイドライン」に基づき，事前に高調波発生量を算出するなど必要な調査と対処策を検討しておくことが必要である．

（9）経済性に配慮がなされていること

事業経営上，経済性を無視できないことは当然である．しかし，経済性を重視するあまり，信頼性や安全性が犠牲になり，結果的に事業経営に重大な支障をきたすようなことがあってはならない．個々の需要家には，設備の目的，重要度，負荷の特性，運転・保守の形態などそれぞれ固有の条件があって，前述の条件をどこまで満足すべきかということは一概にはいえない．ただ，必ず守らなければならない基本的な条件が満足されており，安全性や信頼性と経済性という相反する条件が，科学的な方法によって効率よく実現されるよう検討を重ねる必要がある．

なお，経済性を評価する一手法として，ライフサイクルコスト（LCC）の概念を採用することも必要である．ライフサイクルコストとは，建物が建設されてから壊されるまでの過程で，エネルギー費用やメンテナンス費用等，建物に関する全ての費用（ライフサイクルコスト）で経済性を評価する方法である．当初のイニシャルコストは一般に 10％以下に過ぎない．建設計画時にはコスト面からえてして設備が節減される向きがあるが，省エネルギー設備等の導入によりランニングコストを削減し，結果的にライフサイクルコストを低減できる可能性があるので，さまざまな観点からの検討を行う価値がある．

＊　　　＊　　　＊

以上の点に留意して，次に示す高圧受電設備の基本計画フローに従い，適時，具体的項目についてチェックを行うことが大切である．

1.2 高圧受電設備の基本計画フロー

高圧受電設備のプランニングに際しての標準的な手順をフローチャートで示す．

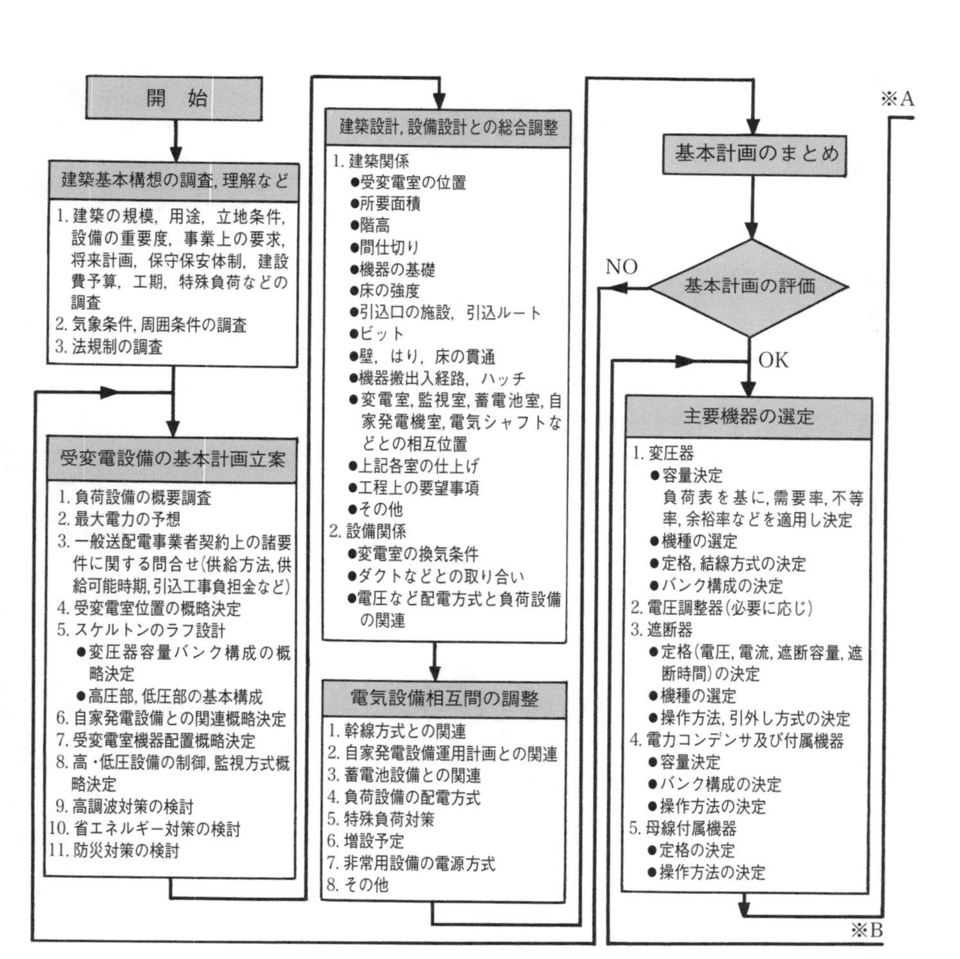

図１　高圧受電設備の

下記のフローに従い，プランニングを進める．このフローは比較的大規模な設備の屋内受電設備をイメージして作成しているので，個々のケースに応じて内容を取捨選択して準用されたい．

このフローに従ってプランニングを進めるに当たって，次ページに示すようなチェックリストを作成し，利用することも有効である．

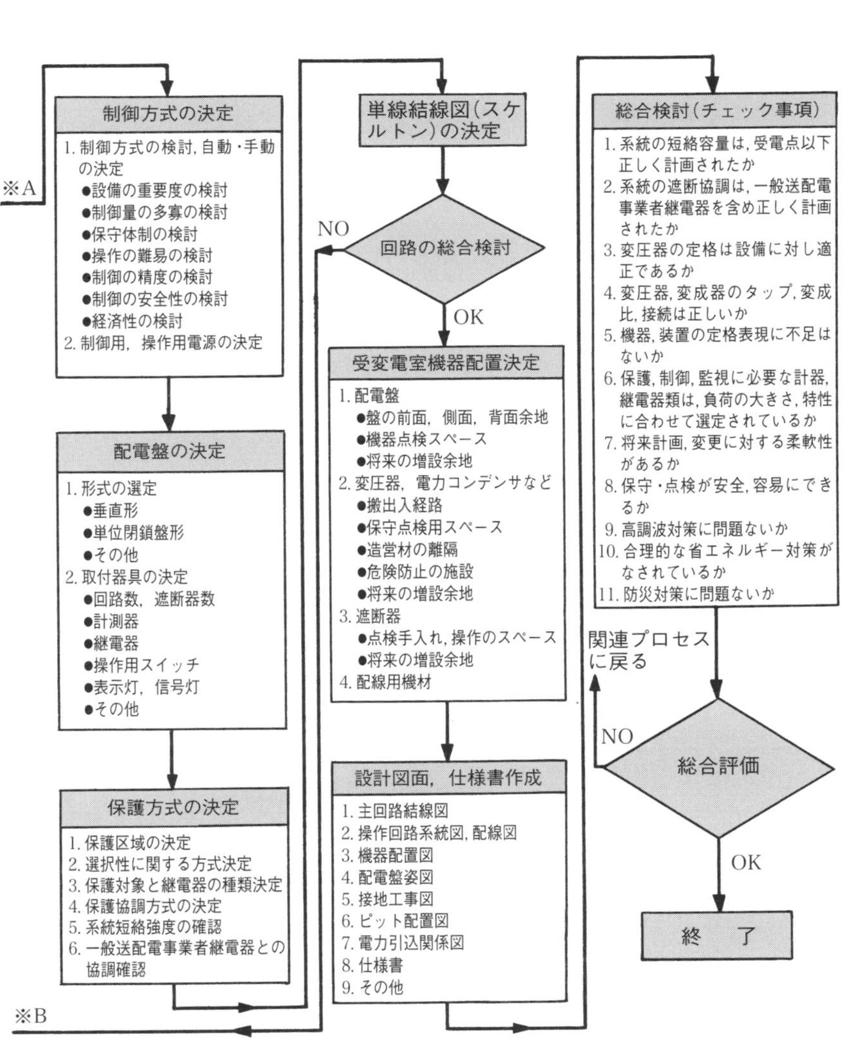

基本計画フローチャート

表１　高圧受電設備プランニングのチェックリスト例

チェック項目	チェック	確認事項
1. 建築基本構想の調査・理解		
（1）建築の規模，用途の把握 受電規模の予想	○ ○ ○ △	地上５階・地下１階建て 事務所ビル(一部テナント) 24 時間稼働フロアあり 最大電力 500 kW 弱？
（2）立地場所，立地条件の把握 既設建物がある場合は，PCB 使用機器がないか.	○ ○	現在更地，市街地 敷地狭いため，変電所は地下１階とする.
（3）設備の重要度の確認 受電方式，非常用発電機，CVCF の検討	○ ○ ○ ○ ○ ○	OA 機器多数 高圧１回線供給（OA 機器は，UPS で対応） 消火栓ポンプ用非常用発電機必要 ばい煙発生施設の有無 小型 UPS 分散形とする. BCP 対策への電源確保
（4）事業場のニーズの調査	○ ○	自社部分 OA，オンライン停電不可 テナント増減に効率的に対応できること.
（5）将来計画の確認	○ ○	５年程度後に OA 機器等増設予定あり. 増設スペース，機器搬入経路確保のこと.
（6）保守保安体制の確認	△ △	電気主任技術者専任予定 ビル管理会社常駐予定
（7）建設費予算の確認(LCC からの評価も行う)		
（8）工期の確認 受電日の想定 官庁手続き時期の想定 一般送配電事業者手続き時期の想定	○	工事計画書の届出
（9）特殊負荷等の調査	○	サーバー，オンライン機器は耐雷・耐サージ対策要す.
(10) 気象条件の調査 最高気温，最低気温，湿度，降雨量，降雪量 襲雷頻度 塩じん害地区に該当するか	○ ○	襲雷頻度高い. 非塩じん害地区
(11) 周囲条件の調査 騒音，振動の影響	○ ○	変電所は地下１階に設けるため問題なし ビル密集のため空調室外機騒音対策要す（空調室外機は屋上に設置予定）
(12) 法規制の調査		

表2　高圧受電設備プランニングのチェックリスト例

チェック項目	チェック	確認事項
2. 受電設備の基本計画立案		
（1）負荷設備の概要調査		
（2）最大電力の予想	△	500 kW 弱？
（3）一般送配電事業者への電気使用申込に係る供給事前協議に関する問い合わせ 供給方法 供給可能時期 引込み工事負担金など	○	6.6 kV 架空引込
（4）受変電所位置の概略決定	○	地下1階
（5）スケルトンのラフ設計 （ア）変圧器容量・バンク構成の概略決定	○ ○ ○	単相変圧器 100 kVA 3台 三相変圧器 300 kVA 2台（Y－△，△－△） SC100 kvar 2台（自動力調）
（イ）高圧部，低圧部の基本構成	○ ○ ○	方向性 PAS（300 A）（LA，VT 内蔵） キュービクル式 CB 形（600 A，12.5 kA）
（6）自家用発電設備との関連概略決定	○ ○ ○	防災用・保安用共用機とする．（切替器（DT）はキュービクル内） 非常灯，誘導灯はバッテリー内蔵 OA 機器の電源バックアップは小型 UPS 分散方式とする．
（7）受電所機器配置概略決定		
（8）高・低圧設備の制御，監視方式概略決定	○ ○ ○	高圧機器の制御はキュービクルでの直接操作のみ 監視室に警報を出力 空調は各部屋での個別制御と監視室で集中制御のどちらも可能とする．
（9）高調波対策の検討	○ ○ △ ○	結線の違う2台三相変圧器を使用する． SC は全て SR 付とする． SC 用 SR は6％で可？ 高調波対策機器の有無
（10）省エネルギー対策の検討	○ ○ △	省エネルギー機器の採用 空調は氷蓄熱方式を一部採用する． デマンドコントローラの採用を検討
（11）防災対策の検討	○ ○	モールド変圧器使用 高圧 SC はガス封入形とする．

1.3 負荷設備容量の算定

表１　負荷設備調査集計表（例）

種別		負荷設備名	負荷設備場所	相数	定格電圧	定格消費電力(1台)〔kW〕	台数	定格消費電力(小計)〔kW〕	定格力率	高調波有無	稼働時間帯	需要率〔%〕	季節変動	重要度	バンク	変電所
低圧負荷	一般電灯															
	非常電灯															
	一般動力															
	非常動力															
	空調動力															
高圧負荷																
その他負荷																
合計																

1 負荷設備調査の目的

負荷設備調査は，①契約電力の推定，②受電方式の決定，③構内配電方式の決定，④高調波対策，⑤省エネルギー対策，⑥変圧器などの受変電設備容量の決定，⑦変圧器バンク構成の決定，⑧特殊負荷対策，⑨発電機，蓄電池の容量の決定のために実施する．

2 負荷設備の種別

負荷設備は，建物の種類によってさまざまであるが，種別としては一般に次のとおりである．

① **一般電灯**：一般照明用蛍光灯，水銀灯，白熱電灯，LED 電灯等及びコンセントなどの負荷

② **非常電灯**：常時は買電(一般送配電事業者等からの供給)で点灯しているが，停電時に予備電源装置(発電機，蓄電池)に切り替えるべき電灯負荷

③ **一般動力**：給排水ポンプ，給気ファン，リフト，エレベータ，各種の生産動力機器，電気加熱設備，コンプレッサなどの負荷

④ **空調動力**：エアコン，チラー，同補機用ポンプなどの負荷

表2　一般事務所ビルの場合の概略の負荷容量

電灯コンセント負荷	20～40 W/m²*
一　般・　動　力	30～50 W/m²（非常用動力も含む）
冷　房　動　力	30～65 W/m²

（注）＊：OA フロアの場合，80 W/m² 程度になることもある．

表3　建物の電力設備容量の目安

建物用途	電灯・コンセント負荷〔W/m²〕	冷房動力負荷〔W/m²〕	一般動力負荷〔W/m²〕	その他負荷〔W/m²〕	計〔W/m²〕
事務所ビル	32（28.1%）	22（19.3%）	51（44.7%）	9（7.9%）	114
ホ　テ　ル	33（29.2%）	27（23.9%）	43（38.1%）	10（8.8%）	113
病　　院	42（28.5%）	30（20.5%）	63（42.8%）	12（8.2%）	147
スーパー	48（32.4%）	29（19.6%）	57（38.5%）	14（9.5%）	148
デパート	54（31.3%）	34（19.9%）	69（40.1%）	15（8.7%）	172

（注）一般動力負荷のうち，給排水衛生設備の動力容量は約 5～9 W/m² である．

⑤ **非常動力**：停電時に予備電源装置に切り替えるべき消火栓ポンプ，スプリンクラーポンプ，排煙ファン，非常用エレベータなどの消防用設備負荷等

⑥ **高圧負荷**：高圧電動機負荷

⑦ **そ の 他**：特殊な電力装置，特別な理由で単独の変圧器を設ける必要がある負荷，CVCF などの無停電負荷

3 負荷設備調査の方法

（1）負荷設備が確定しており，内容が把握できる場合

表1のような負荷設備調査集計表を作成し，負荷種別ごとに負荷設備容量を集計する．このような負荷調査集計表が作成できれば，契約電力の推定や負荷種別ごとの設備容量の把握だけでなく，構内配電方式，高調波対策，省エネルギー対策，変圧器などの受変電設備容量，変圧器バンク構成の検討などにも同時に利用できる．

（2）負荷設備が未確定で内容が把握できない場合

設計の初期段階では，一般に負荷の詳細が不明な場合が多い．

建築設備の場合は，**表2**，**表3**のような過去の実績データを参考にして，負荷種別ごとに負荷設備容量を想定する．

工場の負荷設備容量は建築設備と異なり，業種，製品及び生産量によって大きく違ってくる．計画時において，品種，生産量がわかれば，製品に対する所要電力原単位を利用して消費電力を概算する方法もあるが，全体の負荷設備容量の想定に留まるため，各負荷設備の内容が判明した時点で，その補正と負荷種別ごとの負荷設備容量の集計が必要である．

1.4 構内配電方式の決定

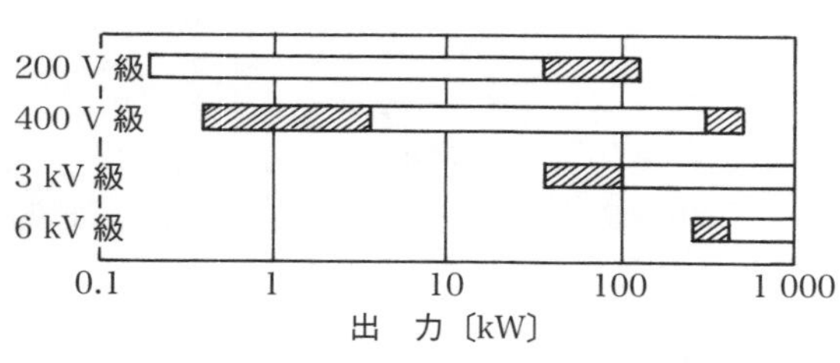

（注）斜線範囲は経済性を無視した技術的可能範囲を示す.

図１　電動機の電圧別の最適出力の範囲

表１　建物の規模と配電電圧の例

用途	配電電圧	小	中	大
電灯	1φ　100 V	○		
	1φ　200 V		○	○
	240 V			△
コンセント	1φ　100 V	○	○	○
	1φ　200 V			
動力	3φ　200 V	○	○	△
	3φ　415 V		○	○
ターボ冷凍機	3φ　200 V	○		
	3φ　415 V		○	○
	3φ 3 300 V		○	○
	3φ 6 600 V			△

（注）○：一般的に使用される電圧　△：適用可能な電圧

負荷設備調査の結果を基に構内配電方式を決定する.

1 構内配電電圧の決定

構内配電電圧は，負荷の電気的特性，分布状態を検討し，設備規模に応じ，サブ変電設備の配置計画と合わせ，経済性と省エネルギー性を考慮しつつ，次の事項を検討して決定する.

(1) 負荷の電圧，容量及び分布状態

電動機はその容量により技術的，経済的な電圧レベルを考慮する（**図１**）.

(2) 建物の用途と規模

建物の規模が大きくなれば負荷電圧を高くすることが経済的である（**表１**）.

(3) 配電距離と電圧変動

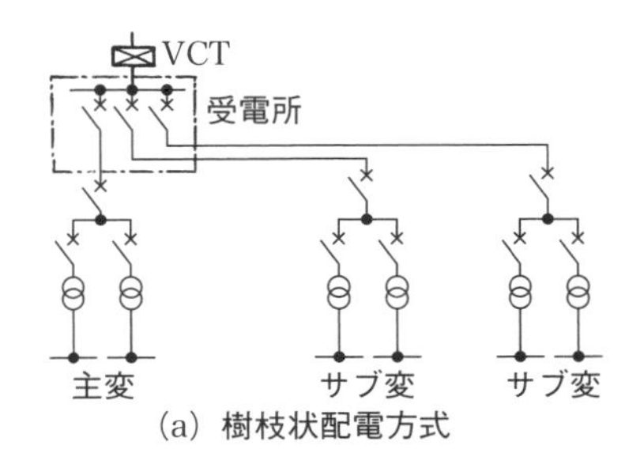

(a) 樹枝状配電方式

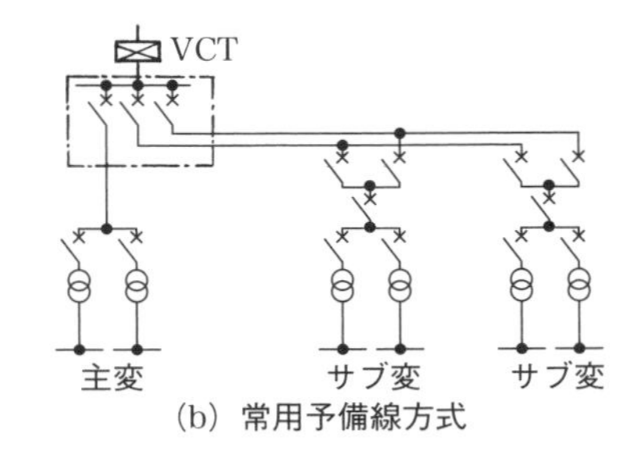

(b) 常用予備線方式

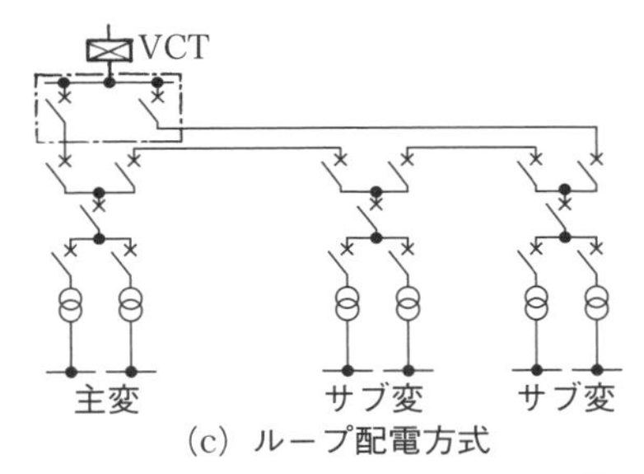

(c) ループ配電方式

図2　構内配電方式の種類

電圧変動(電圧降下)が許容値以内であること．配電距離が長いほど電圧変動及び電力損失が大きくなるため，配電電圧のアップが必要となる．

2 構内配電方式の決定

設備が比較的小規模で特別な理由がない場合，変電所は1カ所とし，なるべくシンプルな構成とするほうが経済的であり，シンプルであるがゆえの信頼性も期待することができる．一方，設備が大規模でサブ変電所を設ける場合は，負荷及び変電設備の配置，設備容量，負荷の重要性と経済性などを考慮して適切に構内配電方式を決定する必要がある．構内配電方式は，次のように大別される．

① **樹枝状配電方式**：各変電設備へ1回線で配電する方式で，構内配電線などの事故により，接続された負荷側の変電所は停電となる（**図2**（a））．

② **常用予備線方式**：常用及び予備線の専用か共用かによって，信頼性，負荷制限の必要の検討が必要となる．停電時間は予備線への切換時間となる（**図2**（b））．

③ **ループ配電方式**：1回線の故障でも他の回線から供給されるので信頼性は高いが，送電容量が増大し，保護方式も複雑となり経済性に劣る（**図2**（c））．

1.5 変圧器設備容量・構成の決定

表1　電灯負荷の需要率

建物の種類	需要率〔%〕	
	10 kVA 以下	10 kVA 超過分
寮，旅館，ホテル，病院，倉庫	100	50
事務所，銀行，学校	100	70
その他	100	

表2　動力負荷の需要率

負荷の種類	需要率の範囲〔%〕	受電容量決定上の需要率〔%〕
ポンプ，コンプレッサ，エレベータ，送風機	20～ 60	40
各種工場の半連続的運転の電動機	50～ 80	60
織物工場のような連続運転の電動機	70～100	90
アーク炉	80～100	100
誘導炉	80～100	80
アーク溶接機	30～ 60	40
抵抗溶接機	10～ 40	30
抵抗式加熱器，オーブン	80～100	90

表3　ビルディングの需要率

区分＼建物の種類	デパート，貸店舗〔%〕	事務所，ビルディング〔%〕
電灯負荷需要率	74.1～100	43.2～78.4
動力負荷需要率	38.0～ 63.3	41.0～53.8
冷房負荷需要率	44.7～ 57.7	56.3～89.2
総合需要率	47.9～ 62.7	41.4～56.1

需要率は，次式で示される．

$$\text{需要率} = \frac{\text{最大需要電力}}{\text{負荷設備容量の和}} \times 100\,〔\%〕$$

1　変圧器設備容量算出の手順

（1）負荷設備調査集計表により算出する場合

① この場合は負荷の詳細がわかっているので，負荷設備調査集計表に従い，まず，各負荷の最大需要皮相電力を次式で算出する．

$$\text{最大需要皮相電力}〔\text{kVA}〕 = \frac{\text{定格消費電力}〔\text{kW}〕\times\text{台数}\times\text{需要率}/100}{\text{定格力率}}$$

② 次に，容量，負荷設備の位置，稼働時間帯，季節変動，負荷の電気的性質等を考慮して，同一負荷種別の負荷を変圧器バンクに割り振り，バンク

表4　計算例の負荷内容

負荷設備	容量〔kVA〕	需要率〔%〕	備考
電灯コンセント設備	250	70	
空調(冷房)電力設備	400	60	インバータ(6パルス)4系統 夏季のみ使用
一般動力設備	400	40	

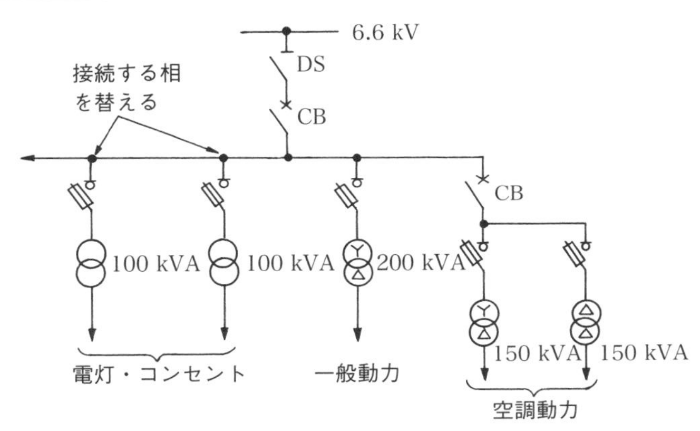

図1　算出例の単線結線図

ごとに各負荷の最大需要皮相電力の合計を求める.

③ そして，バンクごとの各負荷最大需要皮相電力の合計に将来の負荷増加を加味し，適当な裕度を加えた値の直近上位の規格容量を変圧器容量とする.

(2) 負荷種別ごとの負荷設備容量の想定により算出する場合

① まず，負荷種別ごとに最大需要皮相電力を次式により算出する（需要率は**表1～3**のような過去の実績を利用する).

$$\text{最大需要皮相電力〔kVA〕} = \frac{\text{想定負荷設備容量〔kW〕} \times \text{需要率}/100}{\text{平均力率}}$$

② 次に，算出された最大需要皮相電力を変圧器のバンクに割り振り，バンクごとの最大需要皮相電力を求める.

③ そして，バンクごとの最大需要皮相電力に将来の負荷増加を加味し，適当な裕度を加えた値の直近上位の規格容量を変圧器容量とする.

2 変圧器設備容量算出の例

ここに負荷設備容量 1 050 kVA の負荷があり，**表4**に示すような負荷内容とした場合，各バンクの合計最大需要皮相電力は，次式のとおり 575 kVA となる.

表 5　計算例で採用した変圧器の内訳

電灯・コンセント設備用	単相 100 kVA 2 台（接続相を変える）
空調（冷房）動力設備用	三相 150 kVA（Y－△）1 台 三相 150 kVA（△－△）1 台
一般動力設備用	三相 200 kVA（Y－△）1 台
合計変電設備容量	700 kVA

$$250\times0.7+400\times0.6+400\times0.4=175+240+160=575\,\text{〔kVA〕}$$

変圧器容量及び構成は，**図 1** の単線結線図のとおりとした．又，変圧器の内訳を**表 5** に示す．

ここで配慮した点は，次のとおりである．

① 算出された最大需要皮相電力に適当な裕度を持たせて各変圧器の容量を決定した．

② 設備不平衡率を下げるため，単相変圧器を 2 台に分け，それぞれ別の相の高圧母線に接続した（単相 100 kVA 以下に該当）．

③ 空調設備（インバータ使用）の高調波対策のため，結線が異なる 2 台の三相変圧器に，2 系統ずつ負荷を振り分けた．同時に運転される想定では，12 パルス相当の高調波電流発生量となり，大幅に発生量が押さえられるためである．

④ 空調（冷房）動力設備は夏季のみの運転である想定なので，休止期間は当該変圧器の無負荷損をなくすため，容易に開放できるよう開閉器に遮断器を使用した．

3　不平衡負荷と平衡化対策

高圧受電設備では三相負荷と単相負荷が併存するために，電圧，電流とも不平衡となることが多い．このため逆相電流，電圧（対象座標法の概念）が発生し，変圧器，電動機などに悪影響を与える．このことは自家用発電機に対しても同様であり，自家用発電機からも単相負荷供給を行う場合には，**図 2** に示すスコット変圧器を用いるなどの方法により，平常運転時と自家用発電機運転時のいずれに対しても，負荷を平衡させるよう配慮しなければならない．

内線規程 1305-1 では，設備不平衡率の許容限度を次のように規制している．

設備不平衡率≦30％

設備不平衡率は，次式で表される．

$$\text{設備不平衡率}=\frac{\begin{array}{c}\text{各線間に接続される単相負荷}\\\text{総設備容量の最大最小の差〔kVA〕}\end{array}}{\text{総負荷設備容量〔kVA〕の }1/3}\times100\text{〔\%〕（参考）}^{*}$$

ただし，次の場合にはこれによらないことができる（一般送配電事業者に確認が必要).

① 低圧受電で専用変圧器などにより受電する場合

② 高圧受電で 100 kVA(kW)以下の単相負荷の場合

③ 高圧受電で単相負荷容量の最大と最小の差が 100 kVA 以下の場合

4 電圧降下のチェックと短時間過負荷

変圧器の容量は主に負荷の大きさにより決定されるが，負荷に対する変圧器容量の大小に応じて変圧器の電圧降下が異なるため，特に始動電流の大きな負荷などには，配線設計と合わせて電圧降下のチェックが必要である(**図3参照**).

又，変圧器の容量の算出に際し，用いた負荷設備容量は定常状態の値であるため，始動電流の大きな負荷などに対しては，**表6**を参考にして短時間過負荷運転の可否の検討も必要であり，場合によっては変圧器容量の見直しが必要になる.

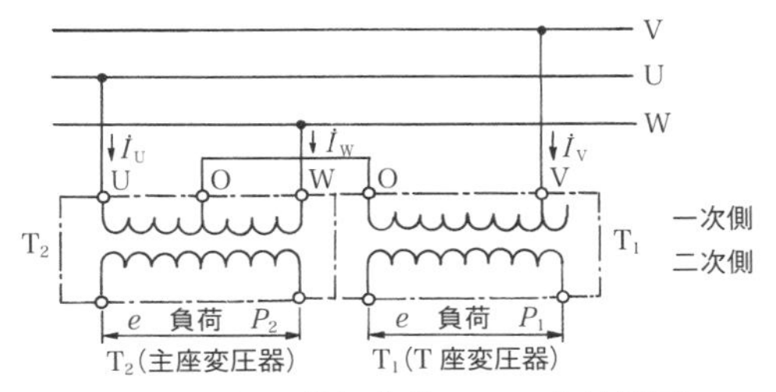

図2 三相・単相変換スコット結線図

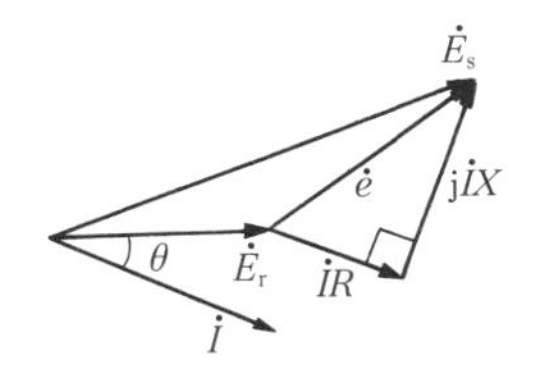

(回路の電圧降下)

定常状態の電圧降下の概算式

$e \fallingdotseq I(R\cos\theta + X\sin\theta)$〔V〕

e：電圧降下(中性点間)〔V〕

I：線路の電流〔A〕

R：回路の抵抗〔Ω〕(変圧器内も含む)

X：回路のリアクタンス〔Ω〕(変圧器内も含む)

$\cos\theta$：負荷の力率(小数で表す)

$\sin\theta$：負荷の無効率(小数で表す)

E_s：電源での中性点間の電圧〔V〕

E_r：負荷での中性点間の電圧〔V〕

図3 回路の電圧降下

表6 短時間過負荷指針

過負荷前の負荷〔%〕*		定格出力の倍率〔%〕		
		90%*	70%*	50%*
過負荷時間〔h〕	1/2	147	150**	150**
	1	133	139	145
	2	120	125	129
	4	110	114	115

(注) *：短時間過負荷がかけられる前の大きさを示し，過負荷前2時間の平均か，又は24時間の平均(過負荷時間を除く)のいずれか大きい値をとる.

**：過負荷限度を150%とする.

＊設備不平衡率について(p.14. 参考)

三相変圧器と単相変圧器が混在する場合，三相電源の各相の負荷分担に差が生じる．この場合の設備不平衡率は，分母に単相及び三相変圧器の総設備容量の1/3の値とし，分子には，三相電源の各線間に接続される単相変圧器総容量の最も大きな容量と最も小さな容量の差の値として計算し，100を乗じ，パーセントで示すものである.

1.6 進相コンデンサの決定

表1　進相コンデンサ設置形態の違いによる得失

得失 ＼ 設置形態	高圧進相コンデンサ	低圧進相コンデンサ（変電所変圧器二次側に設置）	低圧進相コンデンサ（負荷設備の直近に設置）
線路損失の減少	高圧配電線路の損失が減少	高圧配電線路と変圧器の損失が減少	高圧配電線路，変圧器及び低圧配電線路の損失が減少
電圧降下の低減	高圧配電線路の電圧降下が低減	高圧配電線路と変圧器の電圧降下が低減	高圧配電線路，変圧器及び低圧配電線路の電圧降下が低減
設備余力の発生	高圧母線電源側の設備のみ	変圧器とその電源側の設備	変圧器とその電源側の設備及び低圧配電線路
力率割引	反映される	反映される	反映される
高調波流出の抑制	効果小（0.97程度）	効果中（0.64程度）	効果中（0.64程度）
入切の必要性	容量が大きい場合は自動力率調整器等による入切が必要	容量が大きい場合は自動力率調整器等による入切が必要	負荷の運転に連動する位置であれば特別な装置は不要
価格	安価	高価	高価

1 進相コンデンサ設置の目的

進相コンデンサ設置の目的は，次のとおりである．

① 線路損失の減少
② 電圧降下の低減
③ 電流の減少による設備余力の発生
④ 力率割引による電気料金（基本料金）の低減
⑤ 適正なリアクトルとの組合せによる高調波流出の抑制

2 高圧進相コンデンサと低圧進相コンデンサの違い

高圧進相コンデンサは変電所に設置されるが，低圧進相コンデンサは変電所変圧器二次側に設置される場合と負荷設備の直近に設置される場合がある．それぞれの得失を**表1**に示す．

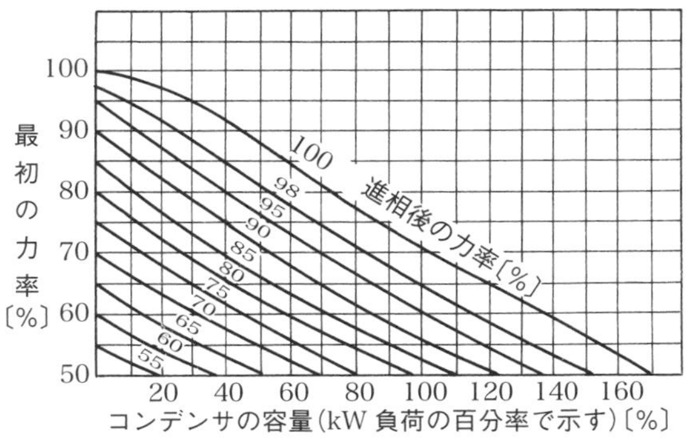

図1　コンザンサ容量と進相前後の力率との関係

3　高圧進相コンデンサの容量選定

高圧進相コンデンサと低圧進相コンデンサの得失は**表1**のとおりだが，経済性の見地から高圧進相コンデンサが採用されることが多いので，高圧進相コンデンサの容量選定について述べる．

高圧進相コンデンサ容量は，一般に，業務用など比較的力率がよい場合は変圧器総合容量の1/6，産業用などの場合は1/3程度のものが設置される．

なお，既設設備における力率改善のための算出式は次のとおりである．又，グラフ化したものを**図1**に示す．

$$Q=P\times\left(\sqrt{\frac{1}{\cos^2\theta_1}-1}\times\sqrt{\frac{1}{\cos^2\theta_2}-1}\right)$$

Q：改善に必要なコンデンサ容量〔kvar〕
P：負荷電力〔kW〕
$\cos\theta_1$：改善前の力率
$\cos\theta_2$：改善後の力率

4　直列リアクトルについて

直列リアクトルは，第5調波以上の高調波に対してコンデンサ回路を誘導性とし，突入電流防止を目的としてコンデンサ容量の6%のものを設置する．ただし，系統に多量の高調波が存在する場合には，コンデンサ容量の8%又は13%にするなど，高調波による焼損のおそれがないような容量，定格のものを選定する必要がある．

1.7 遮断容量の決定

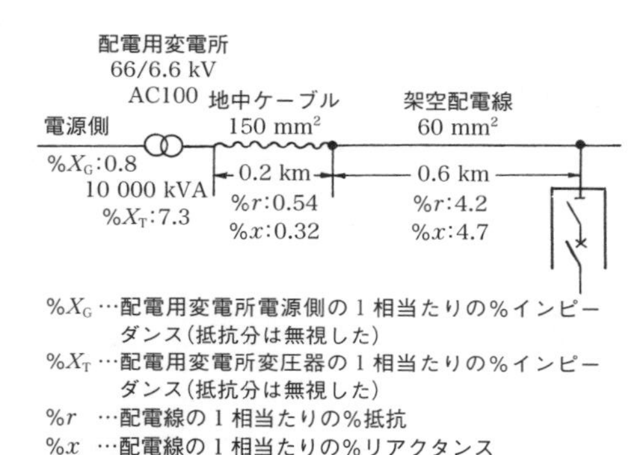

図 1　配電系統と短絡容量計算例

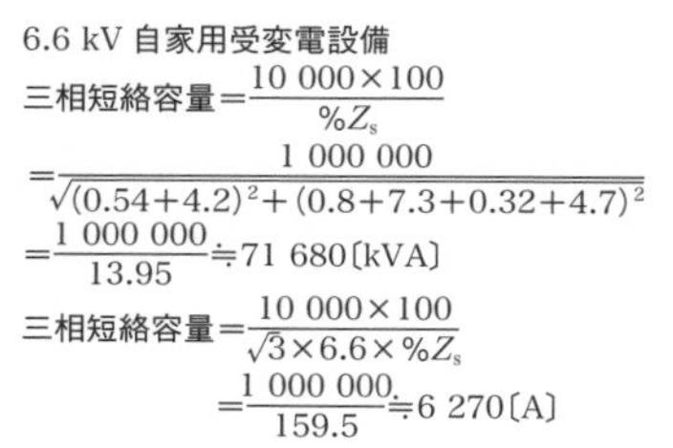

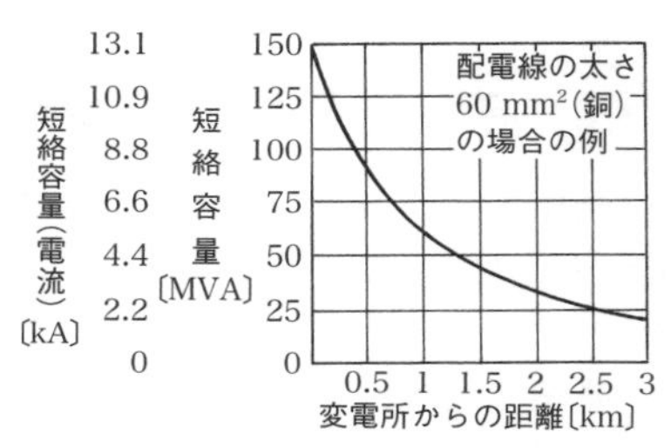

図 2　配電用変電所からの距離と短絡容量(電流)の関係例

1　主遮断装置

高圧自家用受電設備で短絡事故が発生した場合，この事故によって一般送配電事業者配電線にまで波及しないように，保安上の責任分界点に近い箇所に，過電流及び短絡電流が生じたとき自動的に電路を遮断する主遮断装置を施設することになっている．

ここで短絡電流を遮断できる能力が遮断容量であり，この遮断容量がその点の短絡容量に比べて小さい場合は，短絡事故時に適切な遮断ができずに高圧波及事故となるとともに，遮断器自体の損傷・破壊の可能性も出てくる．

2　主遮断装置の種類と遮断容量

高圧受電設備に採用されている主遮断装置には次の種類がある．

①CB 形：油遮断器，磁気遮断器，ガス遮断器，真空遮断器等の高圧遮断器

②PF・S 形：高圧限流ヒューズと高圧負荷開閉器(LBS 等)の組合せ

現在は，大・中規模受電設備では真空遮断器(VCB)を用いた CB 形，小規模

表1　ケーブルの%インピーダンス表（10 000 kVA 基準）

配電方式	太さ〔mm²〕／r, x 別	%r，%x の値〔%/km〕											
		250	200	150	125	100	80	60	50	38	30	22	14
三相3線式 3 kV	%r	6.6	8.2	10.7	13.4	16.8	20.9	27.6	32.7	43.4	55.9	74.6	118.5
	%x	5.5	5.6	5.8	5.9	6.0	6.2	6.5	6.6	6.8	7.1	7.4	8.3
三相3線式 6 kV	%r	1.6	2.0	2.7	3.4	4.2	5.2	6.9	8.2	8.6	14.0	18.6	29.6
	%x	1.5	1.5	1.6	1.6	1.7	1.7	1.8	1.9	1.9	2.0	2.1	−

表2　架空配線の%インピーダンス表（10 000 kVA 基準）

配電方式	太さ〔mm²〕／r, x 別	%r，%x の値〔%/km〕										装柱
		100	80	60	50	38	30	22	14	5	4	
三相3線式 3 kV	%r	16.5	21.1	27.9	34.8	44.8	57.2	75.7	119.5	83.1	127.8	675 675
	%x	29.9	30.6	31.4	32.0	32.9	33.6	34.4	35.7	35.1	36.4	
三相3線式 6 kV	%r	4.1	5.3	7.0	8.7	11.2	14.3	18.9	29.9	20.8	32.5	1.5 m 腕木水平配列線
	%x	7.5	7.7	7.9	8.0	8.2	8.4	8.6	8.7	8.8	9.1	関(675–675)の場合

表3　遮断器の定格の標準値（JEC 2300）

定格電圧〔kV〕	定格遮断電流〔kA〕	定格遮断時間（サイクル）			定格電流〔A〕								定格投入電流〔kA〕
		2	3	5	600	800	1 200	2 000	3 000	4 000	6 000	8 000	
3.6	16		○	○	○		○						40
	25		○	○	○		○						63
	40		○	○			○	○	○				100
7.2	12.5		○	○	○		○	○	○				31.5
	20		○	○	○		○	○	○				50
	31.5		○	○			○	○	○				80
	40		○	○			○	○	○				100
	63		○	○			○	○	○				160

(注) 遮断器の規格はJIS C 4603及びJEC 2300で，標準の定格電流はJIS C 4603では400 A，600 A，JEC 2300では600 Aから8 000 Aである．

受電設備ではLBSを用いたPF・S形が採用されることが多い．

高圧限流ヒューズは短絡遮断性能が非常によく，一般に遮断容量が150 MVA（12 kA）以上（最近では500 MVA（40 kA）が一般的）であり，遮断時間も短い．これに対し，CB形の高圧遮断器の遮断容量は種類により差があるので（**表3**），十分な遮断容量で遮断時間が短いものを選択する必要がある．

3 短絡容量と遮断容量

遮断容量の決定に当たっては，主遮断装置を設置する場所の短絡容量を知る必要があるが，一般に一般送配電事業者が配電系統ごとに計算を行っている．しかし，配電系統の変更などにより，短絡容量が変わってくるので，長期的な視野に立ち，一般送配電事業者の推奨する遮断容量160 MVA（12.5 kA）以上の主遮断装置を採用することが求められる．

なお，実際の短絡容量を求める場合は，**図1**の要領で**表1，2**のパーセントインピーダンスを用いて算出する．

1.8 過電流保護と保護協調

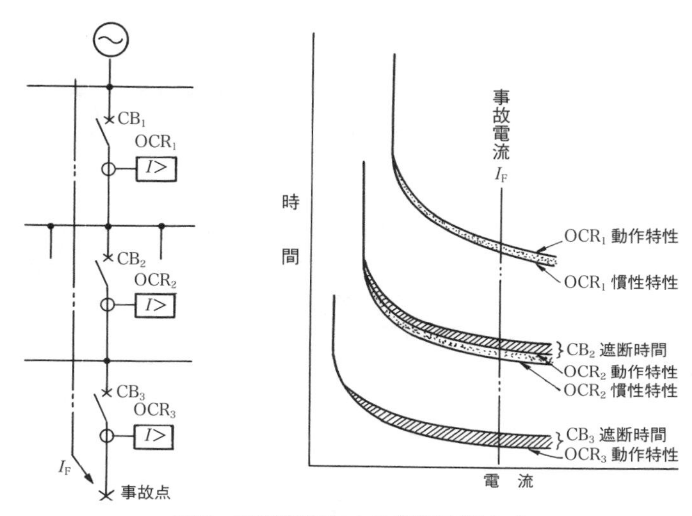

図 1　段階時限による選択遮断方式

1 高圧需要家の受電点での保護

受電点の保護で最も留意しなければならないことは，高圧需要家の事故を一般送配電事業者の配電用変電所まで波及させないということである．つまり配電用変電所の保護継電器と高圧需要家の保護継電器の間で協調をとらなければならない．このため高圧需要家の受電保護方式は，段階時限による選択遮断方式が採られる．**図 1** は段階時限による選択遮断方式を示したもので，電源から負荷に至るまでの間に設置される保護継電器（保護装置）の動作時間を負荷側に近いものほど短く設定することによって，事故が発生した場合に事故回路だけを選択，遮断ができる．

一般に PF・S 形では電力ヒューズ（G 表示）の定格電流が 75 A 以下（設備容量 300 kVA 以下）ならば配電用変電所との協調がとれるが，近時配電用変電所の過電流継電器が静止形やデジタル形になると，誘導形とは動作時間特性が異なるので，限流ヒューズ定格が変わることもある．CB 形では，過電流継電器を瞬時要素付とし，受電用遮断器の定格遮断時間を 5 サイクル以下のものとすればよい．**図 2〜3** は，各受電形態の主遮断装置と配電用変電所との協調例を示したものである．又，**表 1** は高圧受電用過電流継電器の整定例を示したものである．

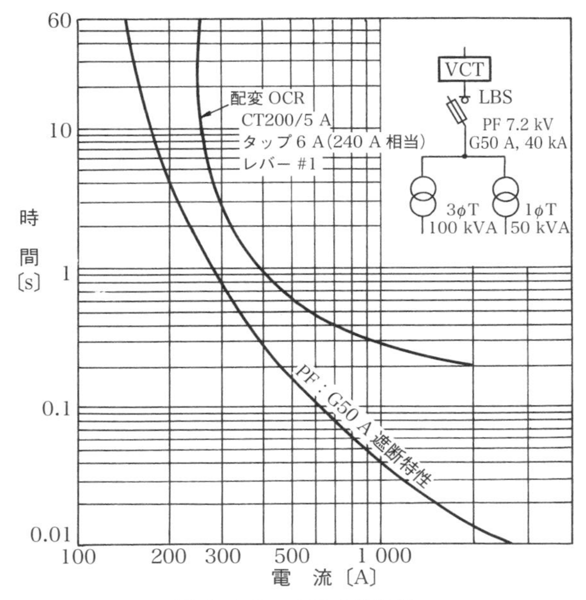

図 2　PF・S 形の協調例

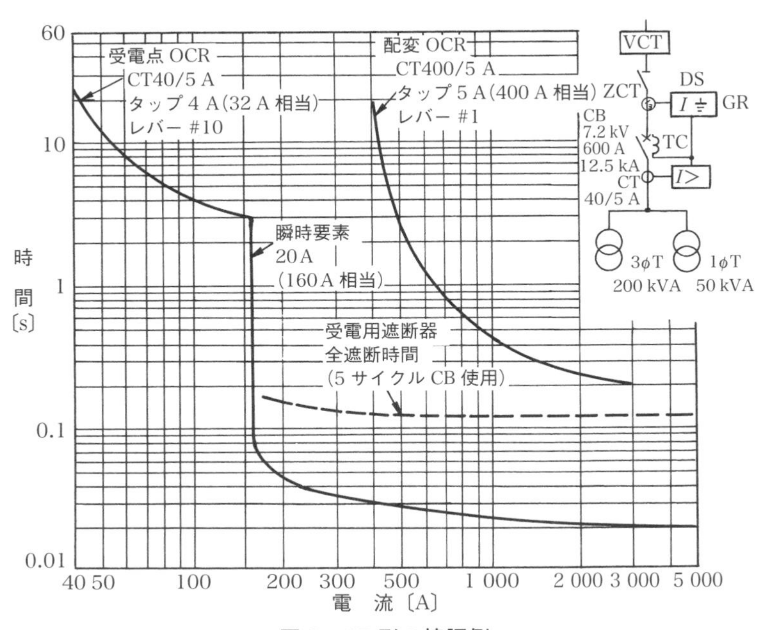

図 3　CB 形の協調例

表1　高圧受電用保護継電器整定例

継電器の種類	動作要素の組合せ	動作電流整定値	動作時間整定値
誘導形 ・ 静止形	限時要素 ＋ 瞬時要素 (JIS C 4602)	限時要素：受電最大電力(契約電力)の110%～150%	電流整定値の2 000%入力時1秒以下
		瞬時要素：受電最大電力(契約電力)の500%～1 500%	瞬時

(備考)（1）一般送配電事業者の過電流継電器と協調のとれる値とする.
（2）変圧器の突入電流や電動機の始動電流などで動作しないようにする.
（3）特に変動の大きい負荷がある場合には，一般送配電事業者との協議によって動作電流整定値を決定するものとする.

2 変圧器の保護

変圧器の保護は，過負荷保護と短絡保護に大別される．一般に中小容量高圧受電設備では，**図4**に示すように変圧器複数台に対して共通に保護装置が設置されているケースが多い．このような例では，変圧器個々の過電流保護，短絡保護はできない場合が多い．

(1) 過負荷保護

変圧器の過負荷保護を行うためには，変圧器個々に，直接温度を検出する方法と負荷電流を検出する方法があるが，一般的には後者が多く採用されている．負荷電流を検出して過負荷保護を行うには，**図5**のように変圧器個々に保護装置を設置する．保護装置は**図6**に示す油入変圧器の許容過負荷特性曲線よりも左側に動作特性がくるように設定すればよい．油入変圧器の許容過負荷限界は**図6**でもわかるように，過負荷になる前の負荷率によりその特性が変わってくる．なお，**図5**において保護装置として電力ヒューズを使用した場合は過負荷保護ができないと考えたほうがよい．**図7**は**図5**(a)を例に，過電流継電器及び電力ヒューズによる変圧器の保護を検討したもので，過電流継電器では変圧器の過負荷保護ができているが，電力ヒューズでは過負荷保護ができていないことがわかる．したがって，電力ヒューズを変圧器保護として使用する場合は短絡保護用として考えるべきである．

(2) 短絡保護

変圧器の二次側での短絡に対し，変圧器が破損しないようにしてやることが必要である．

変圧器自身は変圧器定格電流の25倍の電流に対し2秒間耐えられるので，この短絡強度を超えない範囲で短絡電流を遮断するように保護装置を設定すれ

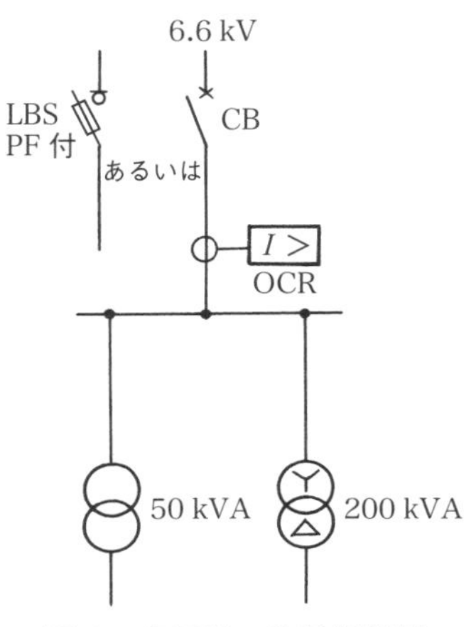

図4　変圧器の共通保護例

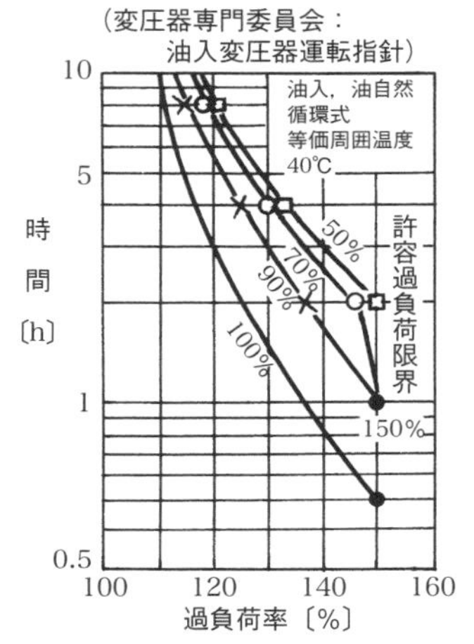

図6　寿命を若干犠牲にした場合の変圧器許容過負荷特性

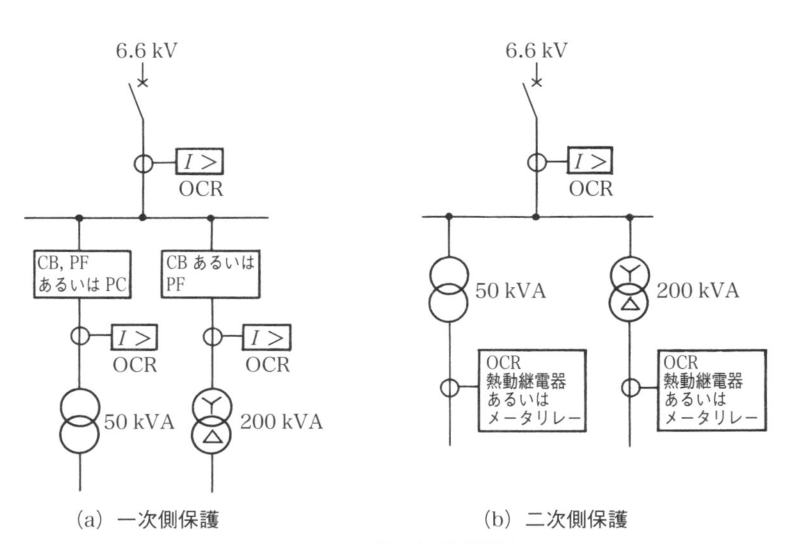

図5　変圧器の個別保護例

ばよい（**図7**）．**図4**のような場合には，一般的には小容量変圧器の短絡保護ができないことが多いので，このようなときは，小容量変圧器に専用の短絡保護装置を設置してやればよい．

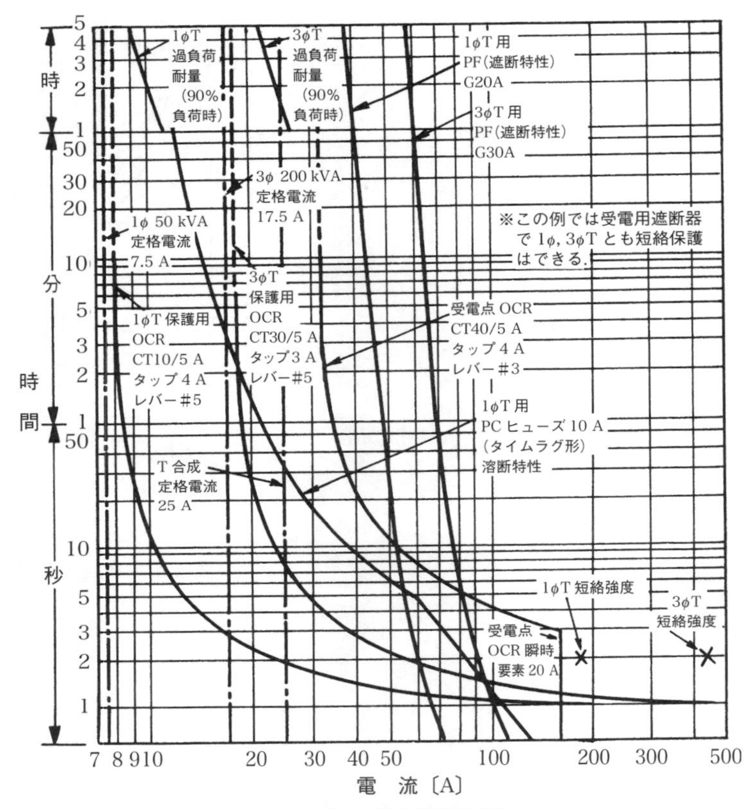

図 7　変圧器保護協調例

3 コンデンサの保護

コンデンサ回路の故障電流は，コンデンサ素子破壊(内部故障)に起因するものがほとんどで，コンデンサの継続再使用はできない．したがって，コンデンサ保護は，コンデンサ自身の破損防止よりも，コンデンサケースの破壊・噴油により事故が他の機器に波及するのを防ぐこと(二次災害防止)が主題となる．**図 8** は，コンデンサケースの破壊確率曲線(JIS C 4604)であるが，次のことを条件に保護装置を選定，整定する．

① 10%確率曲線よりも左側に保護装置の遮断特性があること(**図 8**)．

② コンデンサの突入電流で，保護装置が動作したり，劣化したりしないこと．

③ 保護装置の最大遮断エネルギー($I^2 \cdot t$)＜コンデンサケースの耐エネルギー ($I^2 \cdot t$)

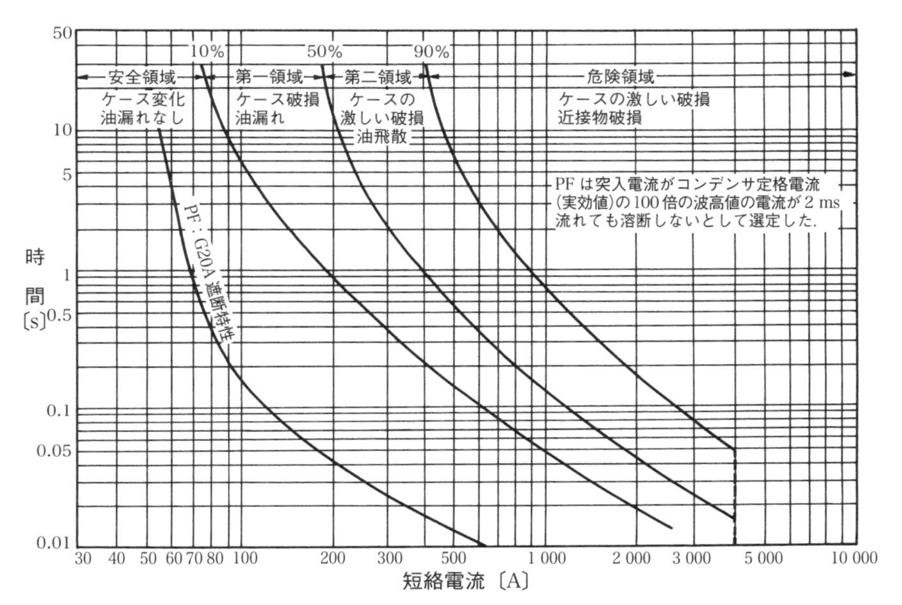

図 8　コンデンサケース破壊確率曲線（50 kVA）とコンデンサ保護

④ コンデンサ定格電流の 1.5 倍の電流を通電できる.

⑤ コンデンサ定格電流の 70 倍(実効値)の電流が 0.02 秒間流れても溶断しない.

コンデンサ保護用として高圧遮断器を使用した場合，コンデンサ事故の際，噴油爆発に至る例が多いため，高圧限流ヒューズを用いる必要がある.

コンデンサ保護用として，**図 9**(a) のように専用限流ヒューズを使用した場合は，①～⑤を満足するとともに，次の点に留意しなければならない.

図 9(a) でヒューズ遮断時にコンデンサの残留電荷により最悪 $2\sqrt{2}$ 倍の電圧がヒューズ端子間にかかり，溶断部分で再発弧し，遮断不能になることがある. したがって，コンデンサ専用として使用する限流ヒューズは，この点を十分検証されているものを使用する必要がある. なお，**図 9**(b) のように，変圧器とコンデンサ共通に限流ヒューズを設置する場合には，コンデンサの残留電荷は変圧器巻線によって放電されるため問題はない.

4 ケーブルの保護

ケーブルのサイズを決定する場合，通電容量，電圧降下だけでなく，短絡電流にも配慮する必要がある.

ケーブルの短絡容量はその絶縁材料によって異なるが，高圧受電設備で多く

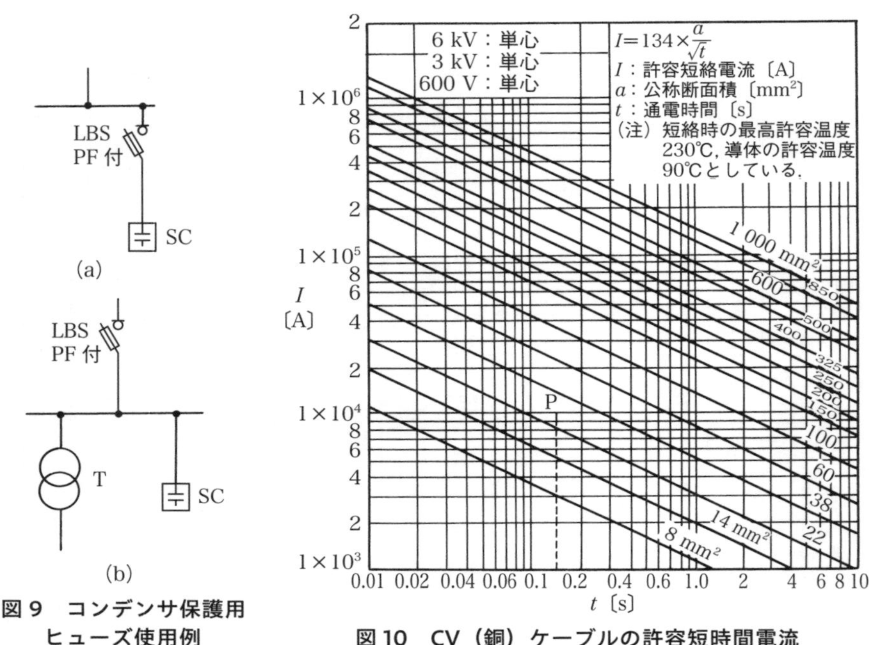

図 9　コンデンサ保護用ヒューズ使用例

図 10　CV（銅）ケーブルの許容短時間電流

使用される架橋ポリエチレンケーブル(CV)の許容短時間電流を**図 10** に示す．高圧機器内配線用電線(KIP など)についても**図 10** を用いてもよい．

ケーブルの短絡保護を行う場合は，短絡電流値とその通過時間がケーブルの許容短時間電流特性より下回るようにすればよい．

例えば，50 Hz の場合，短絡電流 10 kA を遮断器で遮断したとして，全遮断時間を 140 ms(CB：5 サイクル＋OCR：2 サイクル)とすれば，それぞれ**図 10** にプロットし，その交点 P より上にあるもの，この場合 38 mm^2 以上とすればよい．限流ヒューズの場合は，全遮断エネルギー E は，$E=(1/3)\cdot i_p^2\cdot t_B$（ただし，$i_p$：限流値，$t_B$：全遮断時間）であるから，等価実効値 I_P は，

$I_P=\sqrt{(1/3)\cdot i_p^2}$ で計算し，I_P と t_B の交点を**図 10** にプロットすれば保護できる最小サイズが得られる．

5　短絡強度協調と保護協調

高圧受電設備には，前述の機器のほかに変流器，断路器，負荷開閉器など多くの直列機器が使用されており，当然これらも短絡電流から保護されなければならない．各機器は，**表 2** のようにその短絡強度が示されているので，次の 2

表2　主回路機器の短絡強度

名称	熱的強度		機械的強度	規格
遮断器	定格短時間電流（＝定格遮断電流）	1秒間	左記電流×2.5	JIS C 4603
	定格短時間電流（＝定格遮断電流）	2秒間		JEC 2300
断路器	定格短時間電流	1秒間	左記電流×2.5	JIS C 4606
	定格短時間電流	2秒間		JEC 2310
高圧交流負荷開閉器	定格短時間電流	1秒間	左記電流×2.5	JIS C 4605
高圧交流電磁接触器	定格短時間電流	0.5秒間	左記電流×2.0	JEM 1167
変圧器	自己インピーダンスで制限される電流 ただし，%インピーダンス4%未満のものは定格電流の25倍	2秒間	系統短絡インピーダンス X/R 比で倍率変化最大で左記電流×2.55	JIS C 4304 JIS C 4306
			左記電流×2.55	JEC 2200
変流器	定格耐電流に相当する電流	1秒間	左記電流×2.5	JIS C 1731 JEC 1201
	定格耐電流8又は12.5 kAを0.125秒間（3サイクル）又は0.16秒間（5サイクル）		――――	JIS C 4620 附属書1
零相変流器	同上（貫通形の場合は貫通導体によるため規定せず）		左記電流×2.5	JEC 1201
	定格一次電流の40倍	1秒間		JIS C 4601 JIS C 4609

点を満足する必要がある.

① 保護装置の全遮断エネルギー $(I^2 \cdot t)$ ＜ 被保護機器の許容エネルギー $(I^2 \cdot t)$

② 短絡電流の波高値（もしくは限流値）＜被保護機器の許容波高値

保護装置で保護できない場合は，被保護機器の短絡強度を一段大きいものとして協調を図る.

又，保護装置と被保護機器との協調を図ったうえで保護装置間の動作協調を図り，必要な回路だけを遮断し，他の回路はそのまま運転を継続できるように保護システムを検討する．これらが満足されて初めて保護協調がとれた設備となり，信頼度の高い高圧受電設備が構成される.

ところで，過電流継電器の整定(特に，瞬時要素)の際は，上位系統との協調を図れる範囲において，変圧器，コンデンサなどの突入電流（インラッシュ）により，過電流継電器が誤動作しないように考慮しなければならない．つまり，**図11**において，変圧器励磁突入電流曲線とコンデンサ充電電流曲線の右

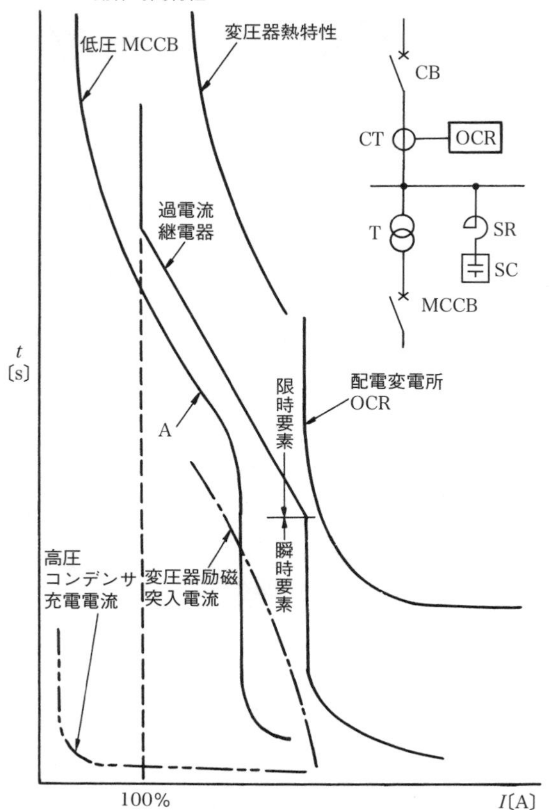

図 11　突入電流に対する保護協調例

側に過電流継電器の動作特性曲線がくるようにすればよい．設備が大規模で変圧器の総容量が大きい場合は，受電点などにおいて上位系統との協調の関係でこれを満足することができないことがあり，その際は順次投入のシーケンスを採用する必要がある．**表 3，4，5** にコンデンサと変圧器の突入電流値の例を示す．

ここで高圧コンデンサの充電電流と変圧器の励磁突入電流の減衰特性は大きく異なる点に注意する必要がある．又，それぞれ周波数も異なるため，これらの電流が相殺されると考えるべきではなく，突入電流値についてはそれぞれ個別に検討する必要がある．コンデンサの充電電流は投入の直後に波高値のピークを示し，その後の減衰は変圧器の励磁突入電流に比べ速い．これに対し，変圧器の励磁突入電流は 5～10 ms 付近で実効値のピークを示すといわれ，その

表 3　高圧コンデンサ充電電流試算値

コンデンサ容量〔kvar〕	定格電流〔A〕	電線太さ（想定）	時間経過後の電流値〔A〕						6%リアクタンスを挿入	
			t=0の最大値	0.005秒後	0.01秒後	0.02秒後	0.05秒後	0.1秒後	リアクタンス容量〔kvar〕	t=0の最大値
10	0.9	2.6 mm	149	1.3	0.9	0.9	0.9	0.9	——	——
20	1.7	2.6 mm	249	2.3	1.7	1.7	1.7	1.7	——	——
50	4.4	2.6 mm	336	5.2	4.4	4.4	4.4	4.4	3	5.9
75	6.6	3.2 mm	428	12.5	6.7	6.6	6.6	6.6	4.5	8.9
100	8.7	4 mm	503	38.2	10.5	8.7	8.7	8.7	6	11.7
200	17.5	22 mm^2	736	146	40.3	18.2	17.5	17.5	12	23.6
500	43.7	50 mm^2	1 226	544	256	82.0	43.9	43.7	30	58.9
750	65.6	80 mm^2	1 548	929	564	233	72.0	65.6	45	88.3
1 000	87.5	100 mm^2	1 819	1 383	1 057	636	105	92.9	60	118

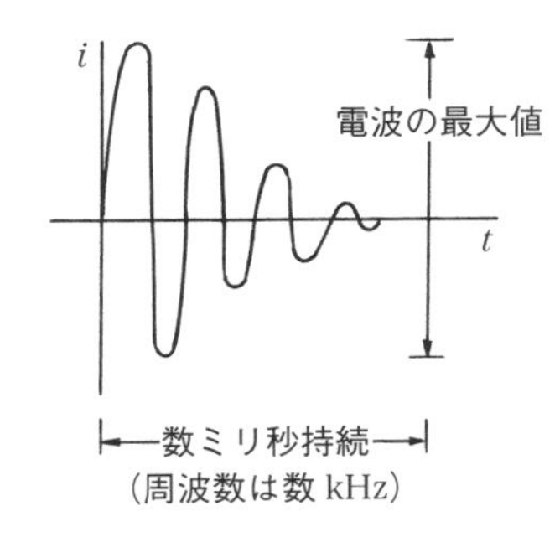

（注）計算上での条件
（1）電線自長は 1 km
（2）周波数は 60 Hz
（3）電圧は 6 600 V

後の減衰はコンデンサの充電電流に比べ緩やかである．

一般に過電流継電器の瞬時要素の動作時間は 50 ms 以下であり，**図 12** の例では 10〜40 ms の範囲である．したがって，この時限範囲の突入電流値で瞬時要素が動作しないような整定値としなければならない．しかし，表に示した電流値は，投入位相等最悪の条件の場合の値であり，10 ms 付近の変圧器の励磁突入電流のピークを瞬時要素の整定値を上げることでカバーすることは，

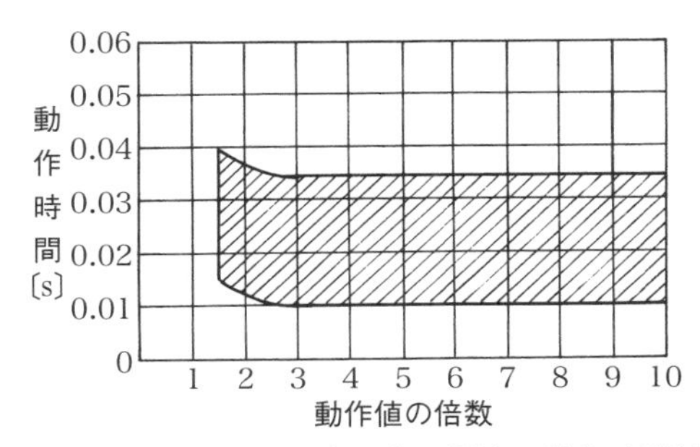

図 12　過電流継電器の瞬時要素の電流－動作時間特性例

表４　変圧器励磁突入電流（三相）の例

種別	変圧器の容量		時間経過後の電流値〔A〕					
	容　量〔kVA〕	定格電流〔A〕	0.01秒後	0.05秒後	0.1秒後	0.5秒後	1秒後	5秒後
油入変圧器	20	1.7	28.3	16.8	12.8	5.7	4.2	1.9
	30	2.6	43.3	25.7	19.6	8.8	6.4	2.9
	50	4.4	64.8	40.5	31.4	14.2	10.1	4.7
	75	6.6	76.0	47.5	36.8	16.6	11.9	6.6
	100	8.7	94.7	59.2	45.8	20.7	14.8	8.7
	150	13.1	117.0	77.0	60.5	27.5	20.2	13.1
	200	17.5	146.0	95.6	75.1	34.1	25.0	17.5
	300	26.2	218.0	146.0	119.0	57.9	40.9	26.2
	500	43.7	308.0	212.0	178.0	86.5	62.5	43.7
	750	65.6	462.0	325.0	274.0	137.0	101.0	65.6
	1 000	87.5	616.0	433.0	366.0	183.0	135.0	87.5
	1 500	131.0	755.0	542.0	472.0	259.0	189.0	131.0
	2 000	175.0	896.0	672.0	616.0	364.0	252.0	175.0
モールド変圧器	10	0.9	15.6	9.2	7.0	3.2	2.3	1.0
	20	1.7	27.2	16.2	12.3	5.5	4.0	1.8
	30	2.6	41.6	24.7	18.9	8.5	6.2	2.8
	50	4.4	62.0	38.7	30.0	13.6	9.7	4.5
	75	6.6	88.7	55.4	43.0	19.4	13.9	6.6
	100	8.7	111.0	73.1	57.4	26.1	19.1	8.7
	150	13.1	151.0	99.0	77.8	35.4	25.9	13.1
	200	17.5	190.0	125.0	98.2	44.6	32.7	17.5
	300	26.2	252.0	169.0	138.0	66.8	47.2	26.2
	500	43.7	420.0	295.0	249.0	125.0	91.8	43.7
	750	65.6	504.0	354.0	299.0	150.0	110.0	65.6
	1 000	87.5	616.0	443.0	385.0	212.0	154.0	87.5

上位系統との保護協調の関係で難しいケースもあるので，十分な検討が必要である．

なお，過電流継電器の瞬時要素の整定に際してはCTの過電流定数の確認も必要である．瞬時要素の整定を高くしすぎ，CTの磁気飽和により一次電流に比例した電流が二次回路に流れず，遮断すべき故障電流が生じた場合に瞬時要

表5　変圧器励磁突入電流（単相）の例

種別	変圧器の容量		時間経過後の電流値〔A〕					
	容量〔kVA〕	定格電流〔A〕	0.01秒後	0.05秒後	0.1秒後	0.5秒後	1秒後	5秒後
油入変圧器	10	1.5	35.6	21.1	16.1	7.2	5.3	2.4
	20	3.0	67.2	42.0	32.6	14.7	10.5	4.8
	30	4.5	97.9	61.2	47.4	21.4	15.3	7.0
	50	7.6	165.0	109.0	85.3	38.8	28.4	12.9
	75	11.4	212.0	139.0	109.0	49.6	36.4	16.5
	100	15.2	272.0	179.0	140.0	63.8	46.8	21.3
	150	22.7	349.0	234.0	191.0	92.6	65.4	28.9
	200	30.3	427.0	287.0	233.0	113.0	80.0	35.3
	300	45.5	524.0	360.0	303.0	147.0	106.0	50.8
	500	75.8	825.0	580.0	490.0	245.0	180.0	82.5
モールド変圧器	10	1.5	30.7	18.2	13.9	6.2	4.6	2.1
	20	3.0	57.6	34.2	26.1	11.7	8.6	3.9
	30	4.5	77.8	48.6	37.7	17.6	12.2	5.6
	50	7.6	107.0	66.9	51.8	23.4	16.7	7.7
	75	11.4	153.0	101.0	79.0	35.9	26.3	12.0
	100	15.2	175.0	115.0	90.3	41.0	30.1	15.2
	150	22.7	218.0	146.0	119.0	57.9	40.9	22.7
	200	30.3	271.0	187.0	153.0	76.4	55.1	30.3
	300	45.5	379.0	266.0	225.0	112.0	82.8	45.5
	500	75.8	631.0	453.0	394.0	217.0	158.0	75.8

素が動作しないようなことがないよう配慮しなければならない．

一方，電力ヒューズを用いる場合(小規模設備の場合)は，メーカーごとの標準選定表により選定すれば，合理的な確率で突入電流によるヒューズ溶断を防止できる．

1.9 地絡保護と保護協調

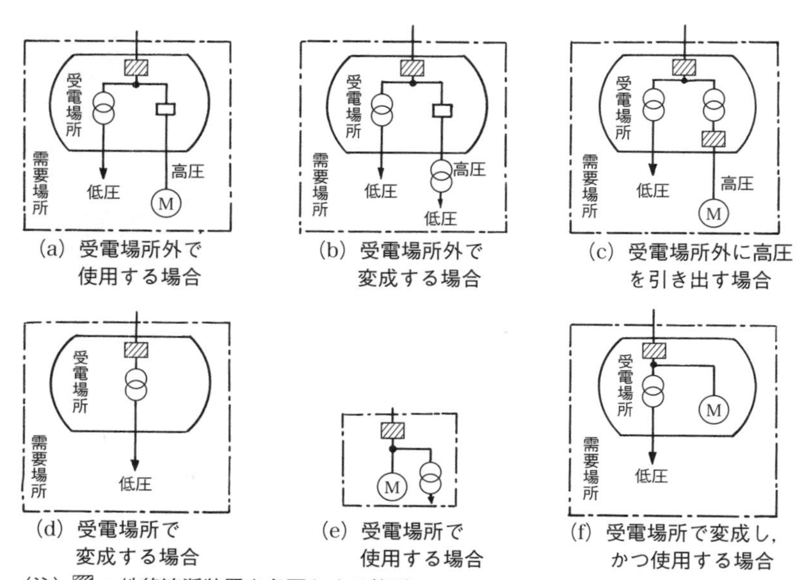

図1　受電形態と地絡遮断装置

1 地絡遮断装置の必要性

高圧自家用受電設備の停電事故の大半は地絡事故である．地絡事故はそのまま放置しておくと，事故が進展拡大し被害が大きくなるだけでなく，感電災害あるいは漏電災害などの二次災害を招く危険がある．このような危険を防ぐためには，地絡遮断装置を設置し，事故を早期に検出し遮断する必要がある．

地絡故障が発生した場合，この事故によって一般送配電事業者配電線の停止を招かないように，保安上の責任分界点に近い箇所に，地絡を生じたとき自動的に電路を遮断する地絡遮断装置を施設することになっている．従来は過電流継電器と組み合わせて主遮断装置等で行っていたが，この場合は引込ケーブル事故の保護ができないため，地絡保護装置付区分開閉器(PAS や UGS など)を設置し，受電点での地絡保護はこれらに負わせることが一般化している．高圧需要家用地絡継電器としては一般に感度電流 200 mA，動作時間を 0.2 秒以下

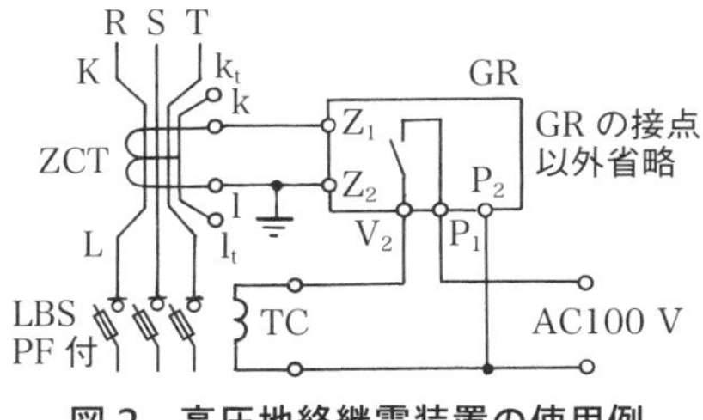

図 2　高圧地絡継電装置の使用例

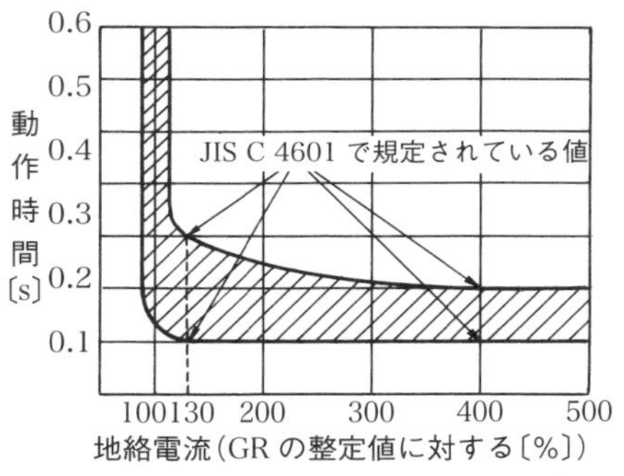

図 3　高圧地絡継電装置の動作特性例

とすれば，配電用変電所の地絡継電器との協調はとれる．

2 地絡事故の検出方法

地絡事故が発生すると，その系統には零相電流（地絡電流）が流れ，零相電圧が発生する．これを検出する方法としては次のような方法がある．

① 地絡電流だけを検出する方法（ZCT 等により検出）
② 零相電圧を検出する方法（EVT，ZPD・ZPC 等により検出）
③ 地絡電流と零相電圧（又は充電電流）を組み合わせて検出する方法（ZCT 等で地絡電流を，EVT，ZPD・ZPC 等で零相電圧を検出）

これらは系統構成，系統電気方式などによって，使い分けられている．一般的な高圧受変電設備では，①あるいは③の方式を採用することが多い．

3 高圧需要家受電点での地絡保護方式

高圧需要家用地絡継電器には，上記①の方法で検出した地絡電流により，地絡継電器（GR）を動作させる方式と，③の方法で検出した地絡電流と零相電圧（又は充電電流）により地絡方向継電器（DGR）を動作させる方式とがある．

（1）地絡継電器（GR）方式

図 2 に高圧需要家での使用例を示す．JIS C 4601 では零相変流器（ZCT）と地絡継電器（以下，GR という）との組合せで「高圧地絡継電装置」として性能を規定している．GR が動作する電流の基準値を GR の感度電流と呼ぶ．保護する立場からすれば感度電流が小さいもの（高感度）のほうがよいが，いたずらに高感度にすることは誤動作・不必要動作を招き，設備の安定運転の面から好ましくない．一般的には 200 mA に設定すればよい．

動作時間は**図 3** のように規定されている．この動作時間は一般送配電事業

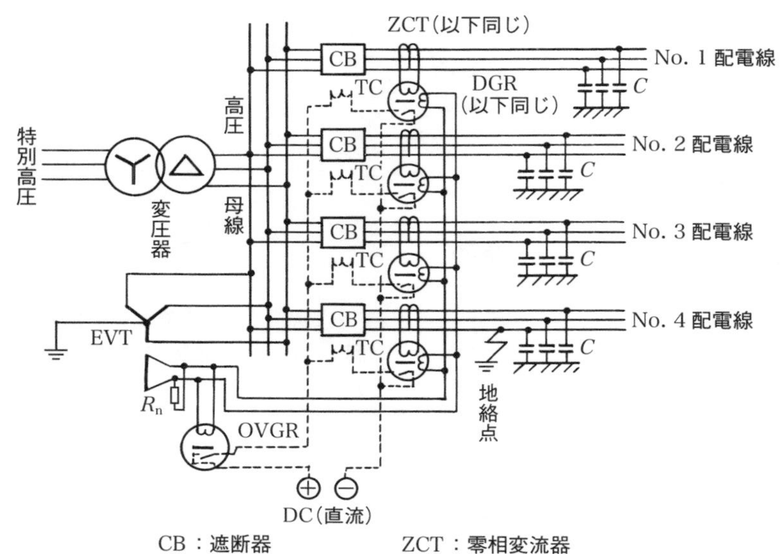

CB：遮断器
TC：引外しコイル
DGR：地絡方向継電器
OVGR：地絡過電圧継電器
ZCT：零相変流器
EVT：接地形計器用変圧器
R_n：制限抵抗
C：配電線の静電容量

図 4　配電用変電所での DGR の使用例

者の配電用変電所の地絡保護継電器との協調を考えて決められたもので，5 サイクル以下の遮断装置，負荷開閉器を使用しておけば一般送配電事業者との協調はまず問題ない.

(2) 地絡方向継電器(DGR)方式

GR は零相電流の大きさだけで動作するものであったが，地絡方向継電器(以下 DGR) は零相電流に零相電圧を組み合わせ，零相電流，零相電圧の大きさ及びその間の位相を判別して動作するものである.

図 4 は配電用変電所の DGR の使用例を示したものであり，零相電流は ZCT により，零相電圧は接地形計器用変圧器(EVT)によって得る.

しかし，高圧需要家での EVT の使用は認められていない. これは，高圧需要家に EVT が設置されていると，配電線で地絡事故が発生した際の事故点探査で絶縁抵抗計が 0 Ω を示し，メガリングによる事故点の特定ができなくなるためである. 又，地絡電流が高圧需要家の EVT に分流してしまい，配電用変電所の地絡電流検出が困難になる可能性があることも一因である. したがって，高圧需要家で DGR を使用する場合は，**図 5** に示すようにコンデンサを組み合わせて零相電圧を検出する. 又，高圧需要家用 DGR としては，**図 6** のように ZCT を二つ使用し，零相電流の位相比較をして方向性をもたせるものも

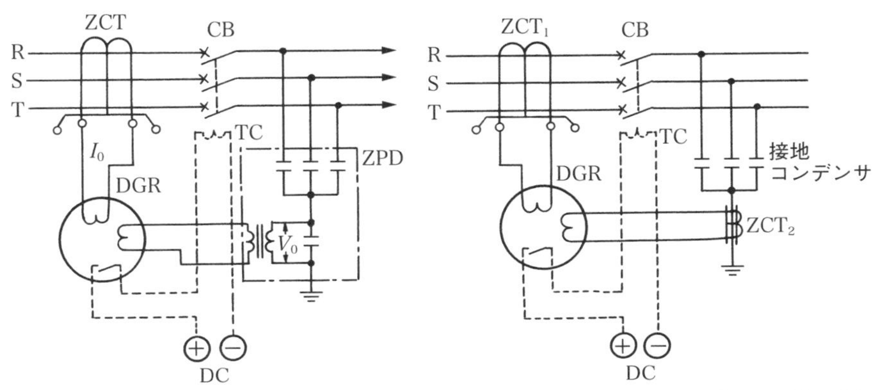

図5　高圧需要家の DGR 使用例　　**図6　零相電流突き合わせ式 DGR 使用例**

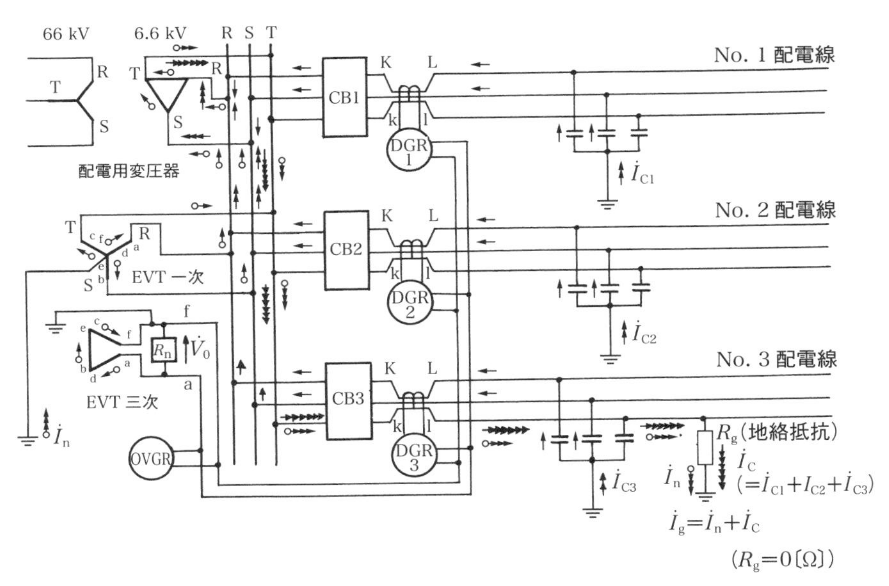

図7　配電系統各点における零相電流の流れ

ある．

4 地絡保護方式の選択について

直接接地系統においては，地絡電流は電源側から事故点に向かって供給される．しかし，高圧配電線は非接地系統であり，非接地系統では電源側からだけでなく，負荷側からも，さらに健全回線からも零相電流が事故点に流れ込んで

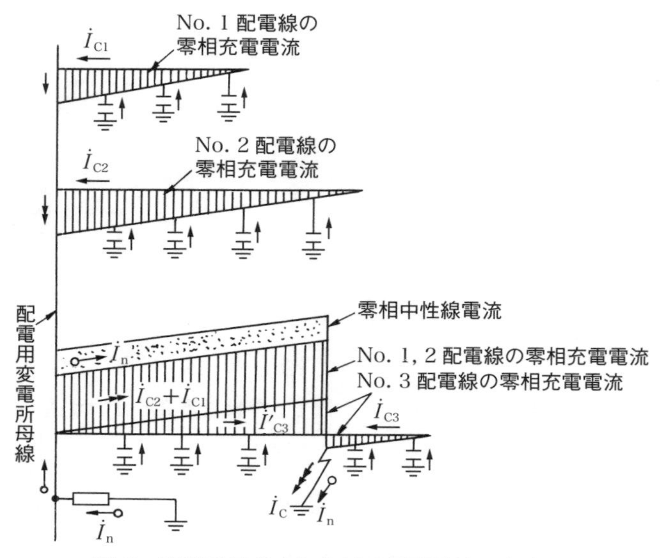

図 8　配電系統各点における零相電流の大きさ

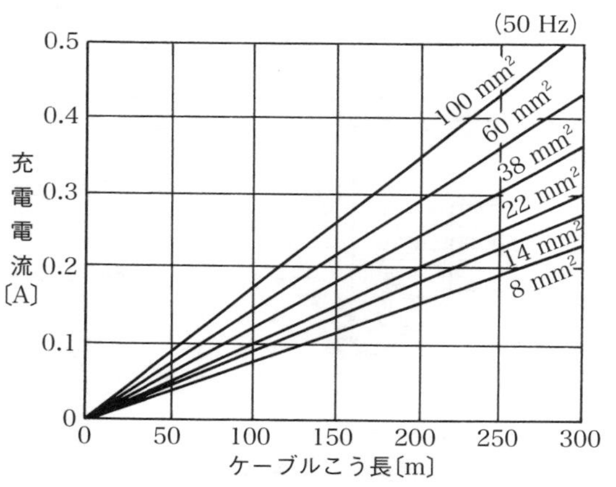

図 9　1 線地絡時の CV ケーブルの充電電流

くる．**図 7，8** にその概念図を示す．別の表現をすれば，非接地系統では健全回線にも零相電流が流れるため，需要家構内の静電容量が大きい場合（長いケーブルを使用している場合等），受電点に設置した GR が，他の需要家の地絡事故にもかかわらず動作してしまうという現象が発生する．これがいわゆる GR のもらい動作である．

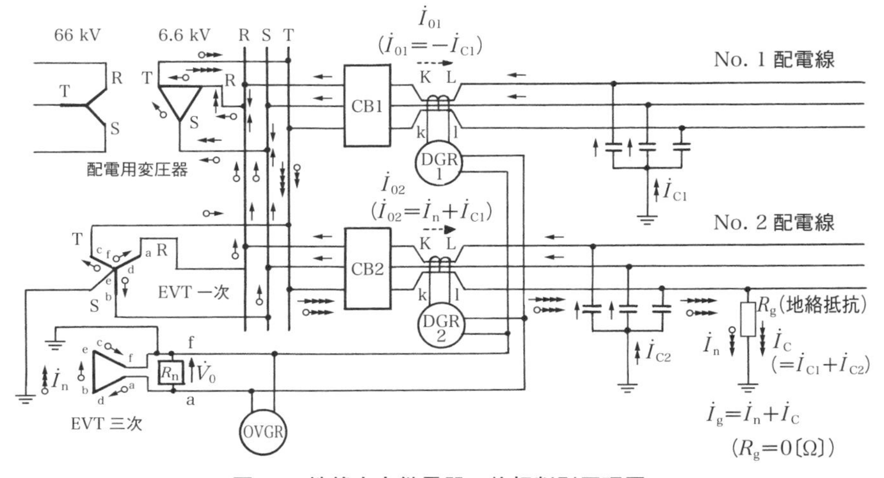

図10　地絡方向継電器の位相判別原理図

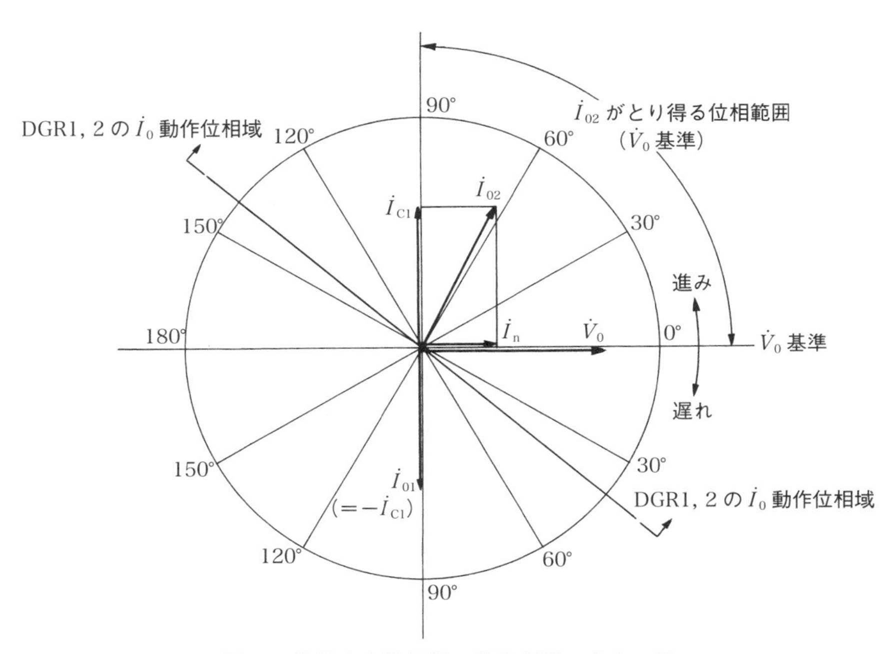

図11　地絡方向継電器の位相判別ベクトル図

これを防止するためには，需要家構内の静電容量に応じ GR の設定値を上げればよいが，一般送配電事業者との協調がとれなくなるので，むやみに上げることはできない．**図 9** に CV ケーブルの 1 線地絡時の充電電流を示す．実際には，GR の整定に対するケーブルの長さの限界は，**図 9** から求めた長さの半分以下と考えたほうがよい（事故電流は一般に正弦波ではなく，高調波を含んでいるため）．

したがって，需要家構内の静電容量が大きい場合には DGR を選定することになる．DGR は，地絡事故時に流れる零相電流の零相電圧に対する位相が異なることを利用して，自系統の事故かどうかの判別を行っている．**図 10，11** にその原理を示す．

図 10 において，No.2 配電線の T 相が地絡した場合，$\dot{V}_0$ が図示の方向を正方向として基準にとると，矢印の向きに零相電流が流れる．ここで ○→ は $\dot{V}_0$ と同相の抵抗分による零相電流を，→ は $\dot{V}_0$ より 90° 進んだ対地静電容量分による零相電流を示している．

これらの零相電流を DGR 1 及び DGR2 の ZCT からみた場合，健全である No.1 配電線の ZCT には，自回線の対地静電容量分による零相電流が逆向きに流れる．したがって，DGR 1 は $\dot{I}_{01}$ が $\dot{V}_0$ に対し 90° 遅れていると認識する．一方，地絡した No.2 配電線の ZCT には，自回線の対地静電容量分による零相電流は相殺されるため，健全である No.1 配電線の対地静電容量分による零相電流と抵抗分による零相電流が順方向に流れる．したがって，DGR 2 は $\dot{I}_{02}$ が $\dot{V}_0$ に対し 90° 弱（0°～90° の範囲）進んでいると認識する．この位相の違いにより，地絡回線と健全回線の判別を行っている

なお，DGR は交流回路から侵入するサージ・ノイズによる誤動作の可能性が GR に比べて少ない．GR は零相電流の大きさだけで動作するのに対し，DGR は零相電流及び零相電圧の大きさと相互の位相関係の三つ条件がそろわないと動作しないからである．違法改造の CB 無線の影響を受けやすい幹線道路わきに設置される場合などには，威力を発揮する場合が多い．

以上の点を配慮して，地絡保護方式を選択する．

5 地絡保護装置付区分開閉器（PAS，UGS 等）

GR，DGR と主遮断装置の組合せによる地絡事故遮断の場合，電源側にある引込ケーブル事故までは保護できないため，架空引込の場合は 1 号柱に PAS（PGS）を，地中引込の場合は UGS を設置することが求められる（**図 12，13**）．

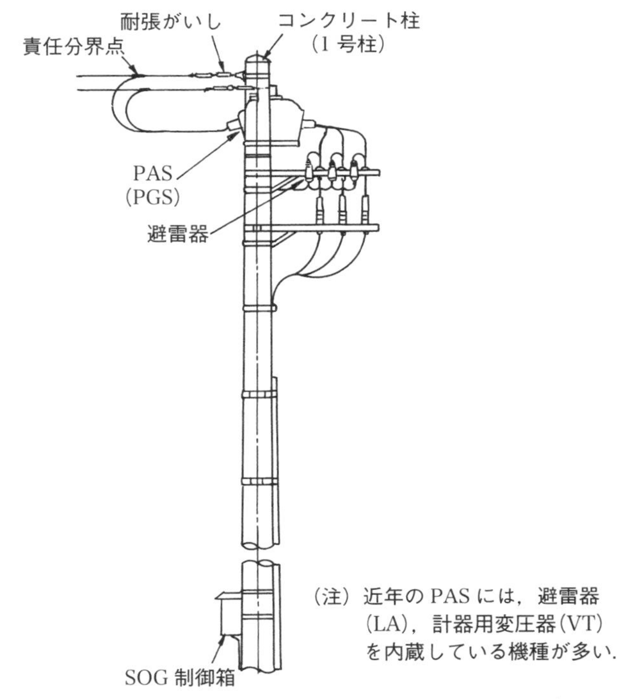

(注) 近年の PAS には，避雷器(LA)，計器用変圧器(VT)を内蔵している機種が多い．

図 12　地絡保護装置付区分開閉器（架空引込用）

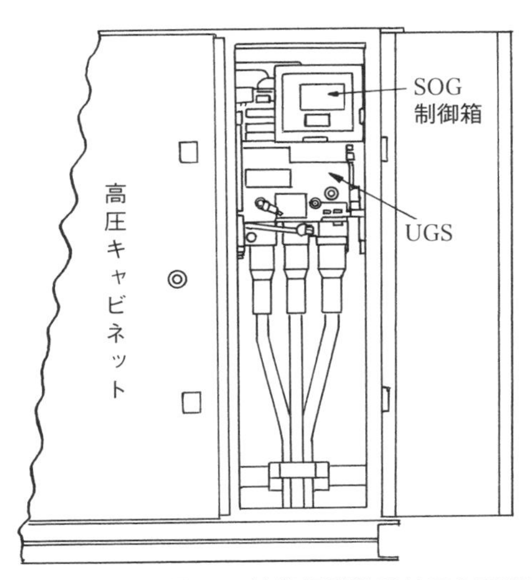

(注) 近年の UGS には，計器用変圧器(VT)を内蔵している機種がほとんどである．

図 13　地絡保護装置付区分開閉器（地中引込用）

1.10 絶縁協調と避雷器

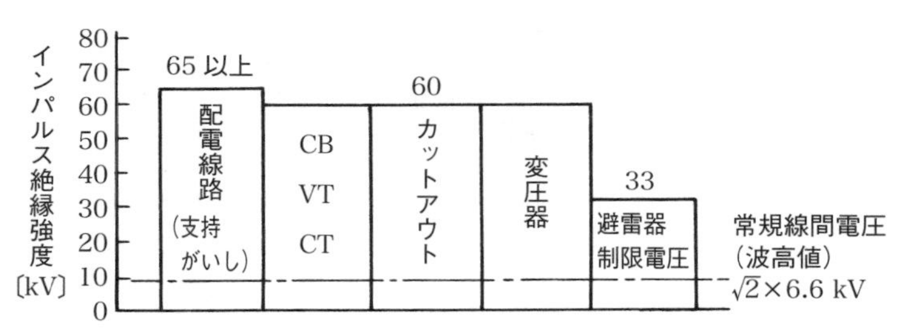

図１　高圧配電系統の絶縁協調（6.6 kV 系統）

1 絶縁協調

絶縁協調とは，系統の絶縁設計を保護装置との関連において合理化することをいう．系統機器の一つだけを特別に絶縁強化しても系統の信頼性を上げることはできず，経済性を損なうことになる．絶縁協調は，内部過電圧で絶縁破壊，又はフラッシオーバが生じないように電路の絶縁強度を設定し，外部過電圧（雷サージ電圧）に対しては避雷器を設置して避雷器の保護レベルを電路の絶縁レベルより低くすることによって保護することを基本とする．**図１**に示すとおり，高圧配電系統（6.6 kV 系）の機器には衝撃絶縁強度（BIL）60 kV（6 号 A）が一般的に採用されており，避雷器の制限電圧は 33 kV 以下に設定されている．なお，汚損の激しい塩塵害地区においては，過絶縁などの対策の検討も必要である．

又，高圧系統の避雷器は，誘導雷サージを抑制することを主眼としているが，一部の直撃雷に対しても保護効果があるといわれている．

2 高圧需要家における避雷器の必要性

高圧需要家受変電設備の雷害防止においては，地域によって異なる雷サージ発生回数の予測（**図２**の気象庁 HP 雷の観測と統計参照）と接続される配電線路の避雷器の施設状況，引込線の種類・長さなどから判断して避雷器の必要性を判断すべきである．電技解釈では最大電力 500 kW 未満の高圧需要家については避雷器の設置を義務付けていない（緩和されている）が，雷による設備面の危険度は設備容量の大小によって異なるものではないので，避雷器設置の必要性については前述の判断に従うべきである．

図２の落雷頻度マップは，全国各地の気象台や観測所の目視観測に基づく

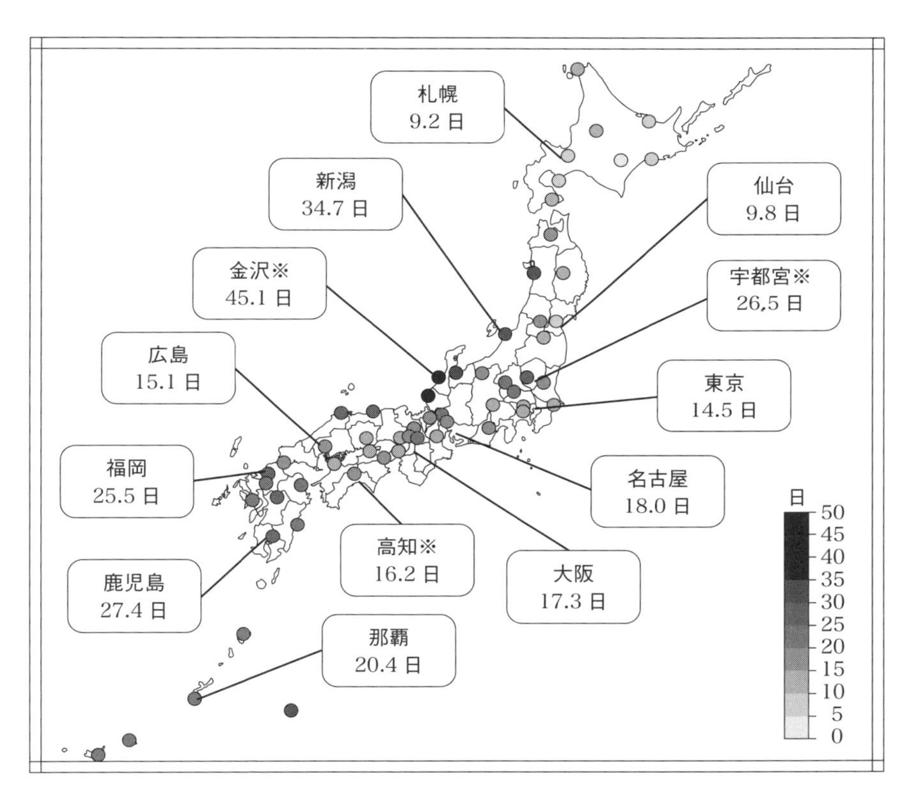

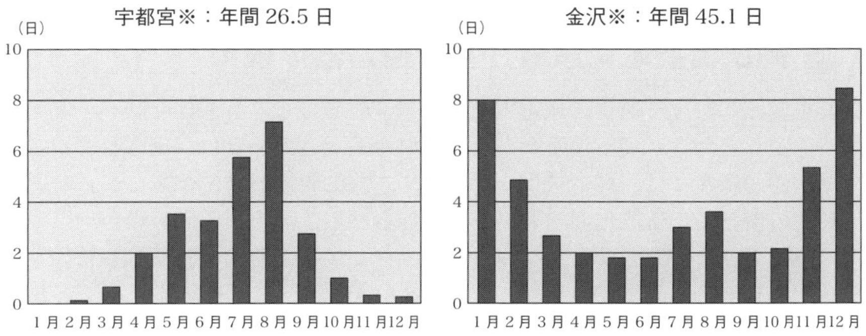

図2　気象庁 HP 雷の観測と統計 (30 年間平均)

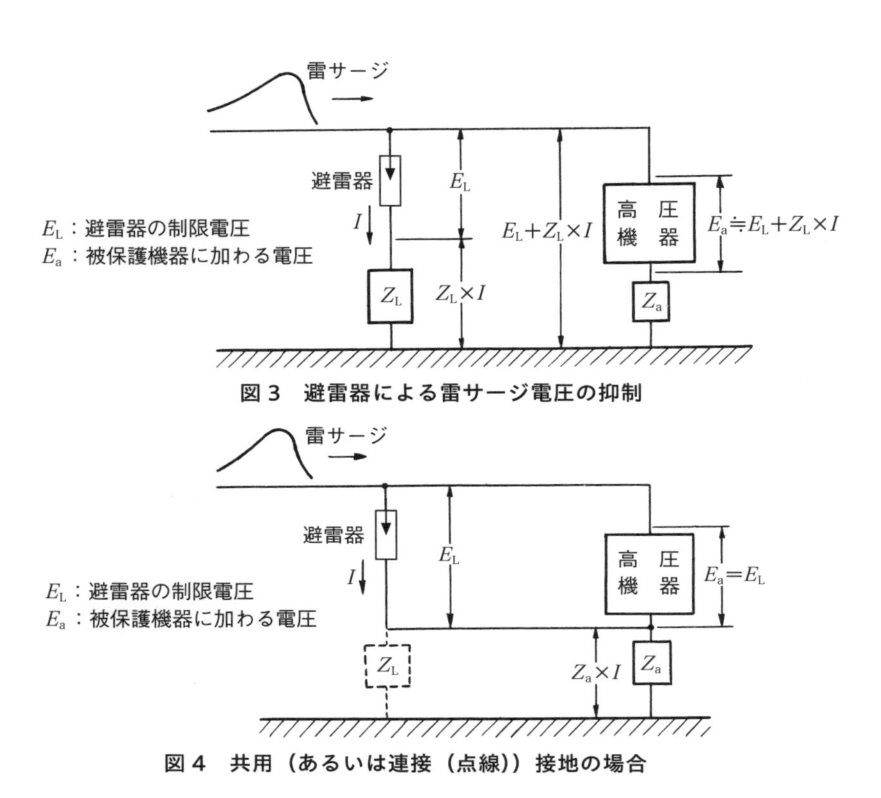

図 3　避雷器による雷サージ電圧の抑制

図 4　共用（あるいは連接（点線））接地の場合

雷日数(雷を観測した日の合計)の年平均値(1991～2020年までの30年間の平均)である．気象庁のHPからも襲来頻度の情報が利用できるようになっているので，参考にするとよい．

3 高圧需要家に設置される避雷器の種類

配電線路における避雷器放電電流の累積発生頻度は，1 000 A以下がほとんどであることから，高圧需要家には2 500 A避雷器が一般に採用されている．

避雷器の種類には，弁抵抗形，Pバルブ，酸化亜鉛形などがあるが，最近では特性の優れている酸化亜鉛形が多く用いられる．酸化亜鉛形の場合，原理的には直列ギャップを必要としない（ギャップレス避雷器）．高圧配電系統では，系統事故探査時に交流6.9 kV(波高値9.8 kV)の試験電圧を印加することがあり，又，系統の短時間交流過電圧などにより，酸化亜鉛エレメントがダメージを受けないようにとの配慮から，直列ギャップ付のものが用いられてきたが，現在ではギャップレス避雷器が主流である．

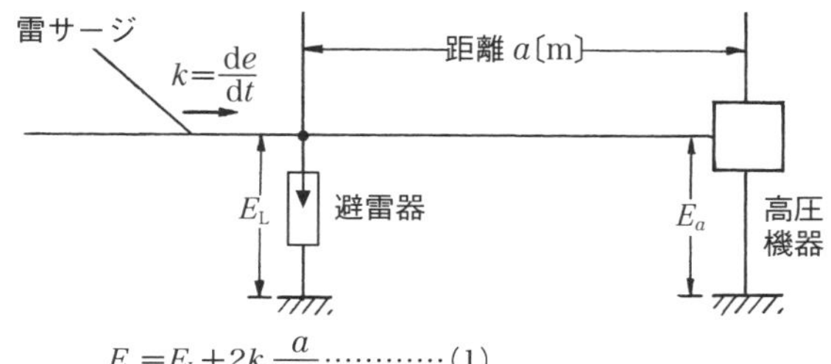

$$E_a = E_L + 2k\frac{a}{300} \cdots\cdots\cdots\cdots (1)$$

（E_a の最大値＝E_L×2 倍）

E_a：高圧機器の端子電圧〔kV〕
E_L：避雷器の端子電圧〔kV〕
k：雷サージ電圧の波頭しゅん度〔kV/μs〕
300：雷サージの伝搬速度〔m/μs〕

図 5　避雷器の保護範囲

4 接地方式と避雷器の効果

避雷器が動作して雷サージ電流 I が流れた場合，**図 3** に示すように被保護機器には避雷器の制限電圧 E_L のほかに，接地設備のインピーダンスによる電位上昇分 $Z_L \times I$ が加わり，接地設備のインピーダンスが大きい場合には被保護機器でフラッシオーバする可能性がある．避雷器の効果をより有効にするためには，接地抵抗を低減するとともに，接地線はできるだけ短くして接地線のサージインピーダンスが大きくならないようにする必要がある．

高圧配電設備では，**図 4** に示すように変圧器や負荷開閉器と避雷器の接地を連接あるいは共用し，接地設備による電位上昇が機器に印加されないようにしている．これは，避雷器動作時や避雷針雷撃時に，異種接地間(例えば，A 種・D 種と B 種など)の大地電位差から被害を受けることがあるので，共用接地にすることで電位差をなくし，事故を避けることができる．

5 高圧受電設備と避雷器の距離による影響

避雷器と高圧受電設備の距離が長い場合には，高圧機器での反射により避雷器の効果が低減される．**図 5** において(1)式は避雷器施設位置と高圧機器の端子電圧の関係を簡易式で示したものである．同式において，E_L=30〔kV〕，k=150〔kV/μs〕，高圧機器に許容される電圧を施設初期の 80% とみて E_a=48〔kV〕とすると，a=18〔m〕が保護の限界となる（実際には，高圧機器と避雷器の間にケーブルが施設されていたり，高圧機器の対地静電容量などがあるので，実際の設備に合わせ補正する必要がある）．

PAS 保護のため直近の二次側に避雷器を設置すべき理由は上述のことからきている．

1.11 契約電力と受電回路方式

1 契約電力の決定

契約電力は，小売電気事業者の電気供給約款に基づき定められる．高圧自家用受電設備の契約電力の算定方式には，一般に次のような種類がある．

① 最大需要電力計による当月を含む過去1年間の各月最大需要電力※によって契約電力を定める方法（いわゆる実量制）**（参考）***

※30分毎に電力量を計量しその内月間で最も大きい値（デマンド値）

② 小売電気事業者との協議によって契約電力を定める方法（いわゆる協議契約）

現在では，最大需要電力計付の電子メータの設置が完了し，500 kW未満の高圧自家用受電設備の契約電力は，原則的に①の実量制を適用する．又，500 kW以上の高圧自家用受電設備の契約電力は，②の協議契約により契約電力を定めるが，デマンド値を基準に協議をすることから基本的には①と大きく変わらない．なお，各一般送配電事業者とも一般に高圧(6.6 kV)供給の範囲は契約最大電力が2 000 kWとしているが，供給場所の実情により弾力性があるので，事前に一般送配電事業者との打ち合わせが必要である．

又，契約種別には，ビルなど電灯や事務機器などを主体とする業種に適用される「業務用電力」と工場など動力を主体とする業種に適用される「高圧電力A」，「高圧電力」などがあり，料金レートなどがそれぞれ別に定められている．さらに最近では，小売電気事業者各社さまざまな料金メニューが設けられ，電力使用実態に合わせ有利な料金メニューを選択できるようになっているので，活用すべきである（**表1**参照）．

2 受電回路方式の決定

受電回路方式の決定は，需要家側の要望と一般送配電事業者の供給事情とを考慮したうえ，双方の協議によって決定される．高圧受電の場合，**図1**(a)の1回線受電方式が大多数であるが，(b)の2回線受電方式，(c)の逆π受電方式などがある．その他に，ループ受電方式，スポットネットワーク受電方式などがあるが，高圧受電方式としてはまだ採用されていない．(a)に比べて，(b)，(c)の方式のほうが電源の信頼性の点で優れていることはいうまでもない．

1回線受電方式には，専用1回線とT分岐1回線方式があり，専用方式の

表1　各種料金メニューの例

各種料金メニュー（一例）	
高圧電力 A	(500 kW 未満に適用)
高圧電力	(500 kW 以上に適用)
高圧季節別時間帯別電力 A	(500 kW 未満に適用)
高圧季節別時間帯別電力	(500 kW 以上に適用)
業務用電力	
業務用季節別時間帯別電力	

方が供給の安定性が高く，T 分岐方式は単一事故によって同系統に接続されている他の需要家への停電波及という欠点がある．

2 回線受電方式は**図 2，3** のように本線引込みのほかに予備線を設ける方式で，本線停電時には，切り替えの間の停電は伴うものの，予備線で受電をするために配電事故に対して予備線で受電を継続することが可能である．又，2 回線受電方式には平行 2 回線方式と異系統 2 回線方式があり，異系統 2 回線方式は，配電事故だけでなく，配電用変電所の事故に対しても予備線により受電を継続することが可能である．

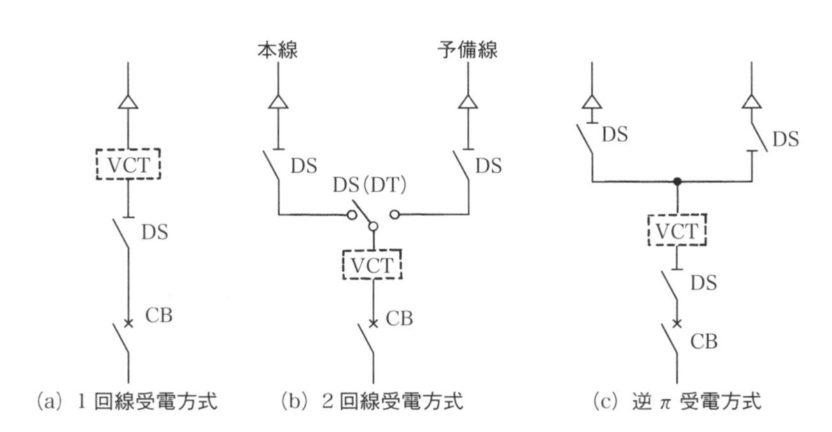

受電電圧＼回路方式		1 回線		2 回線		逆 π	ループ	スポットネットワーク
		専用	T 分岐	並行	異系統			
高圧 6(3)kV		○	○	○	○	○		
特別高圧	10～30 kV	○		○	○	○	○	○
	60～70 kV	○		○	○		○	

図1　受電電圧と受電方式

ここで注意すべきことは，平行２回線方式でも異系統２回線方式でも，切り替えの際，本線の電源と予備線の電源が絶対にぶつかるようなことがないようにしなければならないことである．このため，**図2**のように３極切替開閉器を使用するか，**図3**のように本線の受電用 CB と予備線の受電用 CB にインターロックを設ける必要がある．なお，ループ回路方式，スポットネットワーク方式では無停電の切り替えが可能であるが，6 kV 受電方式では適用されていない．

以上の内容を踏まえ，負荷設備の重要性と経済性，及び非常用発電機等との関係を考慮して受電回路方式を選択，決定する．

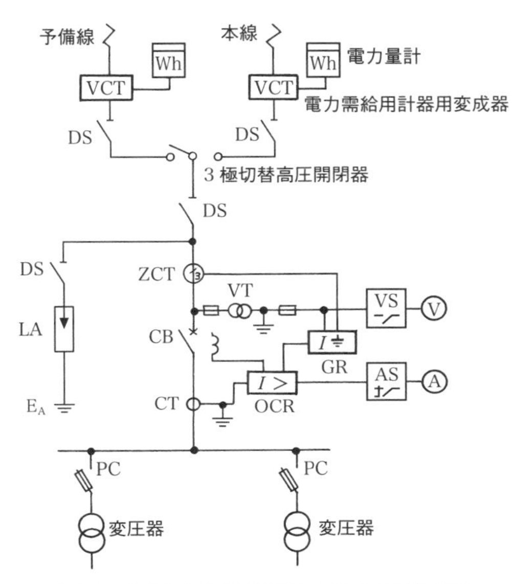

図2　3極切替開閉器による2回線受電

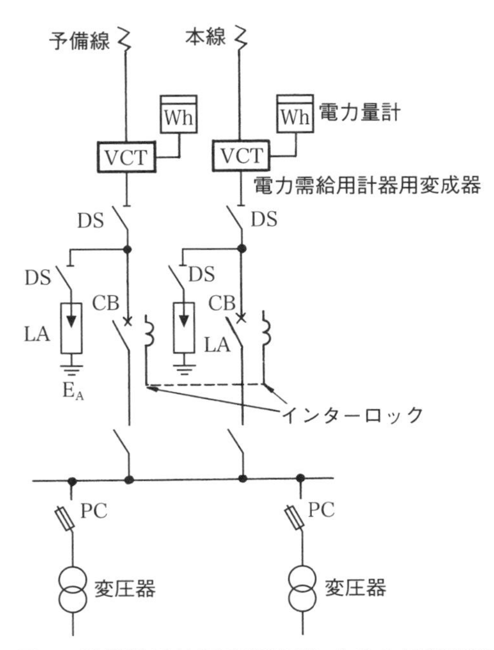

図3　連動装置付高圧遮断器による2回線受電

1.12 高調波対策

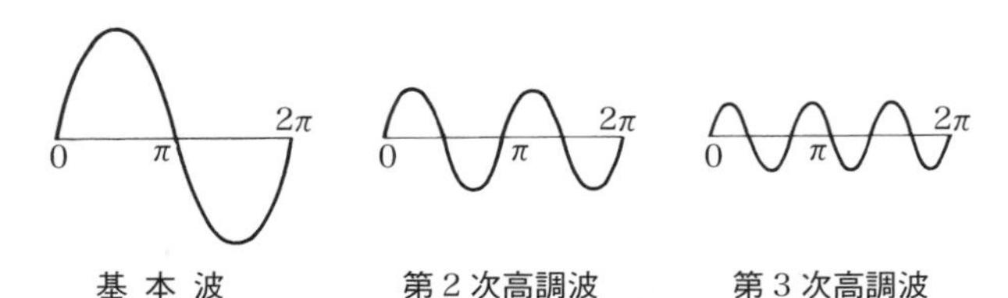

図 1　基本波と高調波

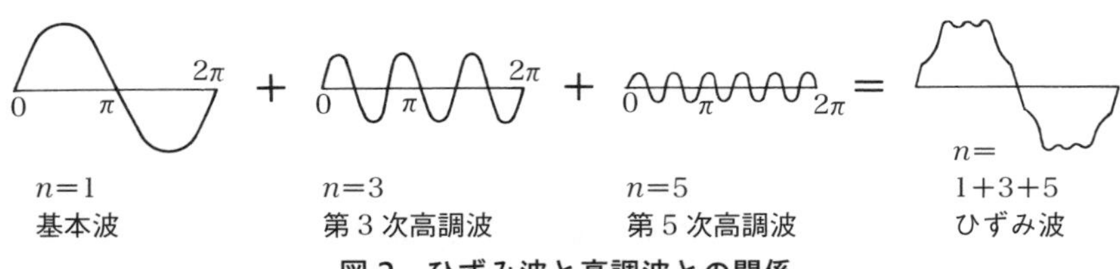

図 2　ひずみ波と高調波との関係

表 1　基本波と高調波の周波数

基本波〔Hz〕	高調波（n＝2〜50 次程度まで）〔Hz〕									
	2 次	3 次	4 次	5 次	6 次	7 次		n 次		50 次
50	100	150	200	250	300	350	- - -	50 n	- - -	2 500
60	120	180	240	300	360	420	- - -	60 n	- - -	3 000

1 ひずみ波と高調波

商用周波数(50 Hz 又は 60 Hz)の基本波(正弦波)交流に対し，整数倍の周波数の正弦波で第 2 次から第 50 次程度までのものを高調波という(**図 1，表 1**)．理想的な電源電圧波形は基本波のみの正弦波であるが，種々の要因により波形にひずみを生じる．周期性のあるひずみ波は，基本波といくつかの高調波が合成されたものとして表すことができる(フーリエ級数展開)．一般にひずみ交流電源は対称波であるため，基本波と奇数次の高調波の合成として考えることができる（**図 2**)．このようにひずみ波を基本波と高調波に分けて考えるのは，各周波数ごとに回路計算を行い，合成すればよい(重ねの理)ので定量的な解析が容易になるからである．

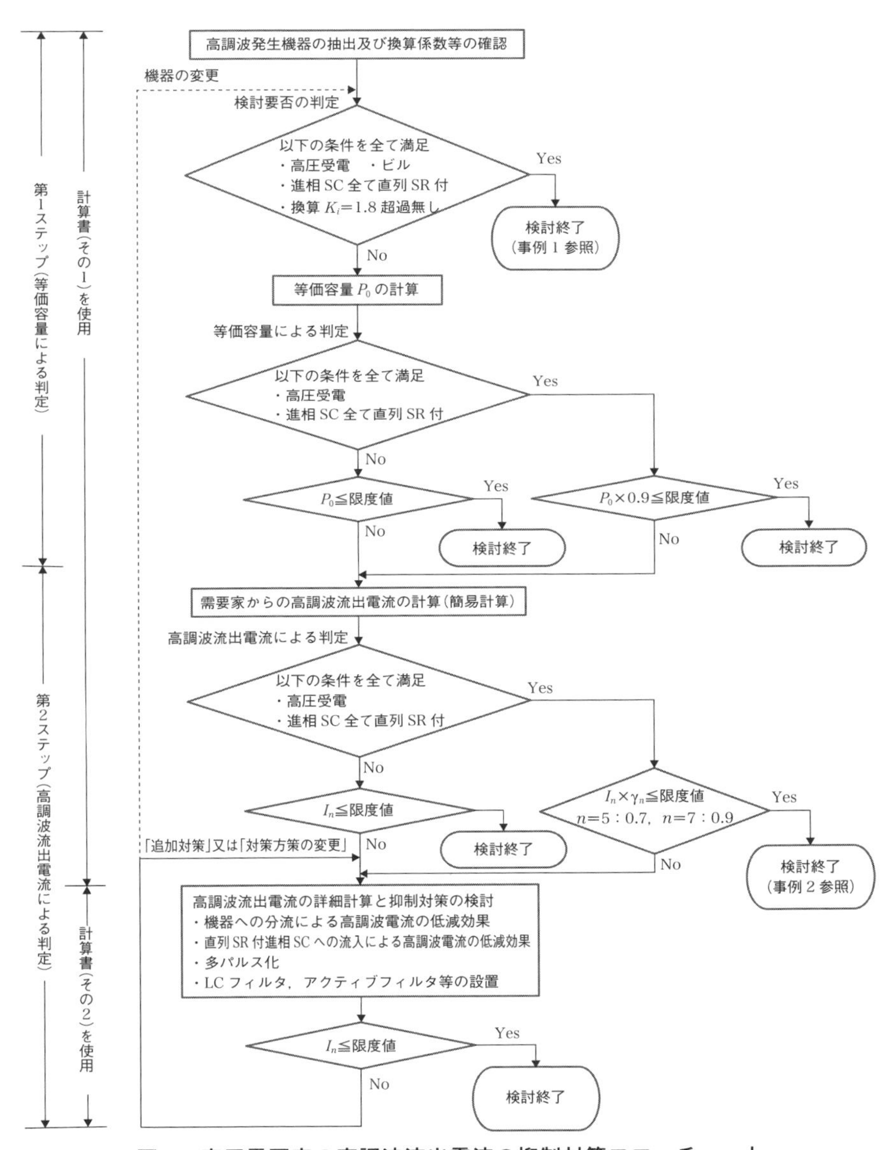

図3　高圧需要家の高調波流出電流の抑制対策フローチャート

表 2　契約電力 1 kW 当たりの高調波流出電流上限値（単位：〔mA/kW〕）

受電電圧	5 次	7 次	11 次	13 次	17 次	19 次	23 次	23 次超過
6.6 kV	3.5	2.5	1.6	1.3	1.0	0.9	0.76	0.70
22 kV	1.8	1.3	0.82	0.69	0.53	0.47	0.39	0.36
33 kV	1.2	0.86	0.55	0.46	0.35	0.32	0.26	0.24
66 kV	0.59	0.42	0.27	0.23	0.17	0.16	0.13	0.12

2　高調波対策の必要性

近年，電力系統に存在する高調波が増大する傾向にあり，機器の高調波障害が顕在化しつつある．従来から使用されていた高調波発生機器に加え，サイリスタ等のスイッチング作用を利用した空調機器，OA 機器，工作機械などの使用が一般化してきており，これらが新たな高調波発生源となるため，それぞれの需要家側での対策が必要となってきた．このため，「高圧又は特別高圧で受電する需要家の高調波抑制対策ガイドライン（1994 年制定，2004 年改正）」（以下「ガイドライン」という）が定められた．これに伴い，高圧需要家の新設又は増設時には高調波抑制対策の検討を要することになり，一般送配電事業者への申し込み時に原則的に高調波流出電流計算書を提出することになった．ただし，高調波発生機器のうち定格電圧 300 V 以下，定格電流 20 A/相以下の機器は，ガイドラインの適用を受ける機器の抽出対象としない．なお，汎用インバータ及びポンプは 1 相当たりの入力電流が 20 A 以下のものを含め単体として使用する場合は JIS C 61000-3-2 の適用範囲に含まれないため，抽出対象とする．

3　高圧需要家における高調波流出電流上限値

我が国の電力系統における高調波発生許容レベルは，総合電圧ひずみ率が 6.6 kV 高圧配電系統では 5% であり，これを実現するため高圧需要家における高調波流出電流上限値を**表 2** のように定めている．ここで第 3 次高調波について定められていないのは，通常変圧器の Δ 結線内で打ち消されるためである．

4　高調波流出電流計算のフローチャート

ガイドラインに基づく高調波流出電流計算を**図 3** のフローチャートに従って実施する．また，高調波流出電流計算に用いる主要データを**表 2～10** に示す．

① 第 1 ステップ（等価容量による判定）

a　受電設備図面や使用機器諸元を確認し，高調波発生機器の抽出，回路分

表3　契約電力相当値算出簡略式

受電設備容量	契約電力相当値算出簡略式
50 kVA 以下	受電設備容量×0.8〔kW〕
50 kVA～100 kVA	受電設備容量×0.7＋5〔kW〕
100 kVA～300 kVA	受電設備容量×0.6＋15〔kW〕
300 kVA～600 kVA	受電設備容量×0.5＋45〔kW〕
600 kVA 以上	受電設備容量×0.4＋105〔kW〕

表4　電動機用インバータ（三相）の入力定格容量と基本波入力電力との関係

電動機容量〔kW〕	入力定格容量〔kVA〕	基本波入力電流〔A〕	
		200 V	400 V
0.10	0.22	0.61	0.30
0.20	0.35	0.98	0.49
0.40	0.57	1.61	0.81
0.75	0.97	2.74	1.37
1.50	1.95	5.50	2.75
2.20	2.81	7.93	3.96
3.70	4.61	13.0	6.50
5.50	6.77	19.1	9.55
7.50	9.07	25.6	12.8
11.0	13.1	36.9	18.5
15.0	17.6	49.8	24.9
18.5	21.8	61.4	30.7
22.0	25.9	73.1	36.6
30.0	34.7	98.0	49.0
37.0	42.8	121.0	60.4
45.0	52.1	147.0	73.5
55.0	63.7	180.0	89.9
75.0	87.2	245.0	123.0
90.0	104.0	293.0	147.0
110.0	127.0	357.0	179.0

類，換算係数等の確認とともに，進相コンデンサ要直列リアクトルの有無の確認を行う．

b　次の条件を全て満たす場合は，高調波電流発生量が比較的小さく，直列リアクトル付進相コンデンサへの分流や流入による高調波流出電流の低減効果が十分見込めるため検討を終了する．

・高圧受電であること．

・業種がビル（主たる使用機器が空調や照明等である事務所・店舗等の建物）であること．

・進相コンデンサが全てリアクトル付（高圧・低圧設置は問わない．一

表5　換算係数

回路分類	回路種別		換算係数 K_i	主な利用例
1	三相ブリッジ	6パルス変換装置	$K_{11}=1$	・直流電鉄変電所 ・電気化学 ・その他一般
		12パルス変換装置	$K_{12}=0.5$	
		24パルス変換装置	$K_{13}=0.25$	
2	単相ブリッジ	直流電流平滑	$K_{21}=1.3$	・交流式電気鉄道車両
		混合ブリッジ	$K_{22}=0.65$	
		均一ブリッジ	$K_{23}=0.7$	
3	三相ブリッジ (コンデンサ平滑)	リアクトルなし	$K_{31}=3.4$	・汎用インバータ ・エレベータ ・冷凍空調機 ・その他一般
		リアクトルあり(交流側)	$K_{32}=1.8$	
		リアクトルあり(直流側)	$K_{33}=1.8$	
		リアクトルあり(交・直流側)	$K_{34}=1.4$	
4	単相ブリッジ (コンデンサ平滑)	リアクトルなし	$K_{41}=2.3$	・汎用インバータ ・冷凍空調機 ・その他一般
		リアクトルあり(交流側)	$K_{42}=0.35$	
5	自励三相ブリッジ (電圧型PWM制御) (電流型PWM制御)	——	$K_5=0$	・無停電電源装置 ・通信用電源装置 ・エレベータ ・系統連系用分散電源
6	自励単相ブリッジ (電圧型PWM制御)	——	$K_6=0$	・通信用電源装置 ・交流式電気鉄道車両 ・系統連系用分散電源
7	交流電力調整装置	抵抗負荷	$K_{71}=1.6$	・無効電力調整装置 ・大型照明装置 ・加熱器
		リアクタンス負荷 (交流アーク炉用を除く)	$K_{72}=0.3$	
8	サイクロコンバータ	6パルス変換装置相当	$K_{81}=1$	・電動機(圧延用，セメント用，交流式電気鉄道車両用)
		12パルス変換装置相当	$K_{82}=0.5$	
9	交流アーク炉	単独運転	$K_9=0.2$	・製鋼用
10	その他		K_{10}=申告値	——

(注) (1) K_i=変換回路種別ごとの$\sqrt{\Sigma(n\times\%I_n)^2}$/6パルス変換装置の$\sqrt{\Sigma(n\times\%I_n)^2}$
n：高調波の次数 $\%I_n$：n次の高調波電流の基本波電流に対する比率
(2) PWM：pulse width modulation
(3) 換算係数K_iの添字iが回路分類細分No.を示す．

部でも受電設備の進相コンデンサに「リアクトルなし」がある場合は，高調波流出電流が増加する可能性があるため，本条件には適用しない)であること．

・換算係数$K_i=1.8$を超過する機器がないこと．

表 6　高調波抑制対策技術指針（JEAG 9702–2013）によるカタログ，仕様書の記載例

本装置（機器）は，「高圧又は特別高圧で受電する需要家の高調波抑制対策ガイドライン」対象機器（高調波発生機器）です．（入力電流が 1 相当たり 20 A を超える機器が対象） ・回路分類　　：（1～10 を記入） ・回路種別 No.：（回路種別 No．と AC 入力電源回路の種別を記載） ・換算係数　　：（回路種別に対応した換算係数を記載）

＜記載例 1＞

本装置（機器）は，「高圧又は特別高圧で受電する需要家の高調波抑制対策ガイドライン」対象機器（高調波発生機器）です． ・回路分類　　：4 ・回路種別 No.：44　単相ブリッジ（コンデンサ平滑全波整流）リアクトル有り（交流側） ・換算係数　　：1.3

＜記載例 2＞

本装置（機器）は，「高圧又は特別高圧で受電する需要家の高調波抑制対策ガイドライン」対象機器（高調波発生機器）です． ・回路分類　　：5 ・回路種別 No.：5　自励三相ブリッジ（電圧形 PWM 制御） ・換算係数　　：0

＜記載例 3＞（回路区分 10 の場合は「高調波発生機器製造者申告書」の提出が必要）

本装置（機器）は，「高圧又は特別高圧で受電する需要家の高調波抑制対策ガイドライン」対象機器（高調波発生機器）です． ・回路分類　　：10 ・回路種別 No.：その他　一次側にアクティブフィルタ取付け ・換算係数　　：0.2

c　高調波発生機器の容量を 6 パルス変換装置相当に換算した等価容量 P_0 を**表 3**，**表 4** などを用いて算出する．

d　等価容量 P_0（50 kVA）を比較する．なお，次の条件を全て満たす場合は，直列リアクトル付進相コンデンサへの分流や流入による高調波流出電流の低減効果を考慮し，等価容量 P_0 に 0.9 の低減係数を乗じた値を限度値と比較することができる．

・高圧受電であること．

・進相コンデンサが全てリアクトル付（高圧・低圧設置は問わない．一部でも受電設備の進相コンデンサに「リアクトルなし」がある場合は，高調波流出電流が増加する可能性があるため，本条件には適用しない）であること．

等価容量が限度値を超過する場合は，第 2 ステップに進む．

② 第 2 ステップ（高調波流出電流による判定）

a　需要家の高調波流出電流 I_n を**表 3**，**表 4** などを用いて次数ごとに個別機

表7　個別機器の高調波電流発生量

(a)　三相ブリッジ　　(単位：〔%〕)

次　　数	5	7	11	13	17	19	23	25
6パルス変換装置	17.5	11.0	4.5	3.0	1.5	1.25	0.75	0.75
12パルス変換装置	2.0	1.5	4.5	3.0	0.2	0.15	0.75	0.75
24パルス変換装置	2.0	1.5	1.0	0.75	0.2	0.15	0.75	0.75

(b)　三相ブリッジ（コンデンサ平滑）　　(単位：〔%〕)

次　　数	5	7	11	13	17	19	23	25
リアクトルなし	65	41	8.5	7.7	4.3	3.1	2.6	1.8
リアクトルあり（交　流　側）	38	14.5	7.4	3.4	3.2	1.9	1.7	1.3
リアクトルあり（直　流　側）	30	13	8.4	5.0	4.7	3.2	3.0	2.2
リアクトルあり（交・直流側）	28	9.1	7.2	4.1	3.2	2.4	1.6	1.4

・交流側リアクトル：3%
・直流側リアクトル：蓄積エネルギーが0.08〜0.15 ms相当（100%負荷換算）
・平滑コンデンサ　：蓄積エネルギーが15〜30 ms相当（100%負荷換算）
・負荷：100%
（注）ガイドライン附属書第2表のうち三相ブリッジ関係のみ抜粋

表8　ビル設備の規模による補正率（標準値）

契約電力〔kW〕	補　正　率　β
300	1
500	0.9
1 000	0.85
2 000	0.8

器の高調波流出電流を計算し，それらを合計する．ビル設備においては，**表7**の補正率や**表8**の稼働率に示す稼働率を考慮することができる．

b　高調波流出電流 I_n を表2に示す上限値に契約電力相当値を乗じた値と比較する．なお，次の条件を全て満す場合は，直列リアクトル付進相コンデンサへの分流や流入による高調波流出電流の低減効果を考慮し，高調波流出電流に低減係数 γ_n（第5次高調波 $\gamma_5=0.7$，第7次高調波 $\gamma_7=0.9$）を乗じた値を限度値と比較することができる．

・高圧受電であること．
・進相コンデンサが全てリアクトル付（高圧・低圧設置は問わない．一

表9　ビル設備インバータなどの稼働率（標準値）

設備種類	機器定格容量区分	インバータ運転等単体機器稼働率			
		k_1	k_2	k_3	k
空　調　機　器	200 kW 以下	0.55	1.0	1.0	0.55
	200 kW 超過	0.60			0.6
衛 生 ポ ン プ	——	0.60	0.50	1.0	0.3
エ レ ベ ー タ	——	——			0.25
舞 台 調 光 機	主幹ブレーカ定格値を入力容量とする．	——			0.2
冷凍冷蔵機器	50 kW 以下	0.60	1.0	1.0	0.60
UPS（6パルス）	200 kVA 以下	0.60	1.0	1.0	0.6
医　療　機　器	——	実情による			
研　究　用　機　器	——	実情による			

（注）　(1) インバータはコンデンサ平滑形とする．
(2) $k = k_1 \times k_2 \times k_3$
k_1：インバータ（単機）の実負荷入力を考慮した係数
k_2：運転方式による係数（連続，間欠運転など）
k_3：システムによる係数（調光器，エレベータなど）

表10　直列リアクトル付進相コンデンサへの高調波流入電流の算出に使用する高調波電圧含有率

系統区分	高調波電圧含有率	
	第5次	第7次
高圧系統	2.0%	1.0%

部でも受電設備の進相コンデンサに「リアクトルなし」がある場合は，高調波流出電流が増加する可能性があるため，本条件には適用しない）であること．

高調波流出電流が超過する場合は，次に進む．

c　機器への分流による高調波電流の低減効果，直列リアクトル付進相コンデンサへの流入による高調波電流の低減効果，多パルス化やフィルタ設置などの抑制対策を考慮して高調波流出電流を詳細に計算する．

d　高調波流出電流 I_n を表2に示す上限値に契約電力相当値を乗じた値と比較する．上限値を超過する場合は危機の変更，追加対策及び対策方法の変更などを行う．

5 高調波流出電流計算書

一般送配電事業者に提出する高調波流出電流計算書のフォーマットを**表 11, 12, 13, 14** に示す．**表 11** はステップ 1 までの事例，**表 12** はステップ 2 までの事例を示してある．

6 高調波抑制対策の種類

高調波流出電流計算の結果，高調波流出電流が限度値を超過する場合には対策を講じなければならない．高調波抑制対策には次のような方法がある．

(1) インバータ用リアクトルの設置

インバータは，一般的に高調波抑制の目的でリアクトルが取り付けられているが，リアクトルの挿入位置として整流器の交流側に設置する ALC 方式と直流側に設置する DLC 方式があり，その概略図を**図 1** に示す．双方とも高調波流出電流を計算する上で使用する換算係数に違いはないが，費用面から DCL が得策である．

(2) 高圧進相コンデンサの設置

進相コンデンサを高圧側に設置し，高調波電流を吸収する．抑制効果は 0.97 程度(100 kvar のとき)で低い．

(3) 低圧進相コンデンサの設置

進相コンデンサを低圧側に設置し，高調波電流を吸収する．抑制効果は 0.64 程度（100 kvar(対 300 kVA 変圧器のとき)）．5 次，7 次が主体に抑制できる．

(4) 変圧器の多相化

12 パルス効果により，高調波電流を低減する．5 次，7 次，17 次，19 次を抑制できる．特に，5 次，7 次は数%～50%と抑制効果は大きい．

(5) 受動フィルタ（AC フィルタ）

機器及び装置の高調波フィルタとして適している．抑制効果は大きく，5 次，7 次，11 次の組合せが標準である．

(6) 能動フィルタ（アクティブフィルタ）

装置全体の高調波対策に適している．抑制効果は大きく，25 次以下に対し

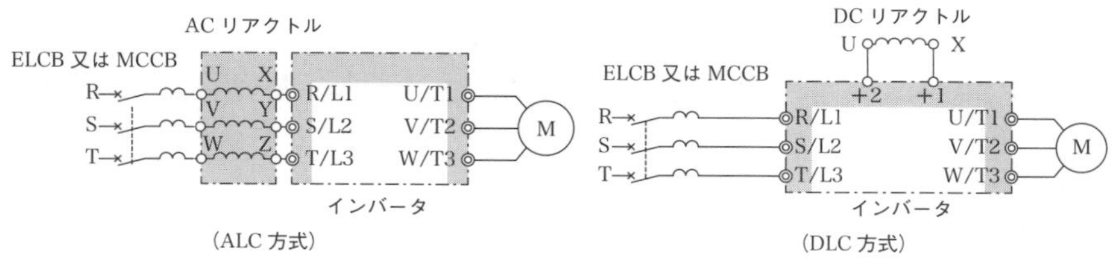

図 1　インバータ用リアクトル取付け概略図

て 1 台で対応できる．

各使用機器が**表 5** の換算係数のどれに該当するのか機器のカタログ，仕様書を確認すること．なお，表 5 の高調波抑制対策技術指針（JEAG 9702-2013）によるカタログ，仕様書への記載例を参照すること．仕様書でも確認できない場合は，当該機器メーカーに問い合わせる必要がある．

一般に使用されている三相全波整流方式は 6 パルス変換装置に該当し，**表 7**(a) に示すとおり，特に 5 次，7 次の高調波電流発生量が多い．変圧器の多相化は 12 パルス効果で 5 次，7 次の高調波電流発生量を大幅におさえることができるので，有効な高調波抑制対策といえる．

表 8 の補正率は，ビル設備に対して適用されるものであり，工場等の設備には適用されないので注意を要する．

最大稼働率は，「高調波発生機器の総定格容量に対する実稼働している機器が最大となる容量比」と定義されている．このとき実稼働している機器の容量は 30 分間の平均値を採用する．

なお，ビル設備については，一般的な高調波発生機器の稼働率が通常の稼働状況でほぼ一律と考えられるため，**表 9** に示す稼働率を標準値とする．

いままで述べてきた高調波電流発生量の算出は，需要家の受電点から系統に流出する高調波電流を対象としており，高調波抑制対策ガイドラインに基づくものである．高調波抑制対策ガイドラインは個々の需要家から系統に流出する高調波電流を一定範囲内におさえ，系統全体の総合電圧ひずみ率を目標レベル以下に保つことにより，系統の電源品質を維持しようというグローバルな目的をもっている．この目的を達成するために，それぞれの需要家は系統に流出する高調波電流を所定の範囲内になるような対策を採らなければならない．

しかし，需要家にとっては，自家用電気工作物内の設備・機器が高調波により故障したり，誤動作をしたりすることを防ぐことも重要な問題である．このためには，なるべく高調波発生量の少ない機器を採用するとともに，設備に合わせた高調波の吸収方法・吸収場所，及び装置の諸値について十分な検討が必要である．

7 高調波流出電流計算例

事例 1 として「進相コンデンサへの直列リアクトル設置等の条件を満たし計算が不要となった場合」を**表 11** に，事例 2 として「計算不要条件を満たさず第 1 ステップ判定の結果，高調波流出電流の計算を行い第 2 ステップ判定まで進んだ場合」を**表 12** 及び**表 13** に示す．また，「第 2 ステップの判定結果「対策要」となり，配電系統からの流入効果も考慮して高調波流出電流の計算を行った場合」を**表 14** に示す．

－事例 1－事務所ビル（契約電力相当値 195 kW）表 3 参照

① 需要家の設備構成（**図 4** 参照）

a　受電電圧 6.6 kV　設備容量 300 kVA

b　高調波発生機器

　インバータ制御空調設備：電動機定格出力 22 kW，回路種別三相ブリッジ（コンデンサ平滑）リアクトルあり（交流側）×2 台

② 高調波発生機器の抽出及び換算係数等の確認

　高調波発生機器の換算係数は表 4 から $K_{32}=1.8$ である．また，当需要家は高圧受電のビルであり，進相コンデンサが全て直列リアクトル付である．これにより，P51 ①b に記載された条件を満たすため検討を終了する（図 3 フローチャート図参照）．

　この事例について，一般送配電事業者に提出する「高調波発生機器からの高調波流出電流計算書（その 1）」を表 11 に示す．

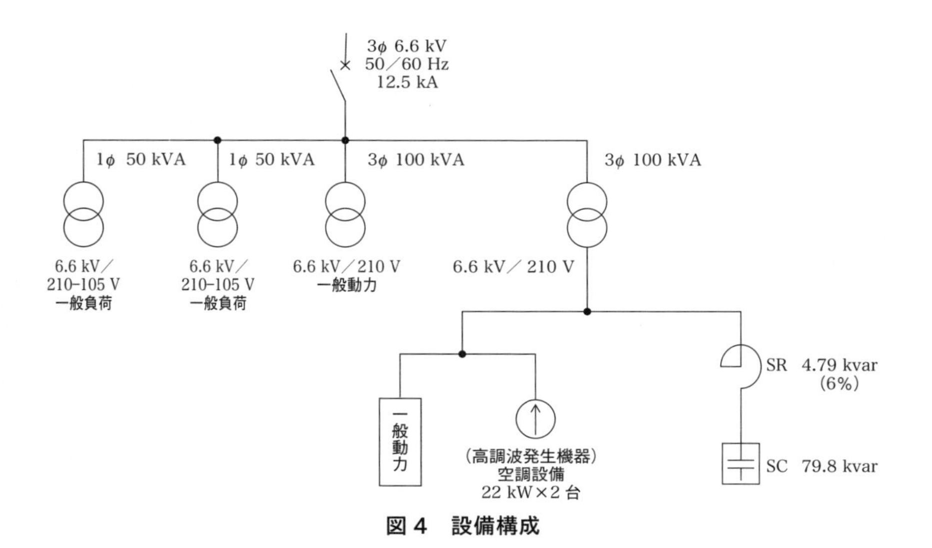

図 4　設備構成

－事例2－金属加工（契約電力相当値 365 kW）表3参照

① 需要家の設備構成（図5参照）

a 受電電圧 6.6 kV　設備容量 650 kVA

b 高調波発生機器

・インバータ制御空調設備：電動機定格出力 22 kW，回路種別三相ブリッジ（コンデンサ平滑）リアクトルあり（交流側）×3台

・フライス盤：電動機定格出力 5.5 kW，回路種別三相ブリッジ（コンデンサ平滑）リアクトルなし×1台，最大稼働率 0.6

② 高調波発生機器の抽出及び換算係数等の確認

インバータ制御空調設備の換算係数は，表5から $K_{32}=1.8$，フライス盤の換算係数は $K_{31}=3.4$ である．当需要家は高圧受電であり，進相コンデンサが全て直列リアクトル付であるが，ビルではなく換算係数 1.8 を超過する高調波発生機器が設置されているため，P51 ①b に記載された全ての条件を満たさないことになる．よって，次の検討に進む．

③ 等価回路の算出（第1ステップ）

当該需要家の等価容量を次式により算出する．

$$P_0=\Sigma K_i P_i \tag{1}$$

P_0：等価回路（6パルス変換装置換算）

K_i：換算係数

P_i：定格容量〔kVA〕

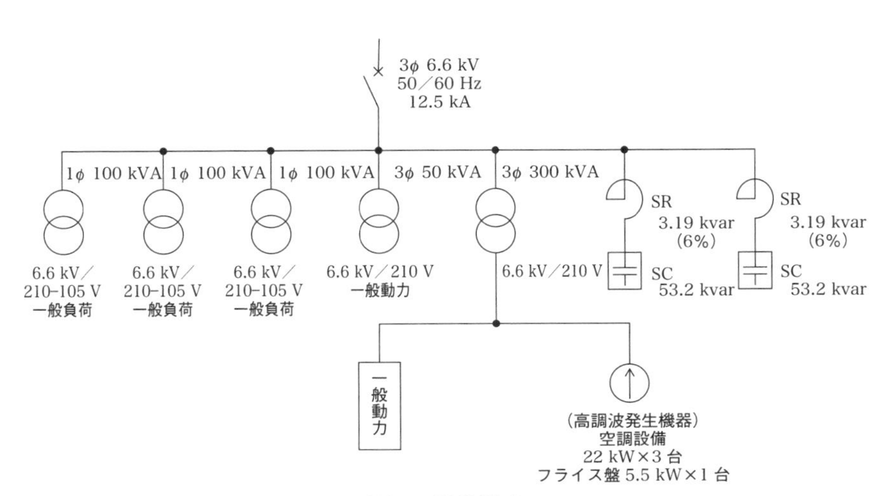

図5　設備構成

表4から，インバータ制御空調設備の定格容量は$P_1=25.9$〔kVA〕，フライス盤の定格容量は$P_2=6.77$〔kVA〕である．また，当該需要家は高圧受電であり，進相コンデンサは全てリアクトル付であることから等価容量に0.9の低減係数を乗じることができる．よって，等価回路P_0は，

$$P_0=(K_{32}\times P_1\times 3+K_{31}\times P_2\times 1)\times 0.9$$
$$=(1.8\times 25.9\times 3+3.4\times 6.77\times 1)\times 0.9\fallingdotseq 146.6〔kVA〕$$

よって，$P_0>50$〔kVA〕であるから，高調波流出電流の計算を行う．

④ 高調波流出電流の算出（第2ステップ）

第5次，第7次のみを対象とし，高調波流出電流を算出する．

a 高調波発生機器の高調波電流の計算

高調波発生機器から生じる第n次高調波電流の発生量I_n〔mA〕は，次式により算出する．

$$I_1=\frac{P}{\sqrt{3}\times 6.6}\times 10^3 \quad (2)$$

$$I_n=I_1\times\frac{h_n}{100}\times k \quad (3)$$

I_1：高調波発生機器の定格電流〔mA〕
P：高調波発生機器の定格容量〔kVA〕
h_n：第n次高調波電流発生量〔%〕
k：高調波発生機器の最大稼働率

〔注1〕高調波発生機器の定格電流を基本波電流とみなす．
〔注2〕第n次高調波電流発生量〔%〕は，表7より求める．

空調機は，三相ブリッジ（コンデンサ平滑）リアクトルあり（交流側）のため，高調波電流発生量は表7より，第5次高調波電流発生量$h_5=38$〔%〕，第7次高調波電流発生量$h_7=14.5$〔%〕である．また，最大稼働率kは表9より0.55とする．

受電電圧に換算した第5次高調波電流発生量I_5

$=I_1\times$第5次高調波電流発生量h_5〔%〕$\times$最大稼働率k

$$=\frac{25.9\times 3\times 10^3}{\sqrt{3}\times 6.6}\times\frac{38}{100}\times 0.55\fallingdotseq 1\,421〔mA〕$$

受電電圧に換算した第 7 次高調波電流発生量 I_7

$=I_1\times$第 7 次高調波電流発生量 h_7〔%〕$\times$最大稼働率 k

$$=\frac{25.9\times3\times10^3}{\sqrt{3}\times6.6}\times\frac{14.5}{100}\times0.55\fallingdotseq542〔\mathrm{mA}〕$$

同様にフライス盤については，三相ブリッジ（コンデンサ平滑）リアクトルなしのため，高調波電流発生量は表 7 より，第 5 次高調波電流発生量 $h_5=65$〔%〕，第 7 次高調波電流発生量 $h_7=41$〔%〕である．また，最大稼働率 k は表 9 より 0.6 とする．

受電電圧に換算した第 5 次高調波電流発生量 I_5

$=I_1\times$第 5 次高調波電流発生量 h_5〔%〕$\times$最大稼働率 k

$$=\frac{6.77\times10^3}{\sqrt{3}\times6.6}\times\frac{65}{100}\times0.6\fallingdotseq231〔\mathrm{mA}〕$$

受電電圧に換算した第 7 次高調波電流発生量 I_7

$=I_1\times$第 7 次高調波電流発生量 h_7〔%〕$\times$最大稼働率 k

$$=\frac{6.77\times10^3}{\sqrt{3}\times6.6}\times\frac{41}{100}\times0.6\fallingdotseq146〔\mathrm{mA}〕$$

また，当該需要家は，高圧受電であり，進相コンデンサが全て直列リアクトル付であるため，表 8 の補正率を乗じた値に高調波流出電流の低減係数 γ_n（第 5 次：0.7，第 7 次：0.9）を乗じることができる．

第 5 次高調波流出電流合計値×補正率×低減係数

$=(1\,421〔\mathrm{mA}〕+231〔\mathrm{mA}〕)\times1\times0.7$

$=1\,652〔\mathrm{mA}〕\times1\times0.7\fallingdotseq\underline{1\,156〔\mathrm{mA}〕}$

第 7 次高調波流出電流合計値

$=(542〔\mathrm{mA}〕+146〔\mathrm{mA}〕)\times1\times0.9$

$=688〔\mathrm{mA}〕\times1\times0.9\fallingdotseq\underline{619〔\mathrm{mA}〕}$

b　各次高調波流出電流の上限値

高調波流出電流の上限値は，表 2 を基に次式により算出する．なお，最大電力は実量値を基に契約となるが，契約電力相当値は，表 3 を参照し設備容量から算出する．

第 n 次高調波流出電流の上限値

$=i_n$〔mA/kW〕（表 2 の上限値）$\times P$〔kW〕（契約電力相当値）　(4)

(4) 式により第 5 次，第 7 次高調波流出電流の上限値を求めると次のようになる．

$I_5 \times P = 3.5$〔mA/kW〕×365〔kW〕≒$\underline{1\,278〔\mathrm{mA}〕}$
$I_7 \times P = 2.5$〔mA/kW〕×365〔kW〕≒$\underline{913〔\mathrm{mA}〕}$

これら上限値と各次高調波流出電流を比較すると次のとおりとなる．

第 5 次高調波流出電流上限値 1 278〔mA〕≧高調波流出電流合計値 1 156〔mA〕
第 7 次高調波流出電流上限値 913〔mA〕≧高調波流出電流合計値 619〔mA〕

であるため，高調波抑制対策は不要となる．

この事例について，一般送配電事業者に提出する「高調波発生機器からの高調波流出電流計算書（その 1）」を表 12 に示す．

－事例 3－事務所ビル（契約電力相当値 220 kW）表 3 参照

① 需要家の設備構成（**図 6** 参照）

a 受電電圧：6.6 kV　設備容量：350 kVA
進相コンデンサ：31.9 kvar×2 台（直列リアクトル付）低圧側設置
リアクトル：1.9 kvar×2 台

b 高調波発生機器
インバータエアコン：電動機定格出力 22 kW，回路種別三相ブリッジ（コンデンサ平滑）リアクトルあり（交流側）×3 台
エレベータ：電動機定格出力 5.5 kW，回路種別三相ブリッジ（コンデンサ平滑）リアクトルなし×1 台

② 高調波発生機器の抽出及び換算係数等の確認

インバータエアコンの換算係数は，表 5 から $K_{32}=1.8$，エレベータの換算係数は $K_{31}=3.4$ である．当需要家は高圧受電であり，進相コンデンサが全て直列リアクトル付であるが，ビルではなく換算係数 1.8 を超過する高調波発生機器が設置されているため，P51 ①b に記載された全ての条件を満たさないことになる．よって，次の検討に進む．

③ 等価回路の算出（第 1 ステップ）

当該需要家の等価容量を（1）式により算出する．

表 4 から，インバータエアコンの定格容量は $P_1=25.9$〔kVA〕，エレベータの定格容量は $P_2=6.77$〔kVA〕である．また，当該需要家は高圧受電であり，進相コンデンサは全てリアクトル付であることから等価容量に 0.9 の低減係数を乗じることができる．よって，等価回路 P_0 は，

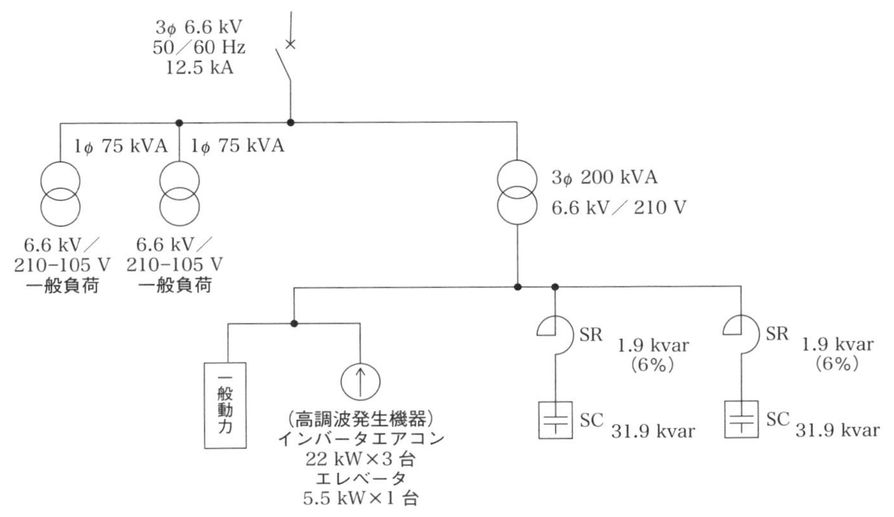

図 6　設備構成

$$
\begin{aligned}
P_0 &= (K_{32} \times P_1 \times 3 + K_{31} \times P_2 \times 1) \times 0.9 \\
&= (1.8 \times 25.9 \times 3 + 3.4 \times 6.77 \times 1) \times 0.9 \fallingdotseq 146.6 \,[\mathrm{kVA}]
\end{aligned}
$$

よって，$P_0 > 50$〔kVA〕であるから，高調波流出電流の計算を行う．

④ 高調波流出電流の算出（第 2 ステップ）

第 5 次，第 7 次のみを対象とし，高調波流出電流を算出する．

a 高調波発生機器の高調波電流の計算

高調波発生機器から生じる第 n 次高調波電流の発生量 I_n〔mA〕は，(2)，(3) 式により算出する．

インバータエアコンは，三相ブリッジ（コンデンサ平滑）リアクトルあり(交流側）のため，高調波電流発生量は表 7 より，第 5 次高調波電流発生量 $h_5 = 38$〔%〕，第 7 次高調波電流発生量 $h_7 = 14.5$〔%〕である．また，最大稼働率 k は表 9 より 0.55 とする．

受電電圧に換算した第 5 次高調波電流発生量 I_5

$$
\begin{aligned}
&= I_1 \times \text{第 5 次高調波電流発生量 } h_5 [\%] \times \text{最大稼働率 } k \\
&= \frac{25.9 \times 3 \times 10^3}{\sqrt{3} \times 6.6} \times \frac{38}{100} \times 0.55 \fallingdotseq 1\,421 \,[\mathrm{mA}]
\end{aligned}
$$

受電電圧に換算した第7次高調波電流発生量 I_7

$=I_1\times$第7次高調波電流発生量 h_7〔%〕×最大稼働率 k

$$=\frac{25.9\times3\times10^3}{\sqrt{3}\times6.6}\times\frac{14.5}{100}\times0.55\fallingdotseq542〔\text{mA}〕$$

同様にエレベータについては，三相ブリッジ（コンデンサ平滑）リアクトルなしのため，高調波電流発生量は表7より，第5次高調波電流発生量 $h_5=65$〔%〕，第7次高調波電流発生量 $h_7=41$〔%〕である．また，最大稼働率 k は表9より0.25とする．

受電電圧に換算した第5次高調波電流発生量 I_5

$=I_1\times$第5次高調波電流発生量 h_5〔%〕×最大稼働率 k

$$=\frac{6.77\times10^3}{\sqrt{3}\times6.6}\times\frac{65}{100}\times0.25\fallingdotseq96〔\text{mA}〕$$

受電電圧に換算した第7次高調波電流発生量 I_7

$=I_1\times$第7次高調波電流発生量 h_7〔%〕×最大稼働率 k

$$=\frac{6.77\times10^3}{\sqrt{3}\times6.6}\times\frac{41}{100}\times0.25\fallingdotseq61〔\text{mA}〕$$

また，当該需要家は，高圧受電であり，進相コンデンサが全て直列リアクトル付であるため，表8の補正率を乗じた値に高調波流出電流の低減係数 γ_n（第5次：0.7，第7次：0.9）を乗じることができる．

第5次高調波流出電流合計値×補正率×低減係数

$=(1\,421〔\text{mA}〕+96〔\text{mA}〕)\times1\times0.7$

$=1\,517〔\text{mA}〕\times1\times0.7\fallingdotseq\underline{1\,062〔\text{mA}〕}$

第7次高調波流出電流合計値

$=(542〔\text{mA}〕+61〔\text{mA}〕)\times1\times0.9$

$=603〔\text{mA}〕\times1\times0.9\fallingdotseq\underline{543〔\text{mA}〕}$

b　各次高調波流出電流の上限値

高調波流出電流の上限値は，表2を基に次式により算出する．なお，最大電力は実量値を基に契約となるが，契約電力相当値は，表3を参照し設備容量から算出する．

(4) 式により第5次，第7次高調波流出電流の上限値を求めると次のようになる．

$I_5 \times P = 3.5$〔mA/kW〕×220〔kW〕＝<u>770〔mA〕</u>
$I_7 \times P = 2.5$〔mA/kW〕×220〔kW〕＝<u>550〔mA〕</u>

これら上限値と各次高調波流出電流を比較すると次のとおりとなる．

第5次高調波流出電流上限値770〔mA〕＜高調波流出電流合計値1 062〔mA〕
第7次高調波流出電流上限値550〔mA〕≧高調波流出電流合計値543〔mA〕

第5次高調波流出電流が上限値を超過しているため進相コンデンサ設備による吸収効果と系統からの流入効果を詳細に計算する．

⑤ 高調波流出電流の詳細計算

a 進相コンデンサ設備による高調波発生電流の分流効果の詳細計算

変圧器インピーダンス$\%Z_T$を2.35%とし，受電電圧換算で求めたインピーダンスマップを**図7**に，また，第5次高調波等価回路を**図8**に示す．

配電系統への第5高調波流出電流は，図7，図8から次式により求めることができる．

$$I_{L5} = I_5 \times \frac{\dfrac{-X_C}{5} + 5X_L}{(5X_T + 5X_s) + \left(\dfrac{-X_C}{5} + 5X_L\right)} = I_5 \times \frac{\dfrac{-X_C}{5} + 5X_L}{(5X_T + 5X_{L0}) + \left(\dfrac{-X_C}{5} + 5X_L\right)} \quad (5)$$

ただし，$X_s = X_{L0}$

(a) 変圧器のインピーダンス

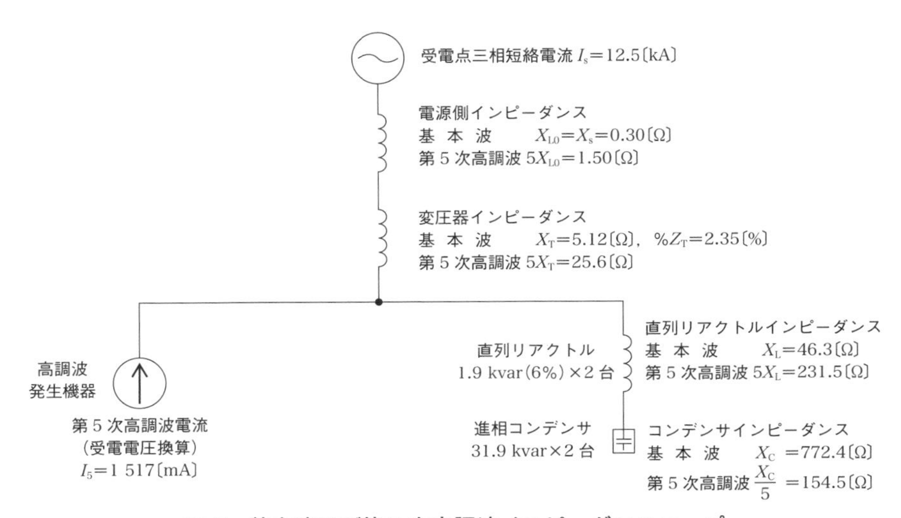

図7 基本波及び第5次高調波インピーダンスマップ

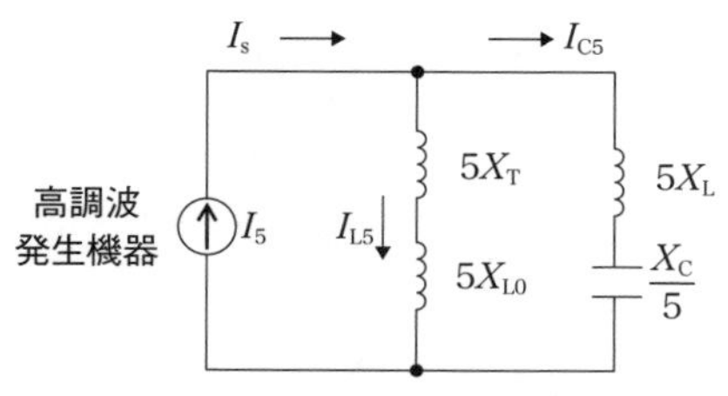

図 8　第 5 次高調波の等価回路

・3 ϕ 200 kVA 変圧器基本波インピーダンス：X_T

$$X_T=\frac{\%Z_T\times V_m{}^2}{100\times P}=\frac{2.35\times(6.6\times10^3)^2}{100\times200\times10^3}\fallingdotseq5.12\,[\Omega]$$

V_m：受電電圧（6.6 kV）
P：変圧器定格容量（200 kVA）
$\%Z_T$：変圧器％インピーダンス（2.35％）

・第 5 次高調波インピーダンス：$5X_T$
$5X_T=5\times5.12=25.6\,[\Omega]$

(b)　進相コンデンサのインピーダンス
・31.9 kvar コンデンサ 2 台の基本波インピーダンス：X_C

$$X_C=\frac{V^2}{Q}=\frac{7020^2}{31.9\times2\times10^3}\fallingdotseq772.4\,[\Omega]$$

V：定格電圧（7 020 V）
Q：コンデンサ定格容量（31.9 kvar）

・第 5 次高調波インピーダンス：$\frac{X_C}{5}$
$\frac{X_C}{5}=\frac{772.4}{5}\fallingdotseq154.5\,[\Omega]$

(c)　直列リアクトルのインピーダンス
・6％直列リアクトル 2 台の基本波インピーダンス：X_L
$X_L=X_C\times0.06=772.4\times0.06\fallingdotseq46.3\,[\Omega]$

・第 5 次高調波インピーダンス：$5X_L$

$$5X_L = 46.3 \times 5 = 231.5\,[\Omega]$$

(d) 高圧配電系統への高調波流出電流の計算

(5) 式にインピーダンス値を代入して，高圧配電系統への第 5 次高調波流出電流 I_{L5} は，

$$I_{L5} = I_5 \times \frac{\dfrac{-X_C}{5} + 5X_L}{(5X_T + 5X_{L0}) + \left(\dfrac{-X_C}{5} + 5X_L\right)}$$

$$= 1\,517 \times \frac{-154.5 + 231.5}{(25.6 + 1.50) + (-154.5 + 231.5)}$$

$$= 1\,517 \times 0.740 \fallingdotseq 1\,123\,[\mathrm{mA}]$$

この結果，高圧配電系統への第 5 次高調波流出電流は 1 123 mA となる．

b　高圧配電系統から進相コンデンサ設備への流入効果の詳細計算

(a) 高圧配電系統の第 5 次高調波電圧の高調波電圧含有率 $\%V_5$ は，実際の測定値を用いるのではなく一律に表 10 を用いることから 2.0% とする．

$$V_5 = V_s \times \frac{\%V_5}{100} = 6.6 \times 10^3 \times \frac{2}{100} = 132\,[\mathrm{V}]$$

V_s：受電電圧（6.6 kV）

(b) 高圧配電系統から進相コンデンサに流入する第 5 次高調波電流 $I_5'(=I_{C5})$

$$I_5' = \frac{V_5}{\sqrt{3} \times (Z_5 + Z_{LC5})} = \frac{132}{\sqrt{3} \times \{25.6 + (-154.5 + 231.5)\}} \fallingdotseq 743\,[\mathrm{mA}]$$

ただし，$Z_5 = 5X_T = 25.6\,[\Omega]$，$Z_{LC5} = -\dfrac{-X_C}{5} + 5X_L = -154.5 + 231.5\,[\Omega]$

c　需要家から高圧配電系統に流出する第 5 次高調波流出電流 I_{Ls} は，

$$I_{Ls} = 1\,123 - 743 = 380\,[\mathrm{mA}]$$

以上により，ガイドラインによる第 5 次高調波流出電流上限値 770 mA 以下となる．

この事例について，一般送配電事業者に提出する「高調波発生機器からの高調波流出電流計算書（その 1）」を表 13 に，「高調波発生機器からの高調波流出電流計算書（その 2）」を表 14 に示す．

〈様式-1〉

申込年月日	年　月　日
受付No.	
受付年月日	年　月　日

表11　高調波流出電流計算書（その1）

お客さま名	○○ビル	業　種	サービス業	受電電圧	6.6　kV	契約電力相当値	①　195　kW	補正率 β	1	※1

第1ステップ											第2ステップ									
高調波発生機器				相数	②　※2 定格入力容量	③	④=②×③ 定格入力容量（合計）	⑤	⑥	⑦=④×⑥	⑨　※2	⑩	⑪=⑨×高調波発生量×⑩							
No.	機器名称	製造業者	型式			台数	P_i	回路種別No.	換算係数 K_i	等価容量 $K_i \times P_i$	定格入力電流（受電電圧換算値）	最大稼働率 k	高調波流出電流〔mA〕							
					〔kVA〕		〔kVA〕			〔kVA〕	〔mA〕	〔%〕	5次	7次	11次	13次	17次	19次	23次	25次
1	空調機			3	25.9	2	51.8	32	1.8											
2																				
3																				
4																				
5																				
6																				
7																				
8																				
9																				
10																				
11																				
12																				
13																				
14																				
15																				
16																				
17																				
18																				
19																				
20																				

記入要領

①契約電力相当値：設備容量kVAをkWに算出　表3参照

②定格容量：高調波発生機器の定格容量kVA表示
表3参照　（例）電動機容量22kW→25.9kVA

③台数：高調波発生機器の台数

④定格入力容量(合計)：②定格入力容量×③台数

⑤回路種別No.：｝機器仕様書カタログ確認
⑥換 算 係 数：｝図1，表5，表6参照

第1ステップの条件に該当するかを確認→全て該当するため検討終了

⑧＝Σ⑦	合計 P_0
⑧'＝⑧×0.9（Ⅰかつ Ⅲに該当する場合）	
限度値〔kVA〕	
第2ステップの検討要否判定	

⑫　合計 I_n								
⑬＝⑫×β								
⑭＝⑬×γ_n								
対策要否判定								

高調波流出電流の上限値								
⑮＝契約電力相当値1kW当たりの高調波流出電流の上限値×①								
次　数	5次	7次	11次	13次	17次	19次	23次	25次
上限値〔mA〕								

〈記入方法〉

第1ステップ

○　高調波発生機器を全て抽出し，必要事項を記入する．

○　回路種別No.10の機器は，当該機器の製造業者が作成する〈様式-3〉，カタログ，仕様書等により，換算係数，高調波電流発生量を確認する．

○　次のⅠ～Ⅳのうち，該当条件にチェックマークを記入する．

☑　Ⅰ．高圧受電　☑　Ⅲ．進相コンデンサが全て直列リアクトル付

☑　Ⅱ．ビル　☑　Ⅳ．換算係数K_i=1.8を超過する機器なし

→　Ⅰ～Ⅳ全て該当する場合は，⑦以降の検討は不要．

→　Ⅰかつ Ⅲに該当する場合は，低減係数0.9を適用し，⑧'を計算する．

○　限度値 50kVA(6.6kV受電)，300kVA(22,33kV受電)，2 000kVA(66kV以上受電)　により判定する．

→　P_0(⑧又は⑧')　＞　限度値　となる場合は，第2ステップへ

第2ステップ

○　対象次数：高次の高調波が特段の支障とならない場合は，第5次及び第7次とする．

○　Ⅰかつ Ⅲに該当する場合は，低減係数γ_n　（γ_5=0.7，γ_7=0.9，γ_{11}以上は1.0)を適用し，⑭を計算する．

○　高調波流出電流（⑬又は⑭）＞　高調波流出電流の上限値(⑮)　となる場合は，
指針202-1の2.の「(4) 高調波流出電流の詳細計算と抑制対策の検討」を実施し，この内容を計算書（その2）に記載する．
詳細計算では，低減係数γ_nを適用できないため，⑭ではなく⑬の値をもとにして検討する．

※1「ビルの規模による補正率」をいい，βにP54の表8の値を適用する．ただし，同表は標準値であり，高調波発生機器の稼働パターンに特徴がある等の場合には，一般送配電事業者との協議により「ビルの規模による補正率」を決定する．また，ビル以外の場合は，1を適用する．

※2 厳密には，②に基本波入力容量，⑨に基本波入力電流を用いて計算することが望ましいが，定格入力容量，定格入力電流を用いて計算してもよい．

作成者

〈様式-1〉

表12　高調波流出電流計算書(その1)

申込年月日	年　月　日
受付No.	
受付年月日	年　月　日

お客さま名	○○製作所	業　種	金属加工	受電電圧	6.6　kV	契約電力相当値	①　365　kW	補正率 β	1	※1

第1ステップ											第2ステップ									
高調波発生機器					② ※2 定格入力容量	③	④=②×③ 定格入力容量(合計)	⑤	⑥	⑦=④×⑥	⑨ ※2	⑩	⑪=⑨×高調波発生量×⑩							
No.	機器名称	製造業者	型式	相数	定格入力容量 〔kVA〕	台数	定格入力容量(合計) P_i 〔kVA〕	回路種別No.	換算係数 K_i	等価容量 $K_i \times P_i$ 〔kVA〕	定格入力電流(受電電圧換算値)〔mA〕	最大稼働率 k 〔%〕	高調波流出電流〔mA〕 5次	7次	11次	13次	17次	19次	23次	25次
1	空調機			3	25.9	3	77.7	32	1.8	139.9	6,797	55	1421	542						
2	フライス盤			3	6.77	1	6.77	31	3.4	23.0	592	60	231	146						
3																				
4																				
5																				
6																				
7																				
8																				
9																				
10																				
11																				
12																				
13																				
14																				
15																				
16																				
17																				
18																				
19																				
20																				

記入要領(1)

①契約電力相当値:設備容量kVAをkWに算出　表3参照
②定格容量:高調波発生機器の定格容量kVA表示
　表3参照　(例)電動機容量22kW→25.9kVA
③台数:高調波発生機器の台数
④定格入力容量(合計):②定格入力容量×③台数
⑤回路種別No.:　機器仕様書カタログ確認
⑥換 算 係 数:　図1，表5，表6参照
第1ステップの条件に該当するかを確認→該当しない条件があるため検討に進む
⑦等価容量:④定格入力容量(合計)×⑥換算係数
　77.7×1.8=139.9　6.77×3.4=23.0
⑧等価容量合計:⑦の合計値　139.9+23.0=162.9
⑧'Ⅰ及びⅢに該当する場合には，⑦の合計値×0.9　162.9×0.9=146.6
第1ステップの判定を行う　146.6>50kVA　→　第2ステップへ

記入要領(2)

⑨定格入力電流(受電電圧換算値:　④／$\sqrt{3}$／受電電圧〔kV〕×10³=77.7／$\sqrt{3}$／6.6×10³=6 797
　6.77／$\sqrt{3}$／6.6×10³=592
⑩最大稼働率:表8参照　200kW以下の空調機→0.55=55%　ﾌﾗｲｽ盤→0.6=60%
⑪次数別高調波流出電流:　⑨×⑩×高調波電流発生量　表7参照

空調機5次 =6 797×0.55×38／100=1 421	7次=6 797×0.55×14.5／100=542
ﾌﾗｲｽ盤5次=592×0.6×65／100=231	7次=592×0.6×41／100=146

⑫合計:⑪の次数別合計値
⑬補正率β考慮後の次数別合計値　表8参照　β=ビル以外は1
⑭高調波低減係数考慮後の次数別合計値
　Ⅰ及びⅢに該当する場合は，5次⑬×0.7，7次⑬×0.9
⑮上限値:契約電力相当値1kW当たりの高調波流出電流上限値×①契約電力相当値　表2参照

対策要否判定:⑭と⑮を次数別に確認　⑭≦⑮であれば「否」

⑧=Σ⑦	合計 P_0	162.9
⑧'=⑧×0.9(ⅠかつⅢに該当する場合)		146.6
限度値〔kVA〕		50
第2ステップの検討要否判定		要

	5次	7次	11次	13次	17次	19次	23次	25次
⑫　合計 I_n	1 652	688						
⑬=⑫×β	1 652	688						
⑭=⑬×γ_n	1 156	619						
対策要否判定	否	否						

高調波流出電流の上限値								
⑮=契約電力相当値1kW当たりの高調波流出電流の上限値×①								
次　数	5次	7次	11次	13次	17次	19次	23次	25次
上限値〔mA〕	1 278	913						

〈記入方法〉

第1ステップ

○　高調波発生機器を全て抽出し，必要事項を記入する．
○　回路種別No.10の機器は，当該機器の製造業者が作成する〈様式-3〉，カタログ，仕様書等により，換算係数，高調波電流発生量を確認する．
○　次のⅠ～Ⅳのうち，該当条件にチェックマークを記入する．
　☑ Ⅰ．高圧受電　☑ Ⅲ．進相コンデンサが全て直列リアクトル付
　□ Ⅱ．ビル　□ Ⅳ．換算係数K_i=1.8を超過する機器なし
　→　Ⅰ～Ⅳ全て該当する場合は，⑦以降の検討は不要．
　→　ⅠかつⅢに該当する場合は，低減係数0.9を適用し，⑧'を計算する．
○　限度値 50kVA(6.6kV受電)，300kVA(22,33kV受電)，2 000kVA(66kV以上受電)　により判定する．
　→　P_0(⑧又は⑧')　>　限度値　となる場合は，第2ステップへ

第2ステップ

○　対象次数:高次の高調波が特段の支障とならない場合は，第5次及び第7次とする．
○　ⅠかつⅢに該当する場合は，低減係数γ_n　(γ_5=0.7，γ_7=0.9，γ_{11}以上は1.0)を適用し，⑭を計算する．
○　高調波流出電流(⑬又は⑭)　>　高調波流出電流の上限値(⑮)　となる場合は，
　指針202-1の2.の「(4) 高調波流出電流の詳細計算と抑制対策の検討」を実施し，この内容を計算書(その2)に記載する．
　詳細計算では，低減係数γ_nを適用できないため，⑭ではなく⑬の値をもとにして検討する．

※1「ビルの規模による補正率」をいい，βにP54の表8の値を適用する．ただし，同表は標準値であり，高調波発生機器の稼働パターンに特徴がある等の場合には，一般送配電事業者との協議により「ビルの規模による補正率」を決定する．また，ビル以外の場合は，1を適用する．
※2 厳密には，②に基本波入力容量，⑨に基本波入力電流を用いて計算することが望ましいが，定格入力容量，定格入力電流を用いて計算してもよい．

作成者

〈様式-1〉

表13　高調波流出電流計算書（その1）

申込年月日	年　月　日
受付No.	
受付年月日	年　月　日

お客さま名	○○	業種	○○	受電電圧	6.6　kV	契約電力相当値	①　220　kW	補正率β	1	※1

第1ステップ											第2ステップ									
高調波発生機器													⑪=⑨×高調波発生量×⑩							
No.	機器名称	製造業者	型式	相数	② ※2 定格入力容量 〔kVA〕	③ 台数	④=②×③ 定格入力容量（合計） P_i 〔kVA〕	⑤ 回路種別No.	⑥ 換算係数 K_i	⑦=④×⑥ 等価容量 $K_i \times P_i$ 〔kVA〕	⑨ ※2 定格入力電流（受電電圧換算値）〔mA〕	⑩ 最大稼働率 k 〔%〕	高調波流出電流〔mA〕 5次	7次	11次	13次	17次	19次	23次	25次
1	空調機			3	25.9	3	77.7	32	1.8	139.9	6 797	55	1 421	542						
2	エレベータ			3	6.77	1	6.77	31	3.4	23.0	592	25	96	61						
3																				
4〜20																				

記入要領(1)

①契約電力相当値：設備容量kVAをkWに算出　表3参照
②定格容量：高調波発生機器の定格容量kVA表示
　表3参照　(例)電動機容量22kW→25.9kVA
③台数：高調波発生機器の台数
④定格入力容量(合計)：②定格入力容量×③台数
⑤回路種別No.：｝機器仕様書カタログ確認
⑥換算係数：｝図1，表5，表6参照
第1ステップの条件に該当するかを確認→該当しない条件があるため検討に進む
⑦等価容量：④定格入力容量(合計)×⑥換算係数
　77.7×1.8=139.9　6.77×3.4=23.0
⑧等価容量合計：⑦の合計値　139.9+23.0=162.9
⑧' Ⅰ及びⅢに該当する場合には，⑦の合計値×0.9　162.9×0.9=146.6
第1ステップの判定を行う　146.6>50kVA　→　第2ステップへ

記入要領(2)

⑨定格入力電流(受電電圧換算値：④／$\sqrt{3}$／受電電圧〔kV〕×10^3=77.7／$\sqrt{3}$／6.6×10^3=6 797
　6.77／$\sqrt{3}$／6.6×10^3=592
⑩最大稼働率：表8参照　200kW以下の空調機→0.55=55%　エレベータ→0.25=25%
⑪次数別高調波流出電流：⑨×⑩×高調波電流発生量　表7参照
　空調機5次=6 797×0.55×38／100=1 421　7次=6 797×0.55×14.5／100=542
　エレベータ5次=592×0.25×65／100=96　7次=592×0.25×41／100=61
⑫合計：⑪の次数別合計値
⑬補正率β考慮後の次数別合計値　表8参照　β=ビル以外は1
⑭高調波低減係数考慮後の次数別合計値
　Ⅰ及びⅢに該当する場合は，5次⑬×0.7，7次⑬×0.9
⑮上限値：契約電力相当値1kW当たりの高調波流出電流上限値×①契約電力相当値　表2参照
対策要否判定：⑭と⑮を次数別に確認　⑭≦⑮であれば「否」　5次上限値超過のため対策「要」

項目	値	項目	5次	7次	11次	13次	17次	19次	23次	25次
⑧=Σ⑦　合計 P_0	162.9	⑫　合計 I_n	1 517	603						
⑧'=⑧×0.9（Ⅰかつ Ⅲに該当する場合）	146.6	⑬=⑫×β	1 517	603						
限度値〔kVA〕	50	⑭=⑬×γ_n	1 062	543						
第2ステップの検討要否判定	要	対策要否判定	要	否						

高調波流出電流の上限値								
⑮=契約電力相当値1kW当たりの高調波流出電流の上限値×①								
次数	5次	7次	11次	13次	17次	19次	23次	25次
上限値〔mA〕	770	550						

※1「ビルの規模による補正率」をいい，βにP54の表8の値を適用する．ただし，同表は標準値であり，高調波発生機器の稼働パターンに特徴がある等の場合には，一般送配電事業者との協議により「ビルの規模による補正率」を決定する．また，ビル以外の場合は，1を適用する．
※2 厳密には，②に基本波入力容量，⑨に基本波入力電流を用いて計算することが望ましいが，定格入力容量，定格入力電流を用いて計算してもよい．

作成者

〈記入方法〉
第1ステップ
○ 高調波発生機器を全て抽出し，必要事項を記入する．
○ 回路種別No.10の機器は，当該機器の製造業者が作成する〈様式-3〉，カタログ，仕様書等により，換算係数，高調波電流発生量を確認する．
○ 次のⅠ～Ⅳのうち，該当条件にチェックマークを記入する．
　☑ Ⅰ．高圧受電　☑ Ⅲ．進相コンデンサが全て直列リアクトル付
　☐ Ⅱ．ビル　☐ Ⅳ．換算係数K_i=1.8を超過する機器なし
　→ Ⅰ～Ⅳ全て該当する場合は，⑦以降の検討は不要．
　→ Ⅰかつ Ⅲに該当する場合は，低減係数0.9を適用し，⑧'を計算する．
○ 限度値 50kVA(6.6kV受電)，300kVA(22,33kV受電)，2 000kVA(66kV以上受電)により判定する．
　→ P_0(⑧又は⑧')＞限度値　となる場合は，第2ステップへ
第2ステップ
○ 対象次数：高次の高調波が特段の支障とならない場合は，第5次及び第7次とする．
○ Ⅰかつ Ⅲに該当する場合は，低減係数γ_n（γ_5=0.7，γ_7=0.9，γ_{11}以上は1.0)を適用し，⑭を計算する．
○ 高調波流出電流(⑬又は⑭)＞高調波流出電流の上限値(⑮)となる場合は，指針202-1の2.の「(4) 高調波流出電流の詳細計算と抑制対策の検討」を実施し，この内容を計算書(その2)に記載する．詳細計算では，低減係数γ_nを適用できないため，⑭ではなく⑬の値をもとにして検討する．

表14　高調波流出電流計算書（その2）

〈様式-2〉

申込年月日	年　月　日
受付No.	
受付年月日	年　月　日

お客さま名		業　種		受電電圧	6.6　kV	契約電力相当値	220　kW	補正率 β	1

構内単線結線図　〔高調波発生機器，受電用変圧器，高調波を低減する機器の設置位置・諸元・電気定数等，計算に必要な情報を必ず記載する.〕

記載情報例
受電点短絡容量，電圧，三相・単相別，周波数，変圧器（容量，台数，1次・2次電圧，%インピーダンス），
進相コンデンサ（容量，台数，直列リアクトル容量），自家用発電機（容量，台数，%インピーダンス）

3φ 6.6 kV
50／60 Hz
12.5 kA

1φ 75 kVA　1φ 75 kVA
6.6 kV／210-105 V 一般負荷　6.6 kV／210-105 V 一般負荷

3φ 200 kVA
6.6 kV／210 V

一般動力
（高調波発生機器）
インバータエアコン
22 kW×3 台
エレベータ
5.5 kW×1 台

SR 1.9 kvar (6%)　SC 31.9 kvar
SR 1.9 kvar (6%)　SC 31.9 kvar

第5高調波　インピーダンス

受電点三相短絡電流 I_s=12.5〔kA〕

電源側インピーダンス
基本波　$X_{L0}=X_s$=0.30〔Ω〕
第5次高調波 $5X_{L0}$=1.50〔Ω〕

変圧器インピーダンス
基本波　X_T=5.12〔Ω〕，$\%Z_T$=2.35〔%〕
第5次高調波 $5X_T$=25.6〔Ω〕

高調波発生機器
第5次高調波電流
（受電電圧換算）
I_5=1 517〔mA〕

直列リアクトル
1.9 kvar(6%)×2 台

直列リアクトルインピーダンス
基本波　X_L=46.3〔Ω〕
第5次高調波 $5X_L$=231.5〔Ω〕

進相コンデンサ
31.9 kvar×2 台

コンデンサインピーダンス
基本波　X_C =772.4〔Ω〕
第5次高調波 $\frac{X_C}{5}$ =154.5〔Ω〕

高調波流出電流の詳細計算と抑制対策の検討　〔指針202-1の2.の「(4) 高調波流出電流の詳細計算と抑制対策の検討」の実施結果として，高調波流出電流の計算過程を具体的に記載する.〕

1．各インピーダンスの計算

ア．受電点から見た電源側のインピーダンス

①基本波インピーダンス：X_s

$$X_s=\frac{V_s\times10^3}{\sqrt{3}\times I_s\times10^3}=\frac{6.6\times10^3}{\sqrt{3}\times12.5\times10^3}\fallingdotseq0.30〔\Omega〕$$

V_s：受電電圧6.6kV，I_s：受電点短絡電流12.5kA

②第5高調波インピーダンス：$5X_s$

$$5X_s=X_s\times5=0.30\times5=1.50〔\Omega〕$$

イ．3 φ 200kV･A油入変圧器のインピーダンス（$\%Z_T$ = 2.35〔%〕）

①基本波インピーダンス：X_T

$$X_T=\frac{\%Z_T\times V_m^2}{100\times P}=\frac{2.35\times(6.6\times10^3)^2}{100\times200\times10^3}=5.12〔\Omega〕$$

V_m：受電電圧6.6kV

②第5高調波インピーダンス：$5X_T$

$$5X_T=X_T\times5=5.12\times5=25.6〔\Omega〕$$

ウ．31.9kvar 2台のコンデンサのインピーダンス

①基本波インピーダンス：X_C

$$X_C=\frac{V^2}{Q}=\frac{(7020)^2}{31.9\times2\times10^3}\fallingdotseq772.4〔\Omega〕$$

②第5高調波インピーダンス：$\frac{X_C}{5}$

$$\frac{X_C}{5}=\frac{772.4}{5}=154.5〔\Omega〕$$

エ．6%直列リアクトル2台のインピーダンス

①基本波インピーダンス：X_L

$$X_L=X_C\times6〔\%〕=772.4\times0.06=46.3〔\Omega〕$$

②第5高調波インピーダンス：$5X_L$

$$5X_L=X_L\times5=46.3\times5=231.5〔\Omega〕$$

2．高圧配電系統への高調波流出電流の算出

$$I_{L5}=I_5\times\frac{-\frac{X_C}{5}+5X_L}{(5X_T+5X_s)+\left(-\frac{X_C}{5}+5X_L\right)}=1517\times\frac{-154.5+231.5}{(25.6+1.50)+(-154.5+231.5)}=1517\times0.740\fallingdotseq1\,123〔\mathrm{mA}〕$$

3．高圧配電系統から進相コンデンサ設備への流入効果の詳細計算

ア．配電系統の第5次高調波電圧（$\%V_5$=2.0〔%〕）

$$V_5=V_s\times\frac{\%V_5}{100}=6.6\times10^3\times\frac{2}{100}=132〔\mathrm{V}〕$$

イ．配電系統から進相コンデンサに流入する第5次高調波電流（$I'_5=I_{C5}$）

$$I'_5=\frac{V_5}{\sqrt{3}\times(Z_5+Z_{LC5})}=\frac{132}{\sqrt{3}\times(25.6+(-154.5+231.5))}\fallingdotseq743〔\mathrm{mA}〕$$

4．需要家から高圧配電系統に流入する第5次高調波電流

$$I_{Ls}=1\,123-743=380〔\mathrm{mA}〕$$

	5次	7次	11次	13次	17次	19次	23次	25次
計算書(その1)の高調波流出電流〔mA〕	1 517	603						
低減後の高調波流出電流〔mA〕	380	364						
高調波流出電流の上限値〔mA〕	770	550						
対策要否判定	否	否						

（注）本様式により難い場合は，別の様式を用いてもよい。

1.13 騒音・振動対策

表1　騒音規制基準

時間の区分 / 区域の区分	昼　間〔dB〕	朝　夕〔dB〕	夜　間〔dB〕	区　域　の　定　義
第1種区域	45以上 50以下	40以上 45以下	40以上 45以下	良好な住居の環境を保全するため，特に静穏の保持を必要とする区域
第2種区域	50以上 60以下	45以上 50以下	40以上 50以下	住居の用に供されているため，静穏の保持を必要とする区域
第3種区域	60以上 65以下	55以上 65以下	50以上 55以下	住居の用に併せて商業，工業等の用に供されている区域であって，その区域内の住民の生活環境を保全するため，騒音の発生を防止する必要がある区域
第4種区域	65以上 70以下	60以上 70以下	55以上 65以下	主として工業等の用に供されている区域であって，その区域内の住民の生活環境を悪化させないため，著しい騒音の発生を防止する必要がある区域

（備考）（1）騒音規制基準は上表の範囲内で，都道府県知事が基準を決めている．さらに市町村は，条例で基準を決めることも許されているが，上表の範囲を超えることは許されていない．
（2）昼間とは，午前7時又は8時から午後6時，7時又は8時までとし，朝とは，午前5時又は6時から午前7時又は8時までとし，夕とは，午後6時，7時又は8時から午後9時，10時又は11時までとし，夜間とは，午後9時，10時又は11時から翌日午前5時又は6時までとする．

表2　振動規制基準

時間の区分 / 区域の区分	昼　間〔dB〕	朝　夕〔dB〕	区　域　の　定　義
第1種区域	60以上 65以下	55以上 60以下	良好な住居の環境を保全するため，特に静穏の保持を必要とする区域 住居の用に供されているため，静穏の保持を必要とする区域
第2種区域	65以上 70以下	60以上 65以下	住居の用に併せて商業，工業等の用に供されている区域であって，その区域内の住民の生活環境を保全するため，振動の発生を防止する必要がある区域 主として工業等の用に供されている区域であって，その区域内の住民の生活環境を悪化させないため，著しい振動の発生を防止する必要がある区域

（備考）（1）表1（備考）（1）振動規制基準にも適用．
（2）昼間とは午前5時，6時，7時又は8時から午後7時，8時，9時又は10時までとし，夜間とは午後7時，8時，9時又は10時から午前5時，6時，7時又は8時までとする．

高圧受電設備は環境に整合していなければならない．特に近隣への騒音が問題となるところに設置する場合には，あらかじめ騒音・振動対策を講じておく必要がある．騒音・振動の主体は変圧器，遮断器の操作やコンプレッサ，換気扇などである．高圧の受電設備では機器を全て屋内に入れ，建物に防音材を使用し，機器の基礎取付部分に防振材を使用すれば騒音・振動はほとんど問題とならない場合が多い．

表1と**表2**に騒音・振動の規制基準を示す．

受電設備に設置する消火設備

表1　電気設備のある場所に設ける消火設備一覧表

電気設備	容量			機器(T)		管理		消火設備*		
	1 000 kW以上	500 kW以上 1 000 kW未満	500 kW未満	油入	乾式	有人	無人	特殊消火設備	大形消火器	消火器
電気室の床面積200 m² 以上								◎		◎
31 m を超える階の電気室								◎		◎
特別高圧変電設備				○		○		◎		◎
				○			○	◎		◎
					○	○			◎	◎
					○		○	◎		◎
高圧・低圧変電設備	○			○		○		◎		◎
	○			○			○	◎		◎
	○				○	○			◎	◎
	○				○		○	◎		◎
		○		○		○			◎	◎
		○		○			○	◎		◎
		○			○	○				◎
		○			○		○	◎		◎
			○	○		○				◎
			○	○			○	◎		◎
			○		○	○				◎
			○		○		○	◎		◎
発電設備	○							◎		◎
		○				○			◎	◎
		○					○	◎		◎
			○			○				◎
			○				○	◎		◎

(注) *種類 (1) 消火器：不活性ガス消火器，強化液消火器，ハロゲン化物消火器，粉末消火器
(2) 特殊消火設備：不活性ガス消火設備，ハロゲン化物消火設備，粉末消火設備

(表の見方)
・左欄○印の条件に該当する電気設備には，右欄◎印の消火設備(2 種類あるものはどちらも)を設けること．
・容量の欄に○印の記載がない電気設備は，機器・管理の条件だけにより必要とする消火設備が決まる．また，容量・機器・管理欄とも○印の記載がない電気設備には，これらの条件にかかわらず◎印の消火設備をどちらも設備する必要がある．

高圧受電設備に万が一火災が発生したときでも，被害を局所化し，延焼・類焼を最小限に止めなければならない．このため，消防法令により，変電所等の電気設備が設置されている場所には，設備に応じた消火設備を設けることが義務付けられている．

表1に変電所等の床面積，設備容量等に応じて設置しなければならない消火設備の種類を示す．なお，適法に保守管理されている設備は，表中の「無人」の設備には該当しないと理解されている．**表1**は法令による一般的な適用を示したものであるので，具体的に計画する際は都道府県の条例によることとし，その詳細については所轄消防署と協議すること．

1.15 低圧幹線設計の基礎と過電流遮断器

表1　変圧器定格容量に対する過電流遮断器適用の一例
（キュービクル式非常電源専用受電設備認定基準）

変圧器定格容量〔kVA〕	動力用（3φ3W200V）の場合			電灯用（1φ3W100/200V）の場合		
	遮断器1台		遮断器2台以上（定格電流の合計）$2.14\,I_T$〔A〕	遮断器1台		遮断器2台以上（定格電流の合計）$2.14\,I_T$〔A〕
	〔A〕$1.5\,I_T$	遮断器の定格電流〔A〕		〔A〕$1.5\,I_T$	遮断器の定格電流〔A〕	
10	41.3	30,　〔50〕	59	71.4	50,　〔75〕	102
15	61.8	50,　〔75〕	88	107.1	75, 100,〔125〕	153
20	82.5	75,　〔100〕	118	142.8	100, 125,〔150〕	204
30	123.9	100,　〔125〕	176	214.2	175,〔200〕	306
50	205.8	150, 175,　〔200〕	293	354.9	250, 300,〔350〕	507
60(20×3)	245.7	175, 200,　〔250〕	350			
75	311.9	250,　〔300〕	445	535.5	400,〔500〕	765
90(30×3)	370.7	300,　〔350〕	530			
100	412.7	300, 350,　〔400〕	588	714	600,〔700〕	1 020
150	618.5	500,　〔600〕	880			
200	825.3	600, 750,　〔700〕	1 180			
225(75×3)			1 320			
250			1 470			
300			1 760			

表中の遮断器の定格電流は推奨値を示し，〔　〕内は直近上位の値を示す．
なお，遮断器2台以上の場合は，（注）(3) を参照のこと．

（注）(1) 過電流遮断器の定格電流は，次により選定する．
　遮断器1台の場合　$I_n \leqq 1.5\,I_T$　I_n：遮断器定格電流
　遮断器2台以上の場合　$\Sigma I_n \leqq 2.14\,I_T$　I_T：変圧器定格電流
(2) 表では，遮断器1台の場合の遮断器定格電流計算値（$1.5\,I_T$）を示すとともに，具体的に該当遮断器の定格電流の選定例を示した．
(3) 遮断器2台以上の場合は，それぞれの遮断器定格電流の合計が表の定格電流計算値（$2.14\,I_T$）以下となるように遮断器を選ぶこと．
ただし，遮断器1台の定格電流の最大値は，変圧器の定格電流を超えないこと．
(4) 表に示されていない変圧器定格容量の場合，（注）(1) により計算する．

1　変電所低圧配電盤に設置する過電流遮断器

変電所低圧配電盤に設置する過電流遮断器は，次の事項を満足するものを選定する．

① 過電流遮断器負荷側に接続する電線は，過電流遮断器で十分保護できる

算定式１　低圧回路の遮断容量の算定

変圧器の二次側に設置する遮断器の遮断容量は，次式による．

$$I_s = \frac{T〔kVA〕\times 100}{\sqrt{3}\times V〔V〕\times \%Z〔\%〕}\times K_1 \times K_2〔kA〕$$

I_s〔A〕　：変圧器二次側短絡電流　　K_1：非対称係数
T〔kVA〕：変圧器容量　　K_2：電動機の発電作用係数
V〔V〕　：変圧器二次側電圧
$\%Z$〔%〕：変圧器パーセントインピーダンス

［計算例］

条　件

・変圧器容量　T：300〔kVA〕
・変圧器パーセントインピーダンス　$\%Z$：5〔%〕
・変圧器二次側電圧　V：210〔V〕
・非対称係数　K_1：1.25
・電動機の発電作用係数　K_2：1.1

$$I_s = \frac{300〔kVA〕\times 100}{\sqrt{3}\times 210〔V〕\times 5〔\%〕}\times 1.25 \times 1.1〔kA〕\fallingdotseq 22.7〔kA〕$$

ものであること．
② 過電流遮断器は，これを施設する箇所を通過する短絡電流を遮断できるものであること．

表１に変圧器定格容量に対する過電流遮断器適用の一例を示す．
又，遮断容量算定方法は，算定式１のとおりである．

2 低圧幹線に使用する電線の許容電流

低圧幹線に使用する電線の許容電流は，算定式２によって求める．

3 低圧幹線の過電流遮断器の施設

低圧幹線の過電流遮断器は，次の事項に従い設置する（**図１**参照）．

幹線の電源側電路には，幹線を保護する過電流遮断器を施設すること．ただし，次のいずれかに該当する場合は，省略できる（電技解釈第148条第１項第四号）．

算定式 2　低圧幹線に使用する電線の許容電流の算定

幹線に使用する電線の許容電流は，次によって計算された値以上のものを使用すること（電技解釈第 148 条第 1 項第二号）．

$$I_A = \Sigma I_L + k\Sigma I_M$$

I_A：電線の許容電流（電流減少係数を乗じた値）
ΣI_L：電灯負荷等の定格電流の合計
ΣI_M：電動機等の定格電流の合計
k：電動機等に係る係数で，次による．

① $\Sigma I_L \geqq \Sigma I_M$　　$k=1.0$
② $\Sigma I_L < \Sigma I_M$　㋐ $\Sigma I_M \leqq 50$〔A〕　$k=1.25$
　　　　　　　　㋑ $\Sigma I_M > 50$〔A〕　$k=1.1$

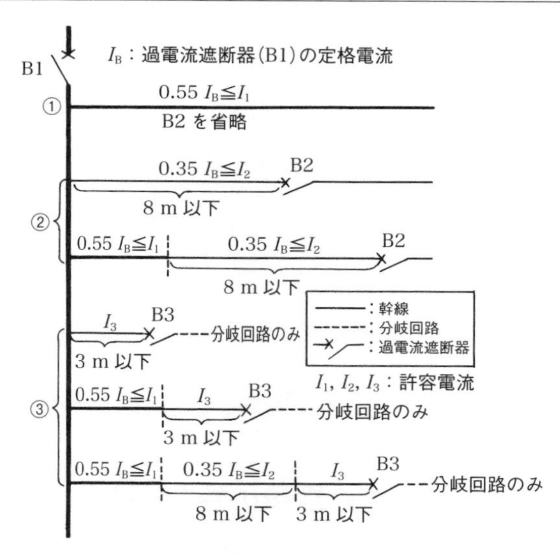

図 1　低圧屋内幹線の過電流遮断器の施設例

① 低圧屋内幹線の許容電流が当該低圧屋内幹線の電源側に接続する他の低圧屋内幹線を保護する過電流遮断器の定格電流の 55％以上である場合
② 過電流遮断器に直接接続する低圧屋内幹線又は①に掲げる低圧屋内幹線に接続する長さ 8 m 以下の低圧屋内幹線であって，当該低圧屋内幹線の許容電流が当該低圧屋内幹線の電源側に接続する他の低圧屋内幹線を保護

算定式3　低圧幹線の過電流遮断器定格電流の算定

幹線に使用する過電流遮断器の定格電流は，次により選定すること．

（電技解釈第148条第1項第五号）

① 一般の場合

$$I_B \leqq I_A$$

I_B：過電流遮断器の定格電流

I_A：電線の許容電流（電流減少係数を乗じた値）

② 電動機等が接続されている場合

ⓐ $\Sigma I_L + 3\Sigma I_M \leqq 2.5\,I_A$ の場合

$$I_B \leqq \Sigma I_L + 3\Sigma I_M$$

ⓑ $\Sigma I_L + 3\Sigma I_M > 2.5\,I_A$ の場合

$$I_B \leqq 2.5\,I_A$$

ΣI_L：電灯負荷等の定格電流の合計

ΣI_M：電動機等の定格電流の合計

I_A：電線の許容電流（電流減少係数を乗じた値）

I_B：過電流遮断器の定格電流

I_A（電線の許容電流）が100Aを超える場合で，$I_L + 3\Sigma I_M$ の値に該当する定格電流の遮断器がないときは，直近上位の定格電流の遮断器を使用することができる．

する過電流遮断器の定格電流の35%以上である場合

③ 過電流遮断器に直接接続する低圧屋内幹線又は①もしくは②に掲げる低圧屋内幹線に接続する長さ3m以下の低圧屋内幹線であって，当該低圧屋内幹線の負荷側に他の低圧屋内幹線を接続しない場合

④ 低圧屋内幹線(当該低圧屋内幹線に電気を供給するための電源に太陽電池以外のものが含まれていないものに限る)の許容電流が当該幹線を通過する最大短絡電流以上である場合

4 低圧幹線の過電流遮断器定格電流の算定

低圧幹線の過電流遮断器定格電流の算定は，算定式3によって求める．

又，**表2**に過電流遮断器の定格の例を示す．

表 2　配線用遮断器の定格電流等の例

フレーム 電　流 〔AF〕	30	50	60	100	225	400	600	800	1 000
定格短時間 電　流 〔kA〕	2.5 ～ 5.0	5～10		25 ～ 50	25 ～ 85	35 ～ 85	50～80		
定格電流 〔AT〕	3 5 6 10 15 20 30	3 5 6 10 15 20 30 40 50	3 5 6 10 15 20 30 40 50 60	15 20 30 40 50 60 75 100	100 125 150 175 200 225	225 250 300 350 400	400 500 600	600 700 800	800 1 000

5　低圧配線における電圧降下

低圧幹線中の電圧降下は，以下によるものとする．

① 低圧配線中の電圧降下は，幹線及び分岐回路において，それぞれ標準電圧の 2%以下とすることを原則とする．ただし，電気使用場所内の変圧器により供給される場合の幹線電圧降下は，3%以下とすることができる．

② 供給変圧器の二次側端子(電気事業者から低圧で電気の供給を受けている場合は，引込取付点)から最遠端の負荷に至る電線のこう長が 60 m を超える場合の電圧降下は，前項にかかわらず，負荷電流により計算し**表 3** によることができる．

③ 電圧降下の簡略式を**表 4** に示す．

表 3　こう長が 60 m を超える場合の電圧降下率

供給変圧器の二次側端子又は引込線取付点から最遠端の負荷に至る間の電線のこう長〔m〕	電　圧　降　下〔%〕	
	電気使用場所内に設けた変圧器から供給する場合	電気事業者から低圧で電気の供給を受けている場合
120 以下 200 以下 200 超過	5 以下 6 以下 7 以下	4 以下 5 以下 6 以下

表 4　電圧降下の簡略計算式

回路の電気方式	電　圧　降　下
直流２線式及び単相２線式	$e=\dfrac{35.6\times L\times I}{1\,000\times A}$
三　相　3　線　式	$e=\dfrac{30.8\times L\times I}{1\,000\times A}$
直流３線式，単相３線式及び三相４線式	$e'=\dfrac{17.8\times L\times I}{1\,000\times A}$

（凡例）e ：各線間の電圧降下
e'：外側線又は各相の１線と中性線の間の電圧降下
L ：こう長〔m〕
I ：負荷電流〔A〕
A ：電線の断面積〔mm^2〕

以上のように，低圧幹線設計の際は許容電流と電圧降下の両方を考慮しなければならない．又，過電流遮断器は電線を保護できるだけでなく短絡電流を遮断できる能力も求められる点に留意しなければならない．その際，変圧器のパーセントインピーダンスが大きく影響してくるので把握しておく必要がある．

6 変電所低圧配電盤からの送り出し電圧について

前項の低圧配線における電圧降下を考える場合，一般送配電事業者が電気を低圧で供給する場合の，供給点で維持すべき電圧範囲を知っておくことも参考になるであろう．これは，電気事業法施行規則第 38 条に定められており，その内容を**表 5** に示す．

表 5　一般送配電事業者が供給点で維持すべき電圧範囲

標準電圧	維持すべき値
100 V	101±6 V
200 V	202±20 V

高圧受電の場合も系統の電圧変動により，変圧器の二次電圧は変化するため，当然変電所の低圧配電盤の送り出し電圧は一定範囲内で変動する．最近の精密機械や OA 機器は電圧変動に敏感なものがあるので，送り出し電圧の変動を考慮した配線設計が必要である．

1.16 その他の留意事項

1 省エネルギーと環境への配慮

2050年カーボンニュートラルを目指す日本の新たな「エネルギー基本計画」への政策として，2030年度の温室効果ガス排出46％削減目標の実現に向け，「エネルギーの使用の合理化及び非化石エネルギーへの転換等に関する法律」が2023年4月より施行される．使用設備機器の高効率化と併せて，高圧受電設備についてもプランニングの段階からシステムとしての省エネルギー対策を検討しておく必要がある．具体的には，高効率機器の採用(変圧器等)，負荷平準化対策（蓄熱システム，デマンドコントローラなど），コジェネレーション・システム採用の検討の他，必要な箇所への測定記録設備の設置（実際の負荷状況を把握し，使用実態に応じた稼働後の省エネ対策を策定するため）や非化石エネルギーの導入，またデマンドレスポンスの推進などが求められる．

このような対策を当初から施しておけば，後で設備を変更・追加するより経済的である．設備の規模や使用目的を考慮しつつ，イニシャルコストだけでなくランニングコストを意識して，ユーザーと十分な打ち合わせをすることが必要である．

又，近年，ハロゲン及び鉛を含まず，燃焼・廃棄時に有害物質の発生の少ないEMケーブルが開発，規格化されており，このような材料も積極的に採用していくべきであろう．省エネルギーとともに，できるかぎり環境へ配慮した設計・施工を行っていくことは，電気技術者に求められる社会的要請であるといえる．

2 受電設備の設置場所について

塩じん害地区でなくても，腐食性ガスが発生する場所や湿気が多い場所がある．このような場所への受電設備の設置は，設備の経年劣化を早め，絶縁劣化等を招くので，避けるべきである．浄化槽，汚水処理施設，給水設備，プール，クーリングタワーなどがこれに該当するので，これらの設備からなるべく離れた位置に受電設備，引込設備を設けるようにする．

3 受電設備のスペースについて

受電設備には保守点検が容易にできるようなメンテナンススペースを確保する必要がある．又，将来増設が予想される場合には，増設用スペースも確保しておかなければならない．同時に，増設又は交換の際の搬入経路についても考慮しておくことが大切である．

第2章 高圧受電設備の施設

高圧受電設備の変圧器，高圧進相コンデンサの容量や台数など，基本的なプランニングができ上がると，次は，高圧受電をするための引込線や受電設備機器となる変圧器，進相コンデンサ，遮断器，保護装置などの具体的な配線や施工方法を選定することになる．

ここでは，高圧受電設備の引込形態，受電用遮断装置の選定，標準的な高圧受電設備の結線，受電設備の形態などについて説明する．

2.1 高圧受電設備の引込形態

高圧引込設備は，一般送配電事業者の高圧配電線から受電設備に電力を引き込むための設備であり，架空引込線又は地中引込線に大別され，標準的な形態を**図1**に示す.

1 責任分界点

保安上の責任分界点は，保安責任の範囲を一般送配電事業者と需要家が相互に確認した境界点であり，一般的に需要家の構内に設定される.

2 区分開閉器

区分開閉器は，一般送配電事業者の配電線と需要家の受電設備の電路を区分けするための開閉器である. 区分開閉器は，次のような役目をもって設置される.

① 事故が発生した需要家を速やかに配電線から切り離し，他の需要家への電力供給支障をなくすために設ける.

近年，責任分界点に地絡保護装置付負荷開閉器を設置することが推奨されている.

② 受電設備の定期点検を実施する場合，安全に点検作業ができるように設ける.

3 財産分界点

財産分界点は，一般送配電事業者の施設と需要家の施設との接続点である. 財産分界点は一般に責任分界点と一致するが，施設の形態により異なる場合がある.

① **図1**（a）のような場合，一般送配電事業者の柱上分岐開閉器負荷側と引込ケーブルの接続点が財産分界点となる.

② **図1**（b），（d）のような架空配電線から絶縁電線を用い引込線とする場合は，財産分界点は一般送配電事業者の引込線に接続される需要家側の引込用絶縁電線又はケーブルの接続点となる（引込線取付け点の補助支持材は需要家負担）.

③ **図1**（c）に示すような場合，一般送配電事業者の配電塔が需要家構外にあり直接需要家の受電設備に至るときは，受電設備の断路器又は開閉器の電源側端子までの引込ケーブルは一般送配電事業者負担となることが多く，区分開閉器の電源側が財産分界点となる（ただし，構内の付帯設備は需要家負担）.

（注）　配電塔又は高圧キャビネットが構内等に設置されるときは，高圧キャビネット等は一般送配電事業者の負担で，需要家は高圧キャビネッ

ト内に設置される需要家用UGS（地絡方向継電器付地中線用ガス開閉器）やピラーディスコン等及びこれ以降の引込ケーブルを施工する．

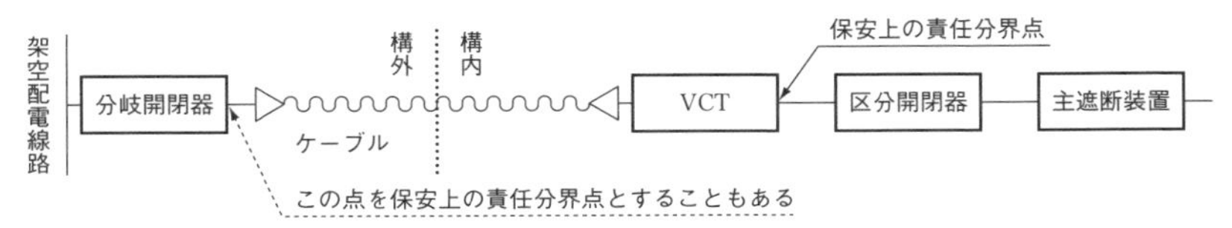

(a) 架空配電線路から地中ケーブル（架空ケーブルを含む）を用いて引き込む場合

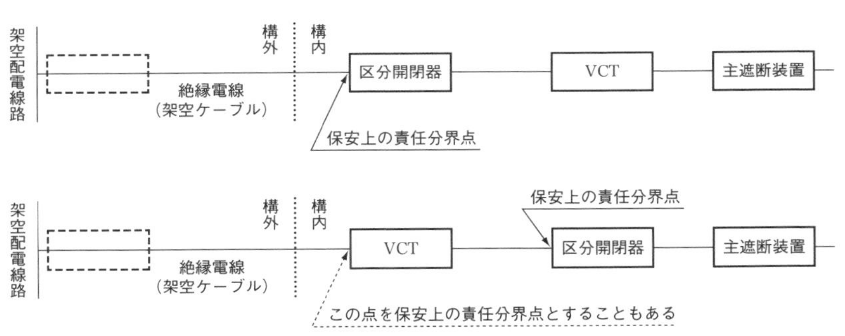

(b) 架空配電線路から絶縁電線（架空ケーブルを含む）を用いて引き込む場合

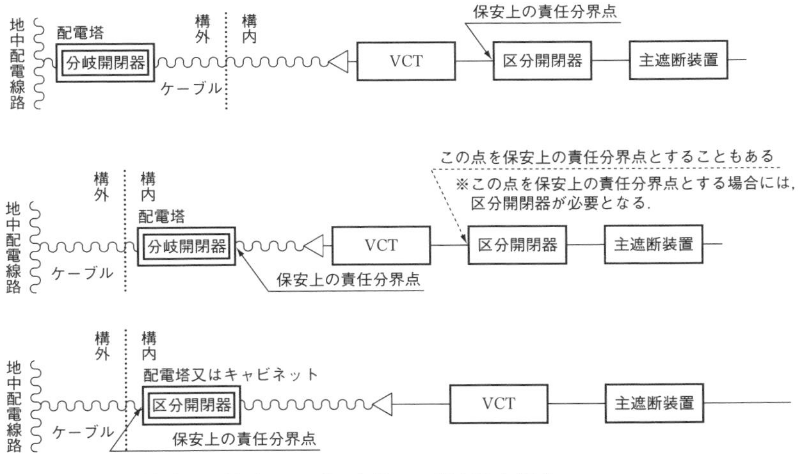

(c) 地中配電線路から地中ケーブルを用いて引き込む場合

図1　保安上の責任分界点及び区分開閉器の設置例

2.2 高圧引込線

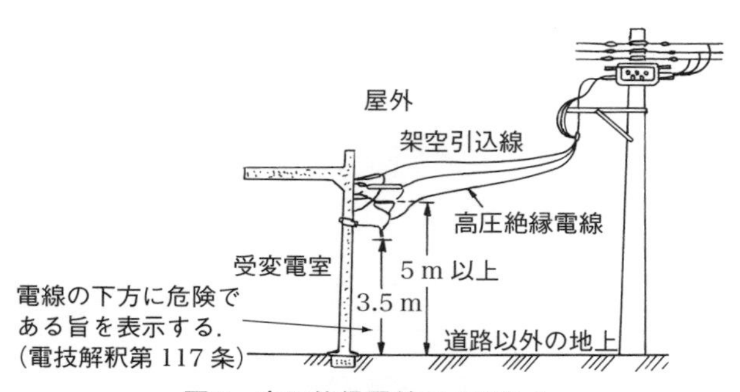

図 1　高圧絶縁電線での引込み

図 2　構外からの引込み

高圧引込みについていくつかの例を示す.

① 高圧絶縁電線による引込線の施設例（**図 1**).

② 一般送配電事業者の柱上分岐開閉器に需要家側で施工した地中ケーブルによる引込線の施設例（**図 2**).

この方法は需要家の財産分界点，責任分界点が構外となる場合があり，保安管理上変則的である．なお，近年，一般送配電事業者は需要家との区分開閉器の設置を省略していることからその例は少ない.

③ 構内の第 1 引込柱からのケーブルによる引込み施設例（**図 3**).

第 1 引込柱までの架空引込線及び引込線支持がいしは，一般送配電事業

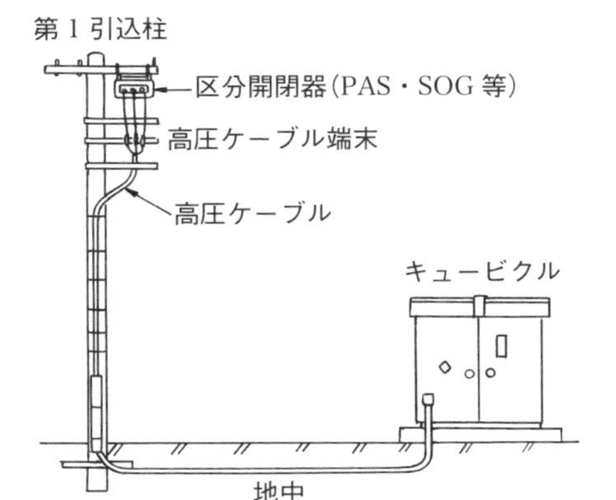

図３　第１引込柱からの引込み

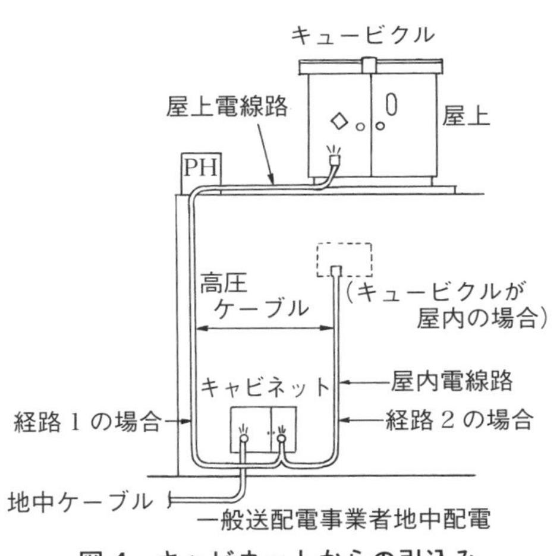

図４　キャビネットからの引込み

者の負担工事となる．第１引込柱以降の工事(装柱・区分開閉器・ケーブル等)は需要家側の施工である．

④ 一般送配電事業者設置の高圧キャビネットからのケーブルによる引込み施設例（**図４**）．

高圧キャビネットの基礎及び構外に至る付帯設備(管路等)及び需要家側のUGS(地絡方向継電器付地中線用ガス開閉器)やピラーディスコン等以降の設備は需要家の施工となる．

受電用遮断装置の保護方式と設備容量制限

表1　主遮断装置の形式と施設場所の方式並びに設備容量

<table>
<tr><th colspan="3">主遮断装置の形式
施設場所の方式</th><th>CB形</th><th>PF・S形</th></tr>
<tr><td rowspan="4">箱に収めないもの</td><td rowspan="3">屋外式</td><td>屋上式</td><td rowspan="3">—</td><td>150 kVA</td></tr>
<tr><td>柱上式</td><td>100 kVA</td></tr>
<tr><td>地上式</td><td>150 kVA</td></tr>
<tr><td colspan="2">屋内式</td><td></td><td>300 kVA</td></tr>
<tr><td rowspan="2">箱に収めるもの</td><td colspan="2">キュービクル式受電設備
(JIS C 4620に適合するもの)</td><td>4 000 kVA</td><td>300 kVA</td></tr>
<tr><td colspan="2">上記以外のもの
(JIS C 4620に準ずるもの，又は
JEM 1425に適合するもの)</td><td></td><td>300 kVA</td></tr>
</table>

(注)（1）表の空欄は，該当する方式については容量の規制がないことを示す．
（2）表の欄に－印が記入されている方式は，使用しないことを示す．
（3）「箱に収めないもの」は，施設場所において組み立てられる受電設備を指し，一般的にパイプフレームに機器を固定するもの（屋上式，屋外式）や，H柱を用いた架台に機器を固定するもの（柱上式）がある．
（4）箱に収めるものは，金属箱内に機器を固定するものであり，「JIS C 4620に適合するもの」及び「JIS C 4620に準ずるもの，又はJEM 1425に適合するもの」がある．
（5）JIS C 4620は，受電設備容量4 000 kVA以下が適用範囲となっている．

表1には，主遮断装置の形式と施設場所の方式により受電設備容量の制限があることを示す．それぞれに該当する欄に示す値を超えないこと．

1　CB形（図1(a)）

CB形は，遮断装置として過電流継電器(OCR)，地絡継電器(GR)等の保護継電器と遮断器(CB)とを組み合わせて，過負荷，短絡，地絡故障が生じた場合，故障電流を遮断器で遮断し，設備を保護する受電設備である．近年は，真空遮断器（VCB)が主流である．

保護協調がきめ細かに調整でき信頼性が高いので，受電設備容量が300 kVAを超える場合は，この方式である．

2　PF・S形（図1(b)）

PF・S形は，高圧限流ヒューズと高圧交流負荷開閉器(LBS)の組合せによる

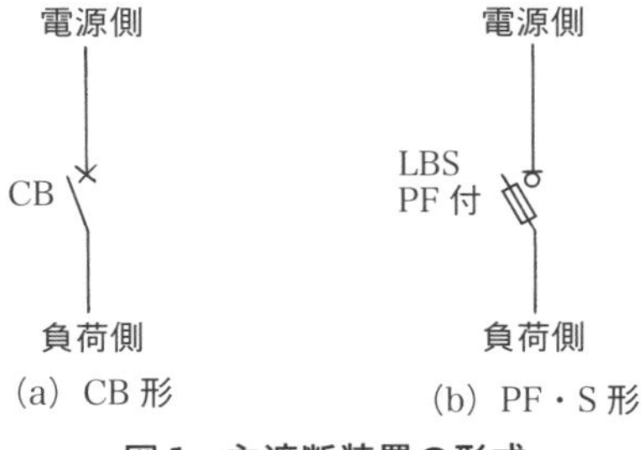

図1　主遮断装置の形式

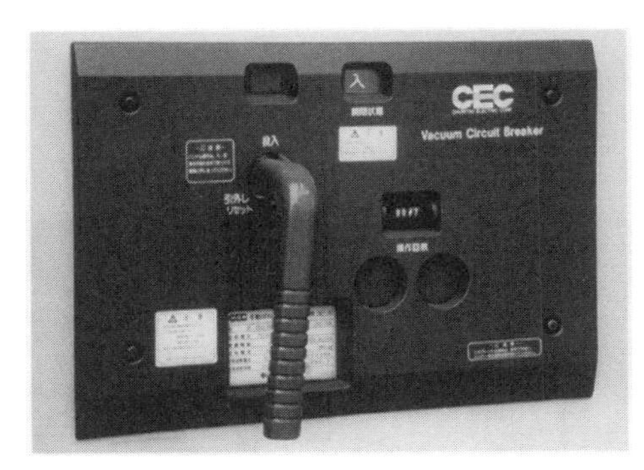

写真1　CB形（VCB）

写真2　PF･S形（LBS）

方式である．短絡電流（過電流も含む）は高圧限流ヒューズで遮断保護し，負荷電流レベルでの開閉機能は高圧交流負荷開閉器で負担するもので，地絡保護は地絡継電器により高圧交流負荷開閉器をトリップさせる．

装置が安価で簡素であり，保守も容易で受電設備容量が300 kVA以下の比較的小規模な設備に多く使用され，高圧受電設備の大半を占めている．

なお，柱上式は，受電設備が高所に設置され，保守点検が不安全となることから地域の状況及び使用目的を考慮し，他の方式の選定が困難な場合に限り選定すること．

また，PF・S形は，負荷設備に高圧電動機を有しないこと．

2.4 標準的な高圧受電設備

1 CB 形高圧受電設備結線図例

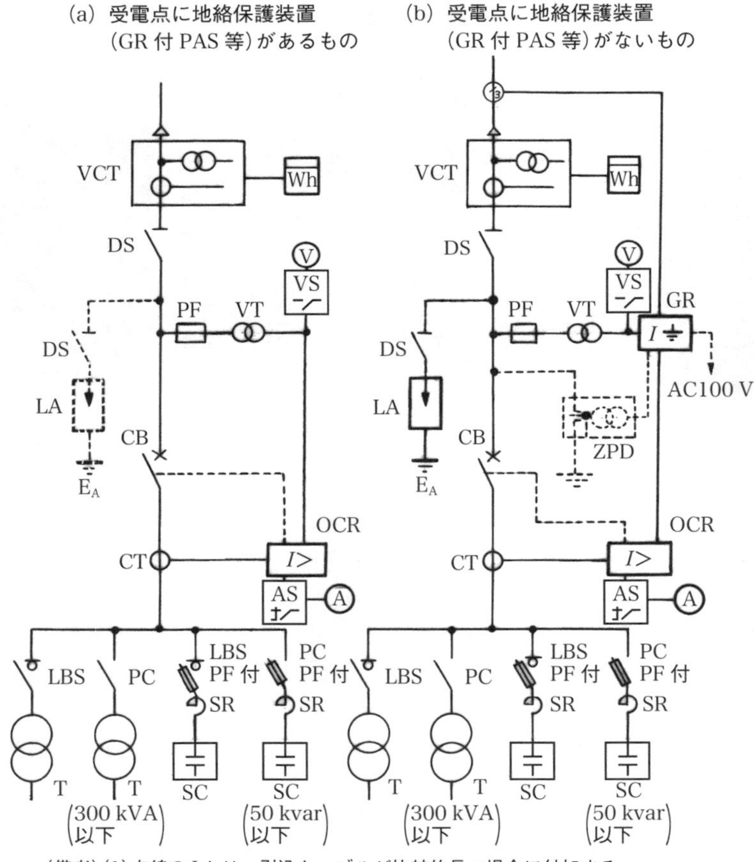

(備考) (1) 点線の LA は，引込ケーブルが比較的長い場合に付加する．
(2) 点線の AC100 V は，変圧器二次側から電源をとる場合を示す．
(3) 点線の ZPD は，DGR の場合に付加する．
(4) 母線以降負荷に至る結線は，一例を示す．
(5) 変圧器，コンデンサの開閉装置及び保護装置は，各機器の容量に対する制限を満足すること．

図 1　CB 形単線結線図

2 PF・S 形高圧受電設備結線図例

PF・S 形は，開閉器と電力ヒューズの組合せである．定格負荷電流以下の電流（数百 A）は開閉器（S）で開閉することができるが，短絡電流のような大きな電流（数千～1 万数千 A）は遮断能力がないので，電力ヒューズ（PF）にゆだねる．電力ヒューズは一度遮断すると再使用はできないので，PF を交換することになる．

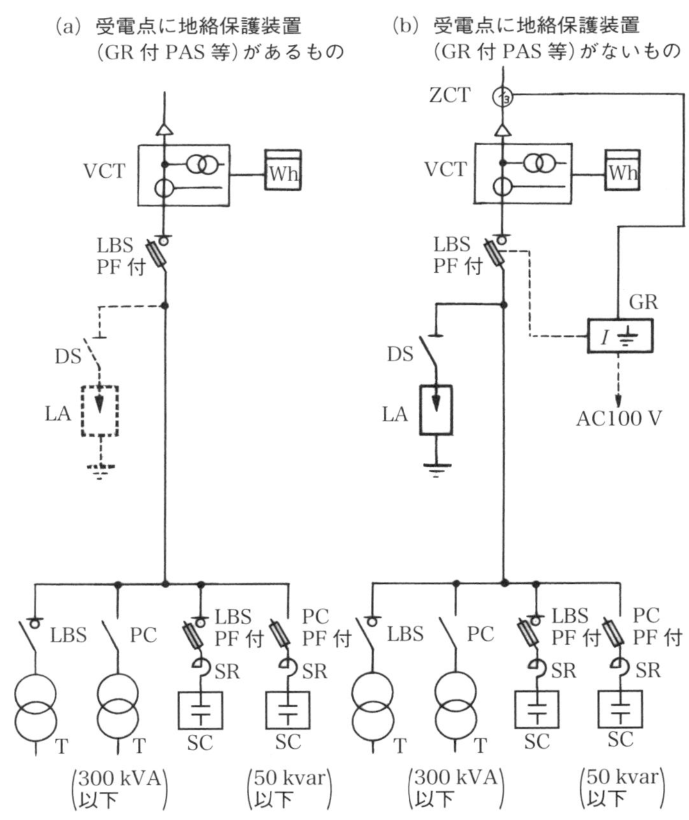

（備考）(1) 点線の LA は，引込ケーブルが比較的長い場合に付加する．
(2) 点線の AC100 V は，変圧器二次側から電源をとる場合を示す．
(3) 母線以降負荷に至る結線は，一例を示す．
(4) 変圧器，コンデンサの開閉装置及び保護装置は，各機器の容量に対する制限を満足すること．

図 2 PF・S 形単線結線図

3 本・予備線受電による高圧受電設備結線図例

高圧受電設備における２回線受電は，常時供給電力系統と予備電力系統の２回線からなり，常時供給電力系統が故障して停電したときなどに，予備の電力系統に切り替えて停電の影響を回避する．２回線受電の設備としては，遮断器を２台設置する場合と，切替開閉器１台と遮断器１台による場合もある．

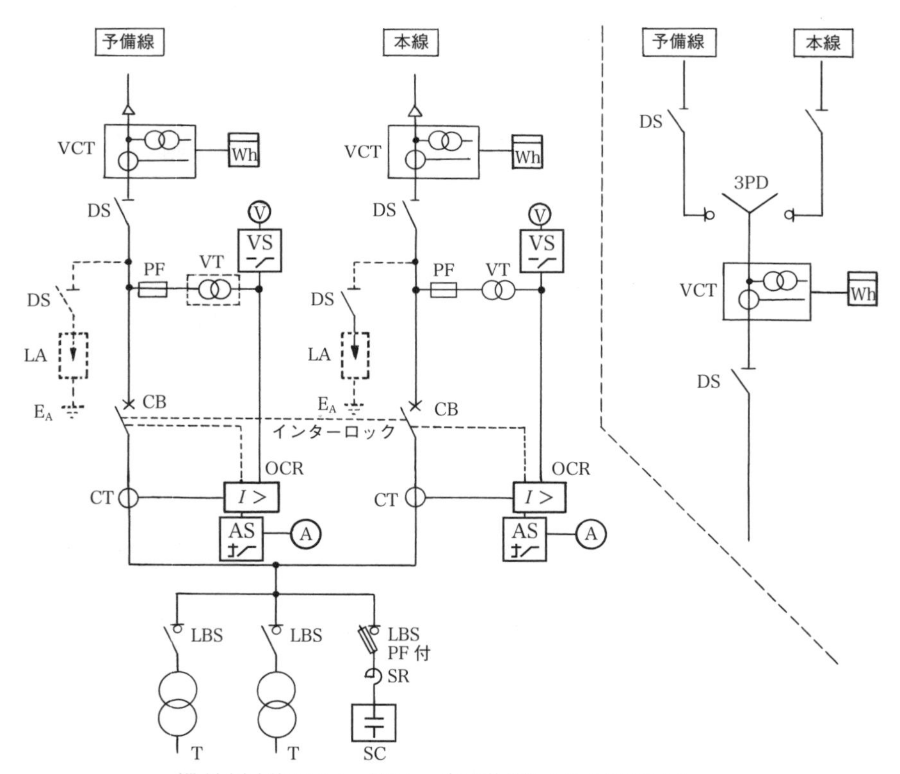

（備考）(1)点線の LA は，引込ケーブルが比較的長い場合に付加する．
(2)点線の VT の設置は，施設状況により判定する．
(3)母線以降負荷に至る結線は，一例を示す．

図３　本・予備線受電による単線結線図

4 高圧引出しの高圧受電設備結線図例

高圧受電設備から高圧で電線路を引き出す場合は，その引出し口に遮断器(CB 又は LBS＋PF)を設置することが望ましい．

引出し口に地絡継電器を設置する場合は，区分開閉器又は主遮断器に設置されている地絡保護継電器と協調がとれるように施設する．

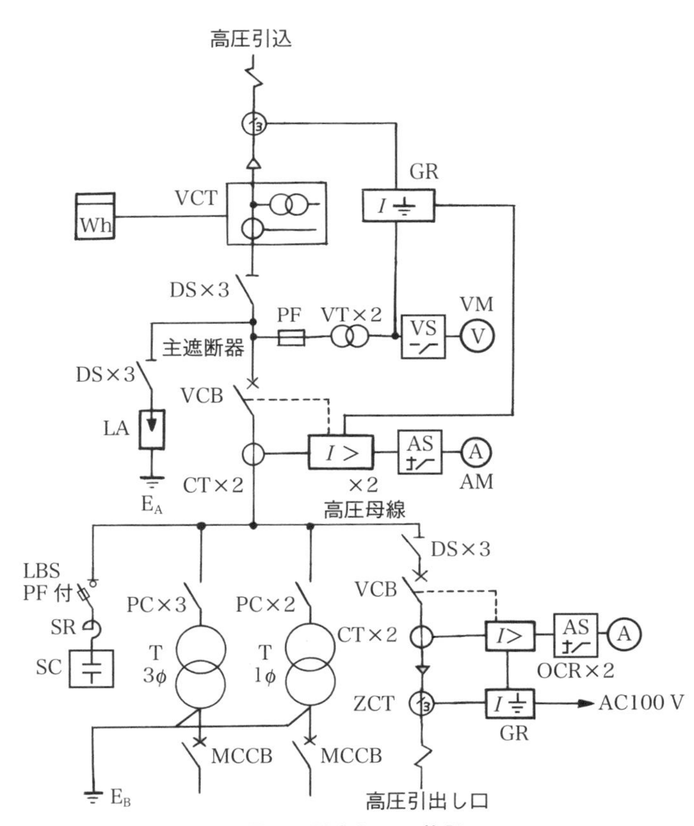

図 4　引出し口の施設

2.5 高圧受電設備の形態

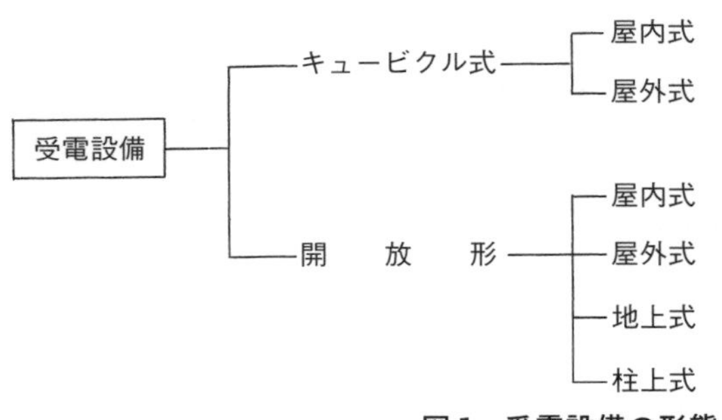

屋外式キュービクルの例

図1　受電設備の形態

高圧受電設備を形態別に分類すると，一般に**図1**のように開放形とキュービクル式に分けることができる．

1 開放形高圧受電設備

開放形高圧受電設備は，フレームパイプや山形鋼などにより構築されたフレームに，断路器や遮断器などの機器を取り付け高圧受電設備を構成する．近年，中小容量の受電設備では，キュービクル式のものが多く採用されているが，現在でも大容量の受電設備においては経済性を考慮してフレーム鋼が採用されている．

（1）開放形は次のような特徴がある．

① 機器や配線の目視点検が容易で，日常の点検が便利である．

② 変圧器等，機器の交換・増設が容易である．

③ キュービクル式に比べ，設置に必要な面積が大きい．

④ 充電部が露出している部分が多く，点検時などに危険性を生じやすい．

⑤ 据え付け工事や配線工事に時間がかかる．

⑥ 屋外の場合，塩害や直射日光の影響を受けやすい．

（2）開放形受電設備は設置場所により，次の4種類に分類できる．

① 屋内式：受電設備を建物の中に設置する（**写真1**）．

② 屋上式：建物の屋上に設置する（**写真2**）．

③ 地上式：地表上に設置する（**写真3**）．

④ 柱上式：屋外に，木柱やコンクリート柱等によりH柱を構築して，その上に受電設備を設置する（**写真4**）．

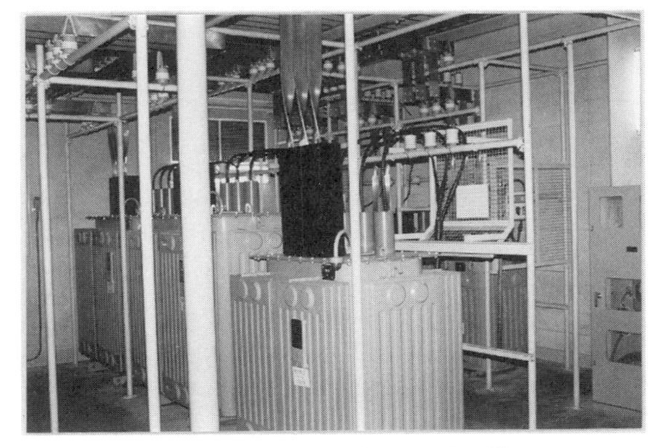

写真１　屋内式開放形受電設備

写真２　屋上式開放形受電設備

写真３　地上式開放形受電設備

写真４　柱上式開放形受電設備

2 キュービクル式高圧受電設備

高圧受電設備としてのキュービクルとは，JIS C 4620 では「高圧の受電設備として使用する機器一式を一つの外箱に収めたもの」と定義され，公称電圧 6.6 kV，周波数 50 Hz 又は 60 Hz で系統短絡電流 12.5 kA 以下の回路に用いる受電設備容量 4 000 kVA 以下のキュービクルについて規定している．

（1）キュービクル式受電設備は，次のような特徴がある．

① 金属製の箱に機器一式が収容されるので感電等の危険性が少ない．

② 組立式に比べ管理された工場生産のため信頼性の高い設備が製作できる．

③ 内部機器装置の簡素化及び高信頼機器の使用により信頼性が高い．

④ 標準的なキュービクルが量産されているので安価である．

⑤ 専用の部屋を必要とせず，地下室，屋上，敷地の一部に簡単に設置できる．

⑥ 設備の占有面積が少なくてすむ．

⑦ 施工上の主たる現場作業はキュービクルの基礎工事，引込用高圧ケーブル工事，低圧回路工事，接地工事程度で，キュービクルは据付けのみで手間がかからない．

⑧ 経済産業局への申請書類の手続きが推奨銘板による性能保証で簡単にすむ．

⑨ 工事期間が短縮できる．

⑩ 標準化，簡素化，本質安全化がなされているため，保守点検が容易で安全性・信頼性が高い．

⑪ キュービクルの金属箱は鋼製の堅ろうな構造とされ，その据付けについても「高圧受電設備規程」などで耐震対策が行われるように指導されている．

⑫ シンプルでコンパクトにまとまっている．

（2）キュービクルは，設置場所により，次の 2 種類に分類できる．

① 屋外式：屋外に設置するもの（**写真 5**）．

② 屋内式：屋内に設置するもの（**写真 6**）．

（3）規格から分類

① JIS C 4620 により規格化されているキュービクル．

② (一社)日本電気協会の「推奨キュービクル」は JIS 規格に適合していることを証明する制度である．**図 2** のような銘板が取り付けられている．

③ (一社)日本電気協会の「認定キュービクル」は消防用設備等に非常用電源を供給するための「キュービクル式非常電源専用受電設備」の自主認定制度である．**図 3** のような銘板が取り付けられ，「消防庁告示基準」に適合したキュービクルであることが表示されている．

写真５　屋外式キュービクル

写真６　屋内式キュービクル

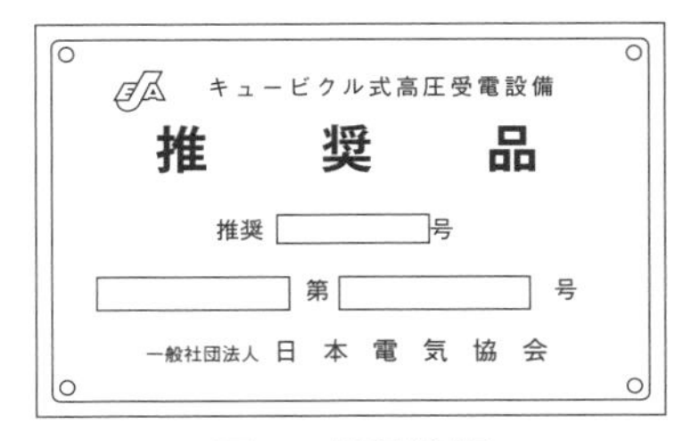

図２　推奨銘板

図３　認定銘板

2.6 受電設備の設置環境

表1　階段各部分の寸法

階段各部分	寸　　法
幅	75 cm 以下
けあげ	22 cm 以下
踏　面	21 cm 以上
踊り場	高さ 4 m を超える階段には，4 m 以内ごとに踊り場を設けること．
手すり	両側又は片側に取り付けること．

（建基令第 23～25 条）

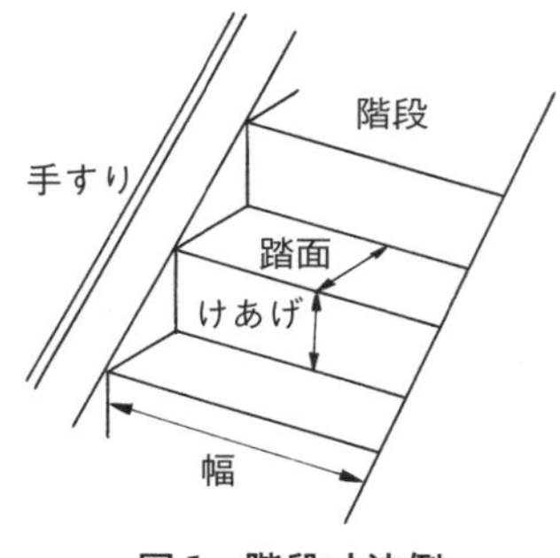

図1　階段寸法例

1 受電設備の設置場所（火災予防条例（例）第 11 条，設備規程 1130-1）

受電設備の設置環境は，次のような所を極力避けて，一般送配電事業者からの引込み及び使用設備に配電するのに最もよい場所を選定する．

① 蒸気の噴出など常時湿度の高い場所
② 炉の付近など常時高温にさらされる場所
③ 爆発性，可燃性又は腐食性のガス，液体又は粉じんの多い場所
④ 浸水のおそれがある場所
⑤ 振動の激しい場所
⑥ 火災発生時に消火が困難な場所
⑦ 保守点検をするのに危険を伴う場所

2 通　　路

① 受電設備の場所に至る通路は，原則として幅 0.8 m 以上，高さ 1.8 m 以上とし，機器の搬入搬出に支障がなく，又測定器具類を持って安全かつ容易に通れること（安衛則第 344，542，543 条，他）．
② ビル等のベランダ張出し部分，スレート屋根又は住居等の室内を通過しなければ受電設備等に行けない場所は，避けること．
③ 受電設備に至る通路には垂直はしごを施設しないこと．
④ 受電設備の場所に至る階段は，原則として**表1**によること．

2.7 アークを発生する機器の離隔距離

表1 アークを生じる機器の離隔距離

（内規 3802-3）

高圧充電部と他物（機器を取り付ける造営材を除く）との離隔距離		150 mm
充電部間	使用電圧 3 500 V 以下 〃 3 500 V 超過	150 mm 200 mm

（注） 充電部間のうちピラーディスコンのように開閉操作についてフックを使用しない構造のものは，充電部間隔を上記の 1/2 とすることができる．

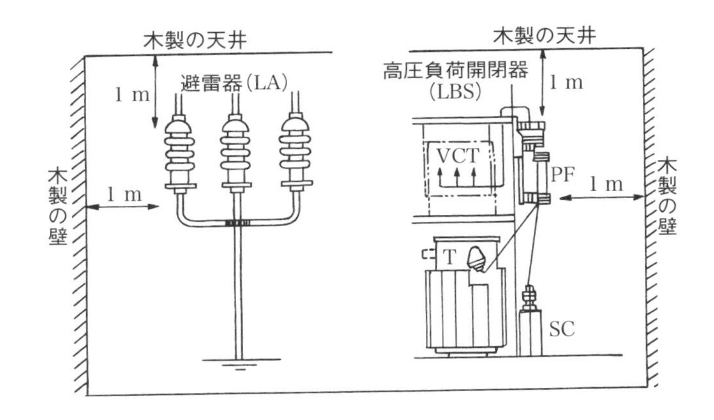

アークを発生する機器と異極の電線又は接地金属体等との離隔距離は，次による．

① 高圧開閉器（LBS），過電流遮断器，LA 等の動作時にアークを生じるおそれのあるものは，木製の壁又は天井その他の可燃物質から 1 m 以上離隔する．ただし，耐火性物質で両者を離隔した場合は除く（電技解釈第 23 条）．

② 高圧放出形ヒューズ(PC)では，ガス放出口の方向の配線又は他物からの離隔距離は，60 cm 以上とする．

ガス放出口の方向 1 m 以内の箇所に器具又は配線がある場合は，適当な大きさ及び厚さの耐火絶縁物で隔離すること(内規 3802-3)．

③ その他 DS，開閉器等アークを生じる機器の高圧充電部相互間及び他物との離隔距離は，**表1** によること．ただし，キュービクル式高圧受電設備の場合は除く．

2.8 標　識

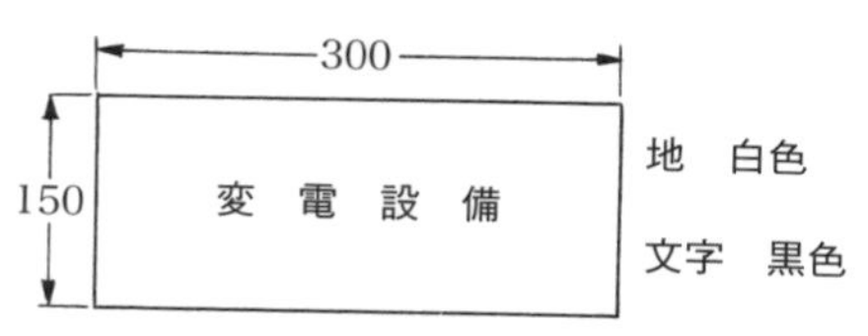

図 1　都条例第 11 条第五号による標識

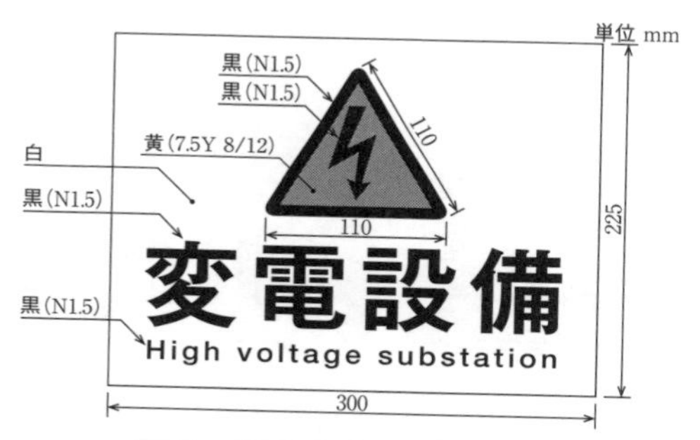

図 2　JIS C 4620 による標識

受電設備には，見やすい箇所に次の標識を設けること．

①「立入禁止」の標識を設けること．ただし，工場内の場合は危険である旨の表示に代えることができる（電技解釈第 38 条）．

② 火災予防条例（例）第 11 条に規定する「変電設備」の標識を設けること．なお，キュービクル式高圧受電設備は，JIS C 4620 に規定する注意標識によりこれに代えることができる．

2.9 消火設備

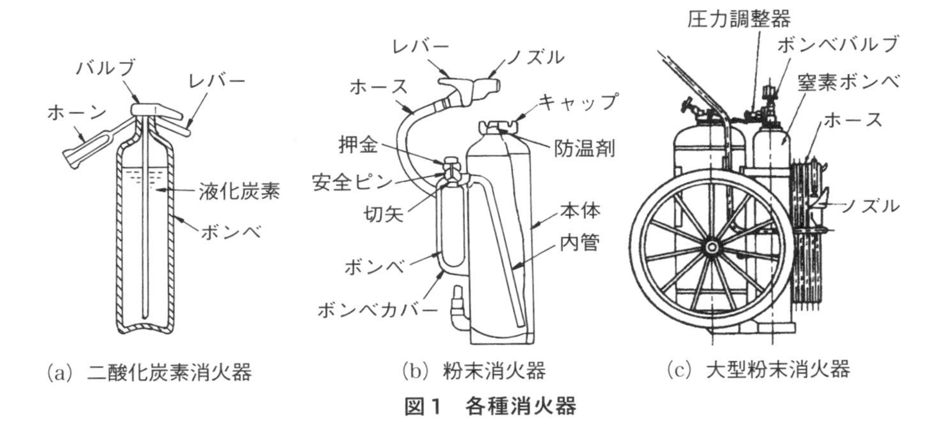

(a) 二酸化炭素消火器　(b) 粉末消火器　(c) 大型粉末消火器

図1　各種消火器

高圧受電設備の消火設備は，次のとおり設置する．

① 受電設備には，消火器を100 m² 以下ごとに1個備える(消規則第6条第4項，都条例第36条第2項第二号)．

② 大型消火器の設置対象設備は，次のとおり(都条例第37条)．

a．不燃液機器又は乾式機器を使用する全出力1 000 kW以上の変電設備

b．油入機器を使用する全出力500 kW以上1 000 kW未満の変電設備

c．全出力500 kW以上1 000 kW未満の燃料電池発電設備又は内燃機関を原動力とする発電設備

③ 特殊消火設備の設置対象設備は，次のとおり．

a．受電設備が200 m² 以上の場合は，特殊消火設備を設置すること（消施令13条）．

b．油入機器を使用する全出力1 000 kW以上の変電設備(都条例第40条)．

c．地盤面からの高さが31 mを超える階に設置される変圧器その他これらに類する電気設備(都条例第40条)．

d．全出力1 000 kW以上の燃料電池発電設備又は内燃機関を原動力とする発電設備（都条例第40条）

e．無人の変電設備・燃料電池発電設備又は内燃機関を原動力とする発電設備（都条例第40条）

表１　消火器の能力単位等

油入変圧器定格容量	消火器の能力単位等
667 kVA 未満	通常の場合，B 火災 1 能力単位以上であり，C 火災に適合するものであること． （略号で表すと，B-1，C 以上である）
1 429 kVA 未満	大型消火器であって，B 火災 20 能力単位以上であり，C 火災に適合するものであること． （略号で表すと，B-20，C 以上である）
1 429 kVA 以上	特殊消火設備（不活性ガス消火設備，ハロゲン化物消火設備，粉末消火設備）

（注）（1）変圧器定格容量の合計が 667 kVA 未満であっても受電設備の床面積が 100 m^2 を超えるときは，B 火災の能力単位が，受電設備の床面積〔m^2〕/100 以上であって，C 火災に適応するものを使用すること．
（2）変圧器定格容量の合計が 667 kVA，1 429 kVA は，都条例第 37 条で規定する全出力 500kW，1 000kW に相当する．
（3）全出力は，kVA から kW に換算する係数を乗じたもので，一般送配電事業者の圧縮率ではなく，次のとおりである．

変圧器の定格出力〔kVA〕	係　数
500 未満	0.80
500 以上 1 000 未満	0.75
1 000 以上	0.70

（注）　特殊消火器とは，不活性ガス消火設備，ハロゲン化物消火設備又は粉末消火設備をいう．

④ 消火器の種類は，油火災，電気火災兼用のものであること．

（注）1．消火器は，次の適応別に分けられている．
A 火災（普通火災）：白色マーク　B 火災（油火災）：黄色マーク
C 火災（電気火災）：青色マーク
2．油火災，電気火災兼用消火器とは，不活性ガス消火器，強化液消火器（消火液を霧状に放射するものに限る），ハロゲン化物消火器，粉末消火器をいう．

⑤ 消火器の容量は，**表１**により設備の容量の区分に応じた能力単位以上のものであること（都条例第 36，37，40 条）．

⑥ 設置場所は，受電室の入口近くの室外に置くこと．少なくとも歩行距離 20 m 以内の場所に設置する．やむを得ず室内に置く場合は，入口のすぐそばで内部火災の際等にも容易に取り出すことのできる位置とすること．

⑦ 設置場所の高さは，1.5 m 以下とすること．

⑧ 消火剤が凍結，変質又は噴出するおそれがない箇所に設けること．屋外等の場合は，箱等に収めておくこと．

2.10 受電設備の高圧配線

表１　高圧配線の電線の太さ（開放形の場合）

項目	短絡電流〔kA〕	CB		PF
		5サイクル遮断	3サイクル遮断	PF限流系
母　　線	8.0	(22) mm²	(22) mm²	(14) mm²
	12.5	38	38	14
母線から分岐する電線	8.0	14	14	14
	12.5	14	14	14

(注)（1）　表中(　)のものは参考に示した．
　　（2）　電線は，高圧機器内配線用電線(KIP)で計算した．

表２　高圧配線の電線の太さ(キュービクル式の場合)
(JIS C 4620)

主遮断装置の種類 ＼ 配線の種類	PF・S	CB
母　　線	14 mm²	38 mm²
母線から分岐する電線	14 mm²	14 mm²

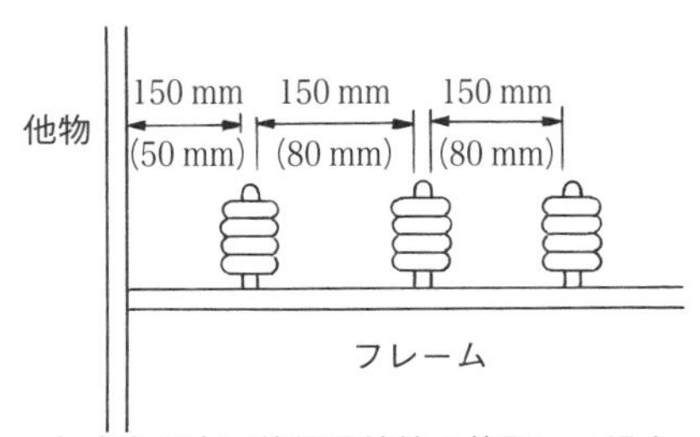

図１　電線相互及び他物との離隔距離

受電設備の高圧配線は次のとおり施工する．

① 高圧配線の電線の太さ

a．屋内式及び地上式・屋上式高圧受電設備の場合は，**表１**に適合してい

表 3　離隔距離（開放形の場合）

		相互間の間隔〔mm〕	他物との離隔距離*〔mm〕
高圧絶縁電線等		80	50
裸導体部		150	150
機器の露出した充電部	使用電圧 3 500 V 以下	75	
	使用電圧 3 500 V 超過	100	

（注）*他物には，がいしを支持するフレームは含まない．

表 4　離隔距離（キュービクル式の場合）

(JIS C 4620)

場	所	最小距離〔mm〕
高圧充電部*	相互間 大地間	90 70
高圧用絶縁電線非接続部	相互間 大地間	20 20
高圧充電部と高圧用絶縁電線非接続部相互間		45
電線末端充電部から絶縁支持物までの沿面距離		130

（注）*単極の DS などの操作にフリック棒を用いる場合は，操作に支障のないように，その充電部相互間及び外箱側面との間を 120 mm 以上とすること．ただし，絶縁バリアのある場合は，この限りでない．

ること．

b．キュービクル式高圧受電設備の場合は，**表 2** に適合していること．

② 充電部相互間及び充電部と大地（接地金属体）との離隔距離は，次による．

a．開放形高圧受電設備の場合の離隔距離は，**表 3** による．

b．キュービクル式高圧受電設備の場合は，**表 4** による．

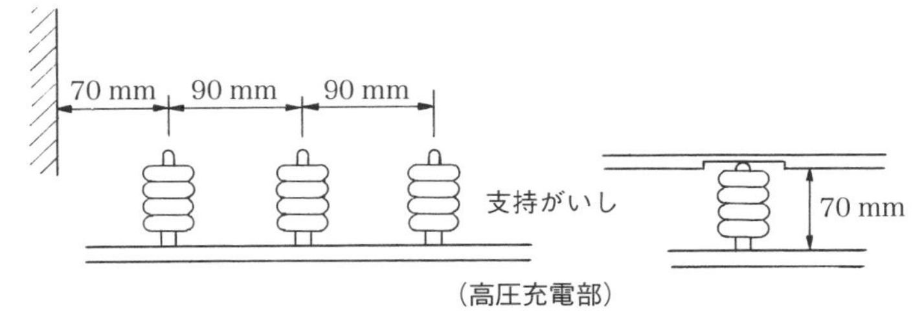

図 2　高圧充電部の離隔距離

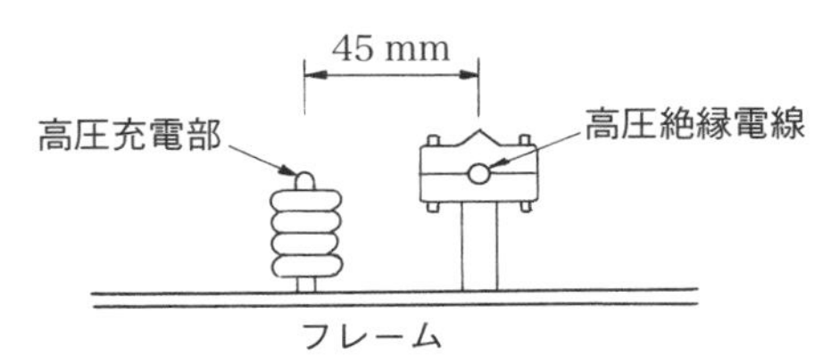

図 3　高圧絶縁電線と高圧充電部の離隔距離

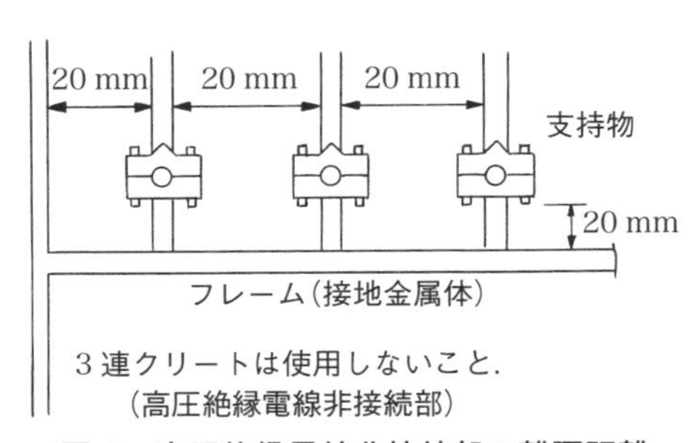

図 4　高圧絶縁電線非接続部の離隔距離

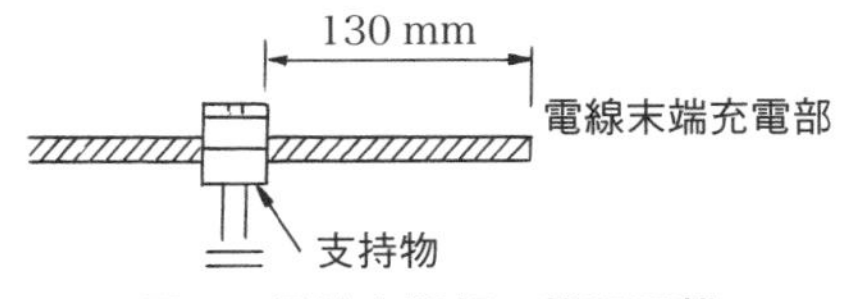

図 5　電線末端部の離隔距離

屋内式高圧受電設備

(受電室の施設)

表1　受電設備に使用する配電盤などの最小保有距離

部位別／機器別	前面又は操作面〔m〕	背面又は点検面〔m〕	列相互間（点検を行う面）*〔m〕	その他の面〔m〕
高圧配電盤	1.0	0.6	1.2	—
低圧配電盤	1.0	0.6	1.2	—
変圧器など	0.6	0.6	1.2	0.2

〔備考〕*は，機器類を2列以上設ける場合をいう．

1　基礎の施工

① 受電設備の基礎は，各機器の重量に十分耐え，地震等により容易に破損しない構造であること(都条例第11条)．

② 受電設備の機器を固定するアンカーボルト等は，基礎の躯体に堅固に取り付けられていること．

③ 機器据付アンカーボルトの強度は「2.15 キュービクル式高圧受電設備の項の図3」参照．

2　受電室の空間

① 点検に必要な空間及び防火上有効な余裕を保持するため，**表1**の値以上の保有空間を有すること(都条例第11条第1項第七号)．

② 点検通路と機器等との離隔距離

a. 点検通路の空間は，原則として幅0.8 m以上，高さ2.3 m以上であること．ただし，接地を施した金属製の網又は絶縁板等で保護されている場合は，高さを1.8 mまで減ずることができる(安衛則第540，543条)．

b. 点検通路と充電部との離隔距離

離隔距離は，**図1**の値以上であること．

3　その他

① 受電室の面積は，**表2**を参考とする．

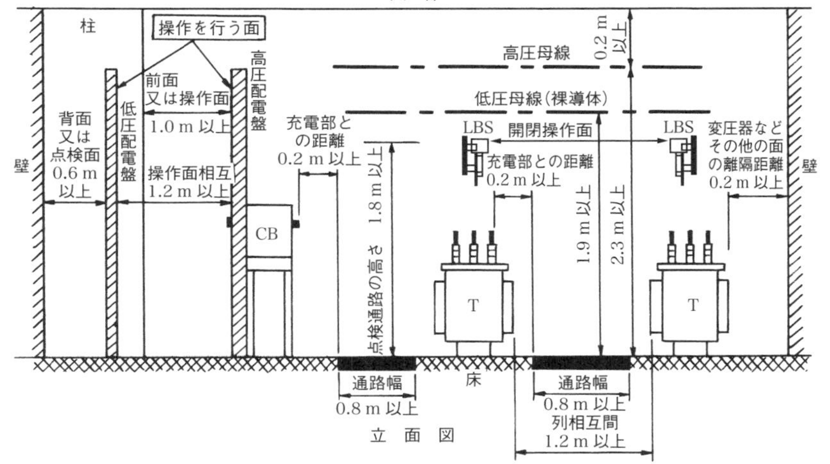

(注) (1)絶縁防護板を 1.8 m の高さに設置する場合は，高低圧母線の高さをその範囲内まで下げることができる．
(2)図示以外の露出充電部の高さは，2 m 以上とする．
(3)通路と充電部との離隔距離 0.2 m 以上は，労働安全衛生規則第 344 条で規定されている特別高圧活線作業における充電部に対する接近限界距離を参考に規定したものである．なお，露出した充電部からの保有距離が 0.6 m 以下で感電の危険が生じるおそれのあるときは，充電部に絶縁用防具を装着するか絶縁用保護具を着用する必要がある．
(4)露出した充電部分は，防護カバーを設けるなど，取扱者が日常点検などを行う場合に容易に触れるおそれがないよう施設すること．
(5)取扱者が露出した充電部分に近づいて日常点検などを行う際に，当該充電部に対して頭上距離が 0.3 m 以内又は躯側距離もしくは足下距離が 0.6 m 以内に接近し，感電の危険が生じるおそれのあるときは，充電部に絶縁用防具を装着するか絶縁用保護具を着用する必要がある．
(6)モールド変圧器のモールド部分は充電部とみなして扱う．
(7)変圧器の背面又は点検面は，0.6 m 以上とする．

図 1　受電室内における広さ，高さ及び機器の離隔

② 換　気

受電室には，屋外に通ずる有効な換気設備を設ける．ただし，強風雨雪時にも雨水，雪が吹き込むおそれがない構造とする．

自然換気のみでは温度が上昇し，機器の機能に障害を与えるおそれがある場合は，強制換気装置を設ける．この場合，換気口には開閉式の防火ダンパー等を設置すること(火災予防条例(例)第 11 条)．

③ 室の明るさは，**表 3** による．

④ 受電設備は，不燃材料（コンクリート，レンガ等）で造った壁，柱，床及び天井（天井のない場合にあっては，はり又は屋根．以下同じ）で区画され，かつ，窓及び出入口に特定防火設備の防火戸又は防火設備の防火戸を設ける．ただし，有効空間を保有する等防火上支障のない措置を講じた場合は，この限りではない(火災予防条例(例)第 11 条)．

(注) 防火戸の構造は，次のとおり(建基令第 109 条)．

表 2　受電室の面積（船津氏の計算による）

変圧器総容量〔kVA〕	面　積〔m²〕	変圧器総容量〔kVA〕	面　積〔m²〕
50	15	400	65
75	20	500	76
100	25	600	86
150	33	800	106
200	40	1 000	123
250	47	1 500	164
300	53	2 000	200

表 3　電気室の明るさ　＊労働安全衛生規則第 604 条(照度)による.

場　所	照度〔lx〕
主要配電盤の計器面	300 以上
補助配電盤，箱内配電盤，機械室の計器面	300 以上
フック棒で操作する断路器及びこれに接近する場所	70 以上

（注）照明器具は，管灯等の交換が安全に行える位置に取り付けること.

a. 特定防火設備の防火戸は，次のいずれかに該当する防火戸又はこれらと同等以上の防火性能があるものをいう.

(a)　鉄製の骨組みで両面にそれぞれ 0.5 mm 以上の鉄板を張ったもの.

(b)　鉄製であって鉄板の厚さ 1.5 mm 以上のもの.

(c)　鉄骨コンクリート製又は鉄筋コンクリート製で，厚さが 3.5 cm 未満のもの.

b. 防火設備の防火戸は，次のいずれかに該当する防火戸又はこれらと同等以上の防火性のあるものである

(a)　鉄製であって鉄板の厚さ 0.8 mm 以上，1.5 mm 未満のもの.

(b)　鉄及び網入りガラス製で造られたもの.

(c)　鉄骨コンクリート製又は鉄筋コンクリート製で，厚さが 3.5 cm 未満のもの.

(d)　骨組に防火塗料を塗布した木製のものとし，屋内面に厚さが 1.2 cm 以上の木毛セメント板又は厚さ 0.9 cm 以上の石膏ボードを張り，屋外面に亜鉛引鉄板を張ったもの.

〔注〕防火構造，耐火構造及び不燃材料に関しては，建築基準法，消防法及び各都道府県又は市町村の火災予防条例によること.

⑤ 受電室には水管，蒸気管，ガス管などを通過させないこと.

⑥ 小鳥，ねずみ，蛇等の小動物が侵入しない構造であること.

⑦ 受電室入口が施錠できる構造であること(電技解釈第 38 条).

屋内式高圧受電設備の施工例

1 正面図

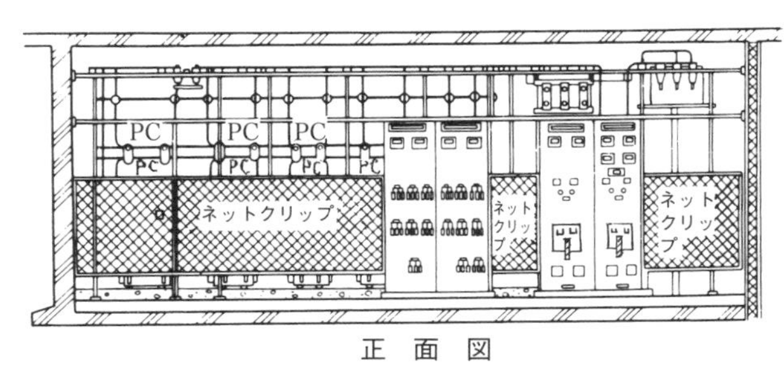

正 面 図

2 平面図

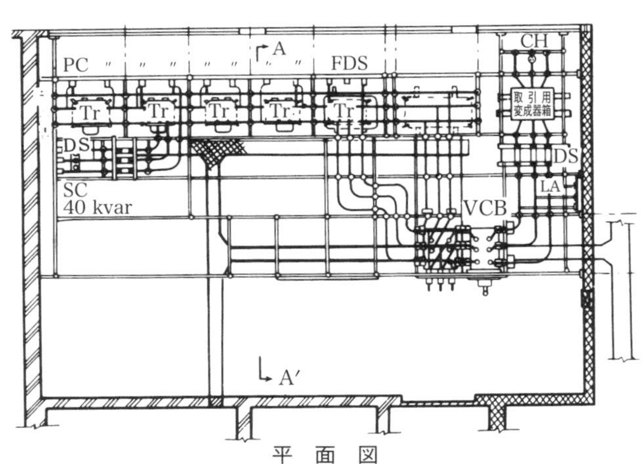

平 面 図

3 側面図図

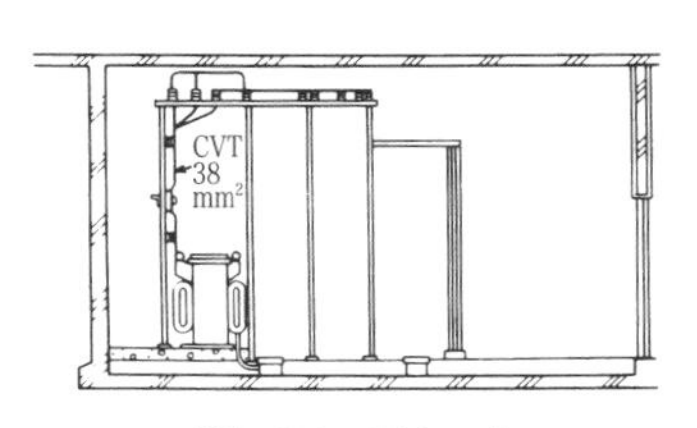

断 面 図(AA′)

図1 高圧受電設備の機器配置例

4 計器用変成器の取付け

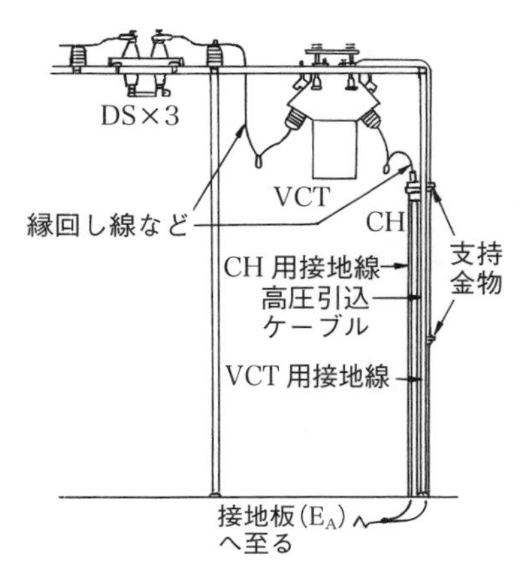

図 2 VCT のつり下げ施工例

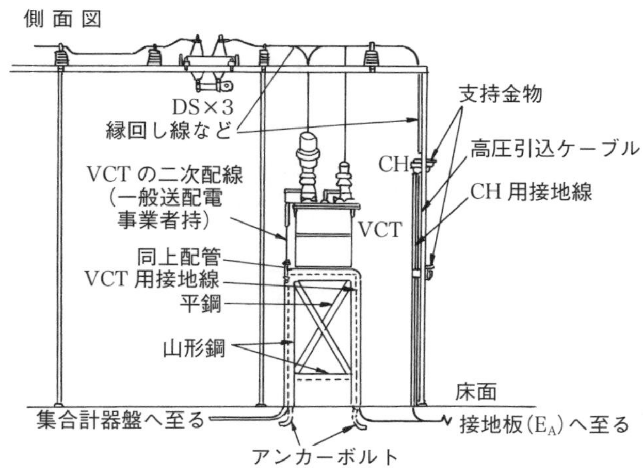

図 3 VCT の架台取付け施工例

5 遮断器の取付け

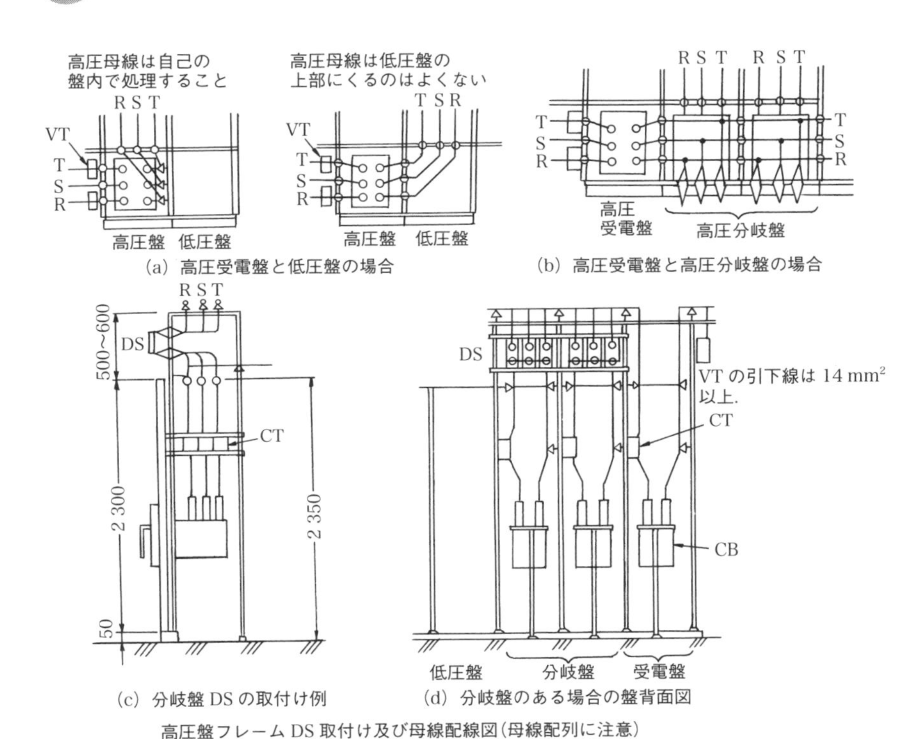

(a) 高圧受電盤と低圧盤の場合

(b) 高圧受電盤と高圧分岐盤の場合

(c) 分岐盤DSの取付け例

(d) 分岐盤のある場合の盤背面図

高圧盤フレームDS取付け及び母線配線図（母線配列に注意）

図4　高圧盤フレームDS取付け及び母線配線図（母線配列に注意）

6 変圧器の取付け

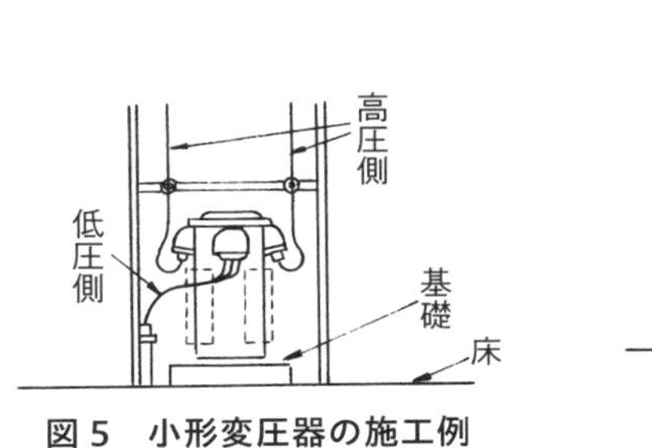

図5　小形変圧器の施工例

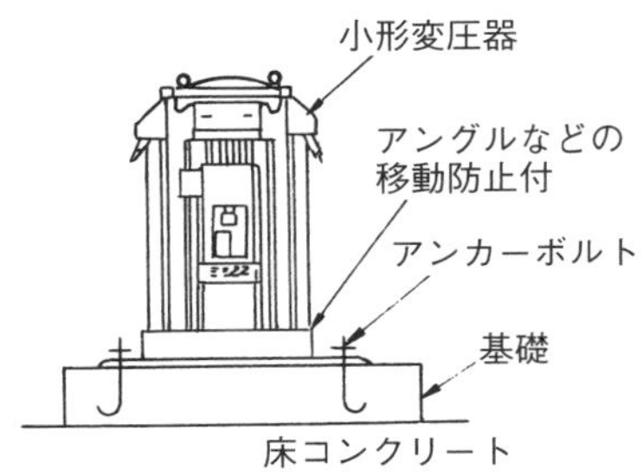

図6　小形変圧器の施工例

7 高低圧母線の取付け

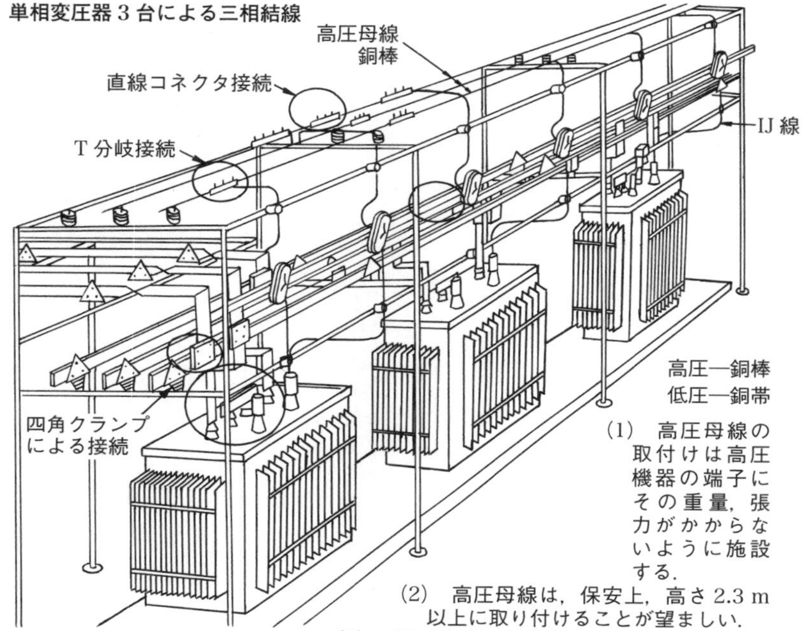

(1) 高圧母線の取付けは高圧機器の端子にその重量，張力がかからないように施設する.

(2) 高圧母線は，保安上，高さ 2.3 m 以上に取り付けることが望ましい.

(3) 高圧母線から分岐しての高圧引下げには，原則として高圧引下線を使用する.

(4) 保安設備として高圧充電部は金網などで保護しなければならない.

(5) 高圧母線の支持がいしは，絶縁性，難燃性，耐水性のあるものを使用する.

(6) 受電室及びこれに類する場所における高圧母線の取付けは，母線相互の間隔，及び母線と他のものとの距離は，2.10 の項参照.

図 7　開放形の高低圧母線施設例

8 変圧器の取付け

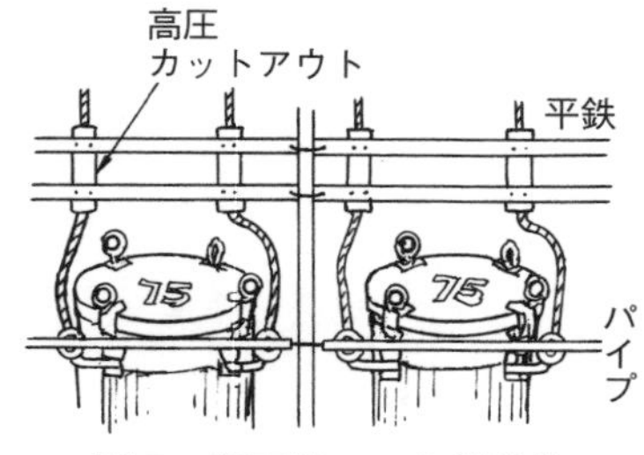

図 8　変圧器の一次側結線

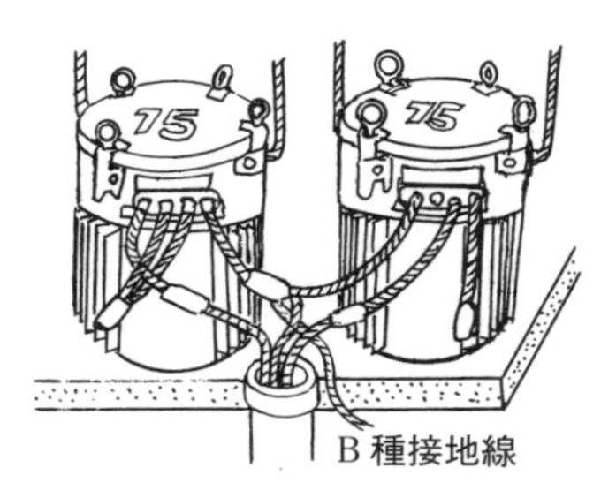

図 9　変圧器の二次側結線（V 結線）

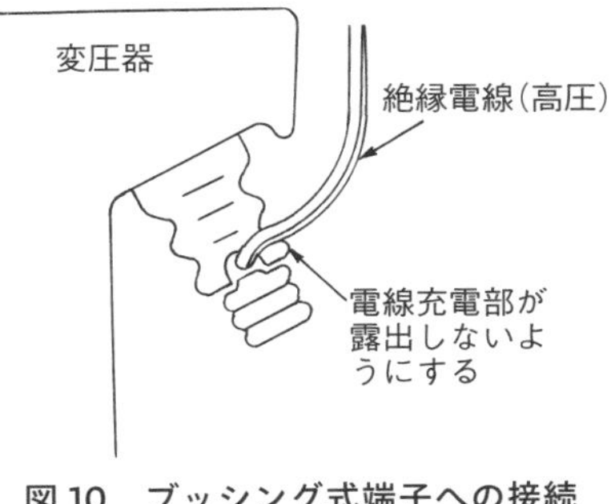

図 10　ブッシング式端子への接続

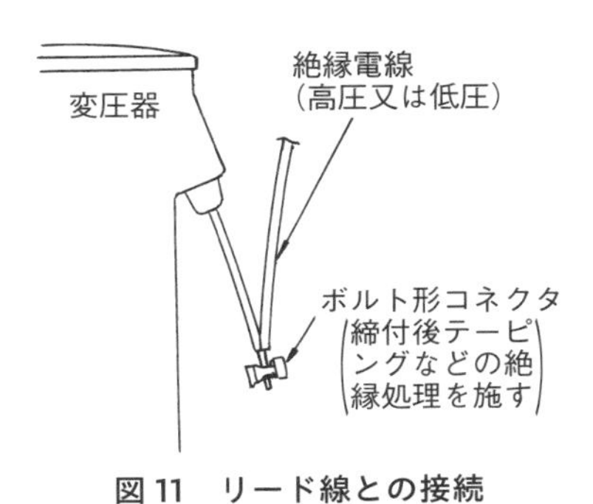

図 11　リード線との接続

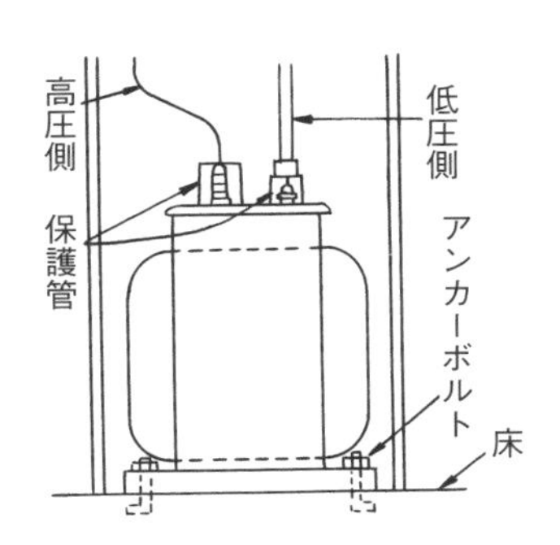

図 12　中・大形変圧器の据付例

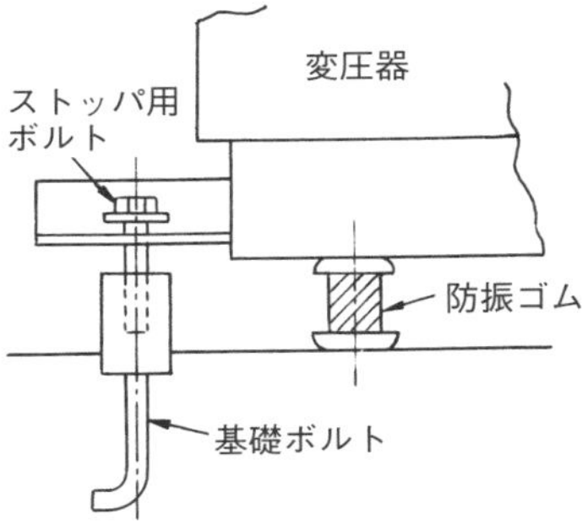

地震荷重の引き抜き力やせん断力に耐える施工

図 13　変圧器の防振施工例

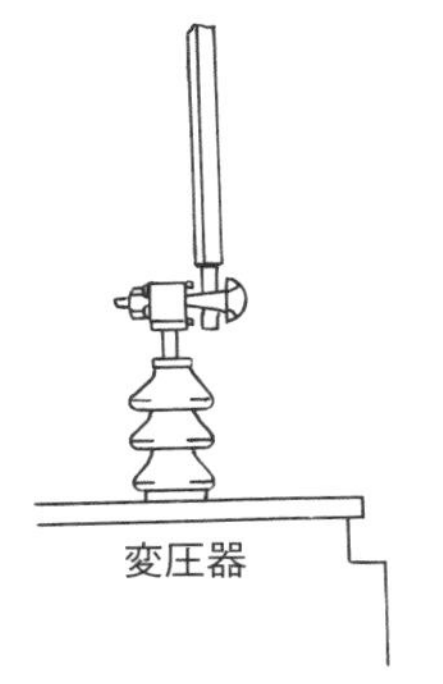

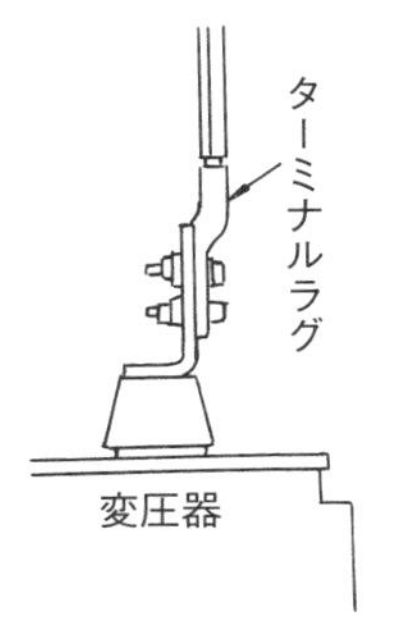

対震対策として，引出線に銅バーを使用する場合は，可とう銅帯等を使用するなど，余裕を持たせる．

図 14　クランプ式端子への接続

図 15　羽子板端子への接続

9 高圧コンデンサの取付け

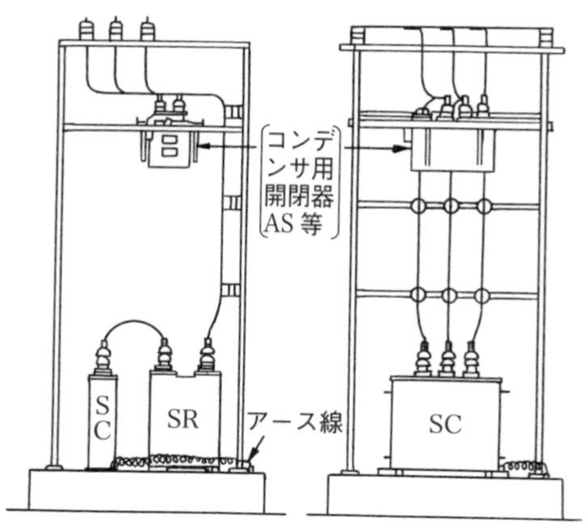

SC：高圧コンデンサ
SR：直列リアクトル

図16　50 kvar 未満の場合

写真1　コンデンサに取り付けた直列リアクトル（手前コンデンサの後方）

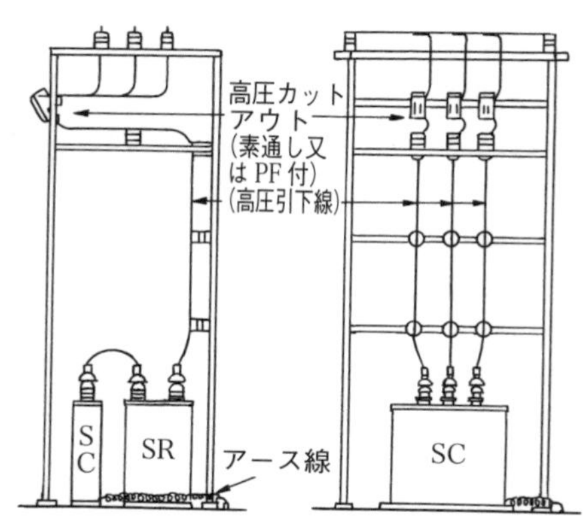

SC：高圧コンデンサ
SR：直列リアクトル

図17　100 kvar 程度の場合

地上式・屋上式高圧受電設備

（屋外に施設する受電設備の施設）

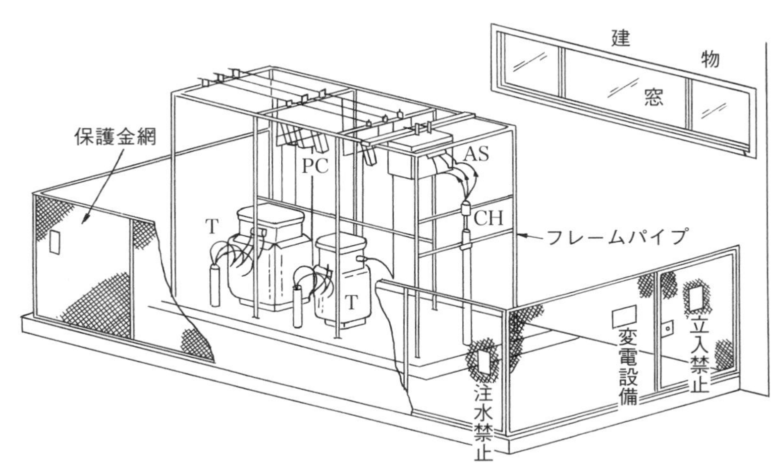

図１　地上式高圧受電設備

地上式，屋上式の基礎の施工，周囲の空間，さくの施設等は次による．

1　基礎の施工

① 受電設備の基礎は，各機器の重量に十分耐え，地震等により容易に破損しない構造であること．

② 受電設備の機器を固定するアンカーボルト等は，基礎の躯体に堅固に取り付けられていること．

③ 機器据付アンカーボルトの強度は「2.15 キュービクル式高圧受電設備の項の図 3」参照のこと．

④ 受電設備の基礎の高さは，地表 15 cm 以上であり，かつ，水が溜まらない構造であること．

⑤ 基礎の周囲には，砂利等を敷いて雑草が生えないようにすること．

2　枠組み（フレーム）

高圧開閉器，高圧母線用がいし，その他の機器を支持する枠組みには，6 mm×50 mm の等辺山形鋼もしくは 32A のガス管(JIS G 3452)に亜鉛めっ

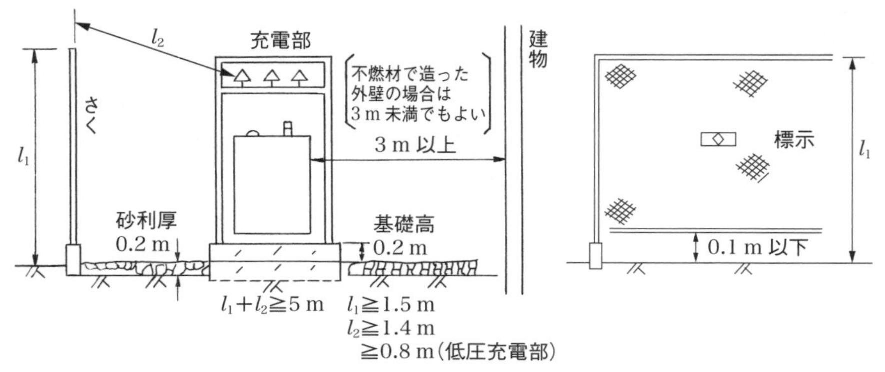

高圧充電部と保護さくとの最小離隔距離≧0.5 m

図 2　地上式高圧受電設備のさく等の施設等

きを施したもの，又はこれらと同等以上の強さ及び耐久性のあるものを使用すること．

3 周囲の空間

① 充電部分とさくまでの離隔距離は，高圧においては 1.4 m 以上，低圧においては 0.8 m 以上であること．

② 保守点検に必要な通路は，幅 0.8 m 以上，高さ 1.8 m 以上であること．

③ 受電設備は，一般の建物から 3 m 以上離隔すること．ただし，不燃材料で造り又は覆われた外壁であって，開口部のない建築物に面する場合は，この限りでない（火災予防条例（例）第 11 条）．

4 さくの施設等

さくの施設は次によること．

① さくを設け，関係者以外の者の出入りを禁止する旨の表示をすること（電技解釈第 38 条）．なお，さくの高さと充電部までの距離の和は 5 m 以上となるように施設することが望ましい．

（注）さくは，周囲のほか天井も金網等で覆うことがある．

② さくには扉を設け，施錠できる構造であること（電技解釈第 38 条）．

③ さくに使用する金網の網目が 25 cm^2 以下であって，これに耐久性のある防錆塗料を塗布し（防錆材で被覆したものを含む），かつ，堅ろうに施設すること．

④ さくの下部と地表面との間隔は，10 cm 以下であること．

⑤ さくの高さは，水平高圧母線の高さより 20 cm 以上高くしてあること．

2.14 柱上式高圧受電設備

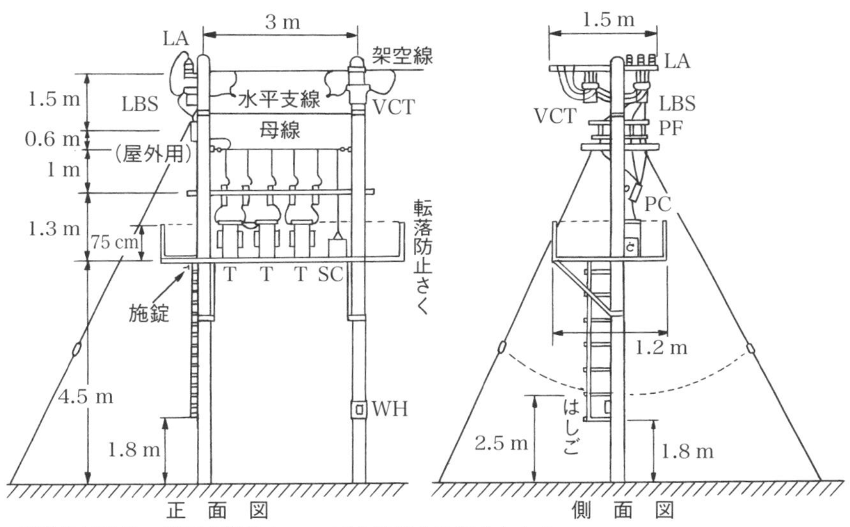

(注) (1) PF は，高圧非限流ヒューズを使用する場合もある．
(2) 地表上の高さは，市街地に施設する場合は 4.5 m 以上とし，市街地外に施設する場合は 4 m 以上とすること．

図1 柱上式高圧受電設備の配置図例

柱上高圧受電設備は，**図1** に示すような構造のものを模範とする．
柱上変台については，次による．

1 柱 体

① 柱体には，A 種鉄筋コンクリート柱又は木柱を使用すること．

② 鉄筋コンクリート柱には，4 900 kN (500 kgf) 以上の設計荷重のものを使用すること．木柱の場合は注入柱を使用し，末口 12 cm 以上のものであること．

③ 柱体の根入れは，全長 15 m 以下の場合は，全長の 1/6 以上，全長 15 m を超える場合は，2.5 m 以上とする．

④ 腕金類は，金属製であって十分な強度を有するものを使用すること．

⑤ 変台床の枠組等には，3.2 mm×75 mm の亜鉛めっきを施した角形鋼管を使用する．

⑥ 変台床の高さは，市街地 4.5 m 以上，市街地外 4 m 以上とし昇降用足場釘を設けること．

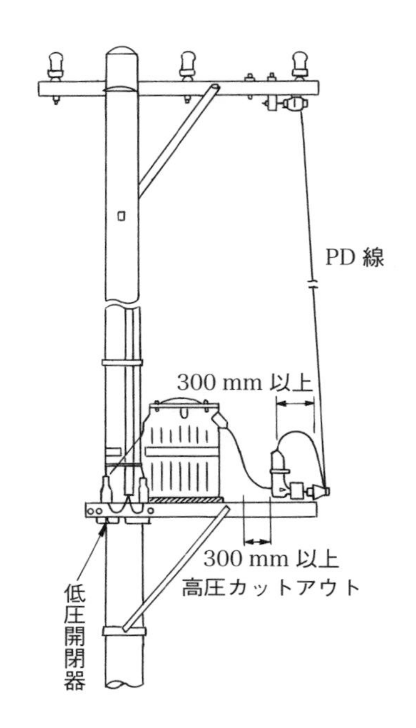

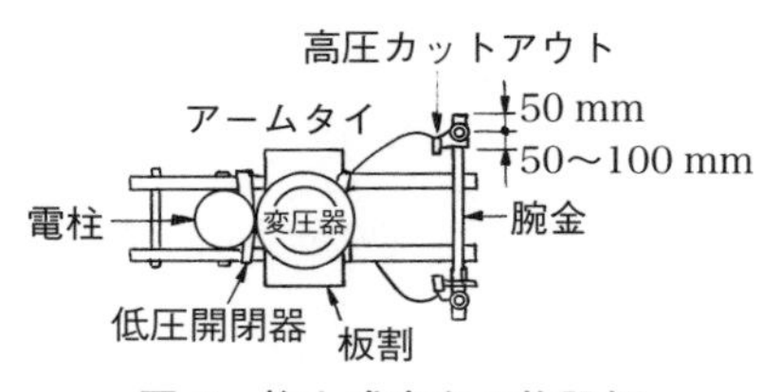

図 2　柱上式変台の施設例

（注）足場釘の取付位置は，一般の人が容易に昇降できない位置（1.8 m 以上）であること．

⑦ 配電線からの引下げには，引下げ用高圧絶縁電線，高圧絶縁電線又はケーブルを使用し，変圧器の高圧カットアウトを設ける．

2 柱上式変台

柱上式変台の施設例を，**図 2** に示す．

2.15 キュービクル式高圧受電設備

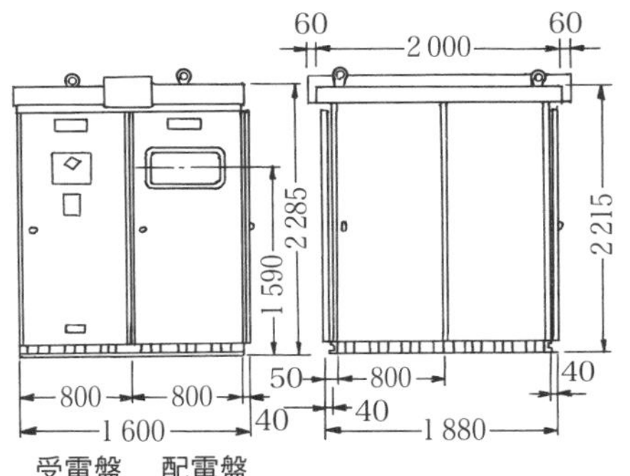

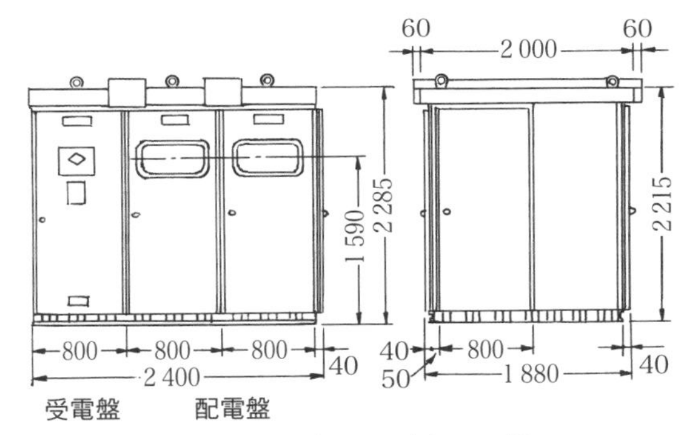

図1 屋外キュービクルの例

キュービクル式高圧受電設備の基礎の施工，周囲の空間，さくの施設等は次による．

1 キュービクル式高圧受電設備の選定

キュービクル式高圧受電設備は，原則として JIS C 4620 に適合すること．

(注) (1) (一社)日本電気協会の推奨及び認定品(非常電源専用受電設備)は，JIS C 4620 等の関係基準に適合し構造，性能等が保証されている．

(2) 認定品を改造する場合は，所轄消防署の指導を受ける必要がある．

2 基礎の施工

基礎は，キュービクルの重量に十分耐え，地震等により容易に破損しない構造であるほか，次の事項に注意して施工すること．

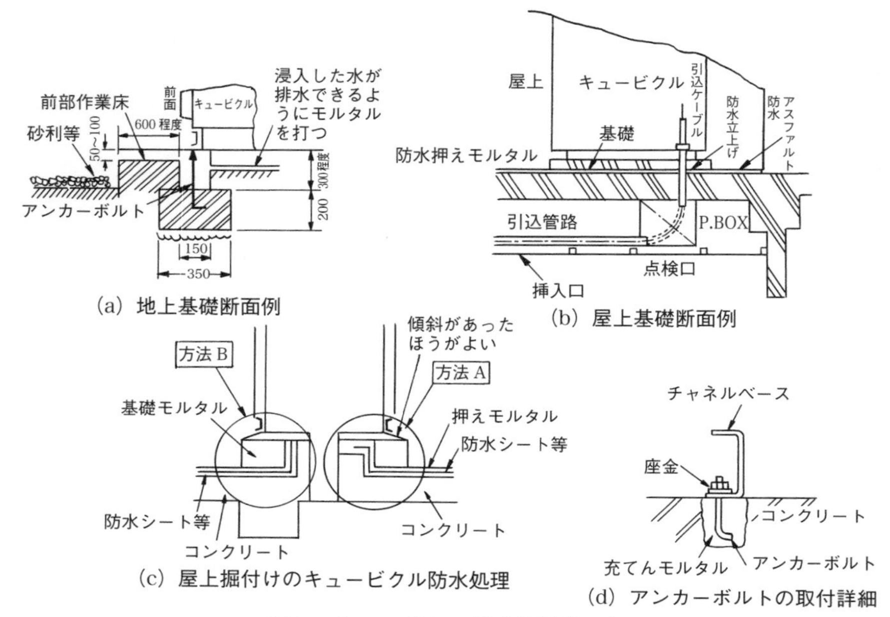

(a) 地上基礎断面例

(b) 屋上基礎断面例

(c) 屋上掘付けのキュービクル防水処理

(d) アンカーボルトの取付詳細

図 2　キュービクル基礎標準施工例

① 基礎部分に施工する電線の引込み，引出し孔などから鳥獣，雨雪が入らないようにする．

② 屋上等に基礎を施す場合，基礎は建物に堅固に固定すること（都条例第 11 条）．コンクリートブロックは，強度がないので使用しない．

③ 基礎の躯体とキュービクルは，アンカーボルト等を用いて堅固に固定する．アンカーボルトは水平震度 1 に耐える強度のものであること（認定基準，推奨基準，**図 3** 参照）．

④ 基礎の内側は，モルタル打ちとし，かつ排水できるようにする．

⑤ 一般的なキュービクル式高圧受電設備の基礎ボルトについては，キュービクル式非常電源専用受電設備の認定の手引の基礎ボルトの算出式によるが，キュービクルの奥行きが 1 m を超える場合の簡略式は，水平震度 1 に耐える強度のものとして，次式により算出する．

$$\text{基礎ボルトの断面積} = \frac{\text{キュービクル全重量〔kg〕} \times 1\text{〔G〕} \times 9.8}{\text{ボルトの本数} \times \text{許容せん断応力 } 23.52\ \text{N}(2.4\ \text{kgf/mm}^2)}\ \text{〔mm}^2\text{〕}$$

（注）水平震度 1（1〔G〕）は加速度 980〔cm/s²〕に相当する．

⑥ 屋内式受電設備等の基礎ボルトの強度については，(一社)日本電設工業

表1　基礎ボルトの断面積

基礎ボルト＼断面積	有効断面積〔mm²〕
M-12	84.3
M-16	157
M-20	245

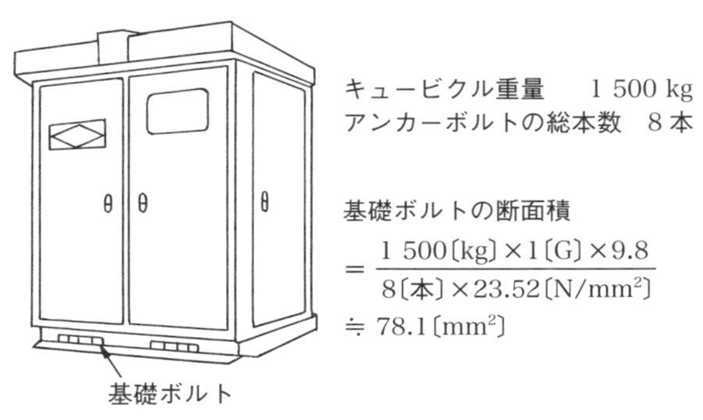

表 1 から M-12 を 8 本使用すれば満足する.

図 3　基礎ボルトの算出（認定・推奨基準）

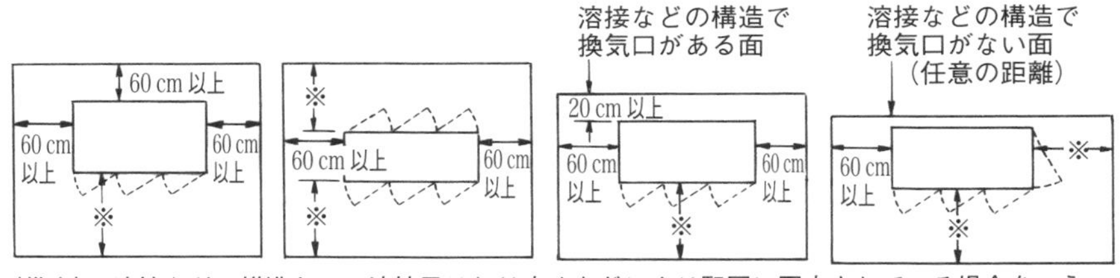

（備考）　溶接などの構造とは，溶接又はねじ止めなどにより堅固に固定されている場合をいう.
※：操作を行う面は，1.0 m＋保安上有効な距離以上.

図 4　キュービクル標準スペース

協会の「建築設備の耐震設計・施工マニュアル」を参照して算出する.

具体的な耐震対策については，（一社）日本電気協会の「変電所等における電気設備の耐震設計指針(JEAG5003)」等を参照されたい．津波に対しては，設置レベルを地面よりより高くする.

3　作業床

① キュービクルを屋外に設置する場合は，作業床（キュービクル周囲で作業を行うために設置する床）のうち，キュービクルの前部は原則として，

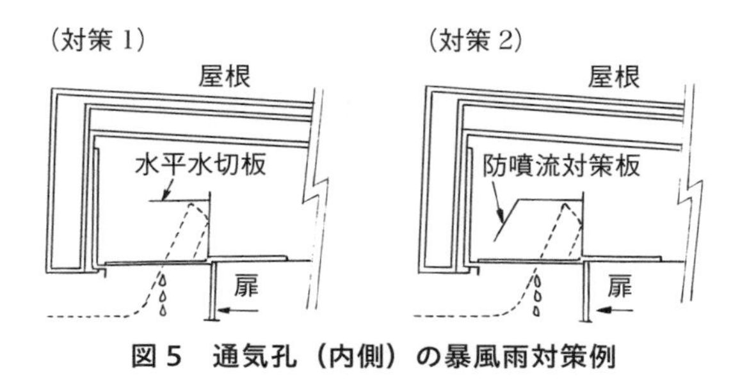

図 5　通気孔（内側）の暴風雨対策例

コンクリート造などにより施設し，かつ，その作業床面を基礎上面より 5 cm 以上（最高 10 cm）低くし，幅 30 cm 以上とする．

② 屋外の地上に設置する場合で作業床の①以外の部分は，砂利等を敷いて雑草が生えないように措置する．

4 周囲の作業空間

① 金属箱の周囲との保有距離又は他造営物もしくは物品との離隔距離は，**図 4** のように保持すること．

② キュービクルの周囲には原則として，次のいずれかに該当する場合は，さく(高さ 1.5 m 以上)を設けること．

a. 公衆が容易に触れるおそれのある場合（例えば，スーパーマーケット，学校等の地上に設置したもの）

b. キュービクルが外的損傷を受けるおそれのある場合(例えば，スーパーマーケットの駐車場，工場の通路等)

c. 作業床が 2 m 以上の高所などで作業上危険がある場合 (p.122. **参考**)*

（注） 屋上等で作業者が転落するおそれのある場合は，高さ 1.1 m 以上のさくを設けること．(p.122. **参考**)*　（建基令第 126 条）

5 金属箱

① 前面扉，後面扉

a. キュービクルの前面及び後面には施錠することができる扉を設ける．ただし，後面については，やむを得ない場合には点検者 1 人で容易に取外し，取付けができる囲い板とすることができる．

b. 前面及び側面に施錠することができる扉を設けて内部点検が十分できる構造のものについては，前項にかかわらず後面扉又は囲い板を省略することができる．

表2　低圧配電盤裏面スペース

低圧配電盤の数	有効距離〔cm〕
1面の場合	20
2面以上の場合	30

② 側面扉

キュービクルの側面には，次により施錠することができる扉を設ける．ただし，やむを得ない場合には，点検者1人で取外し，取付けができる囲い板とすることができる．

a. CB形のキュービクルであって，遮断器の内部点検が前面及び後面から十分できないものには，側面（左側又は右側）に縦1.6 m程度以上，横0.6 m程度以上の扉を設ける．

b. 低圧配電盤の背面に取付けてある機器，配線等の点検が前面から十分できないものには，側面(左側又は右側)に縦1.6 m程度以上，横0.6 m程度以上の扉を設ける．

③ 扉ストッパ

キュービクルの扉は，80度以上開いた状態で容易に固定できる構造とする．

④ 機器の固定

キュービクルの収納機器は，金属箱の枠組に固定して取り付ける．

⑤ 通気孔等

金属箱には収納機器の温度が最高許容温度を超えないための十分な換気量をもち，かつ，鳥獣，雨雪の入らない構造の通気孔などを設ける．

特に，屋上に設置されたキュービクルは，適切な暴風雨対策を施す(**図5**)．

⑥ 換気扇

換気扇が設置されている場合は，シャッター，暴風雨フードを設けること．

6 機器等の配置

① 遮断器等

遮断器，開閉器などの周囲及び下方には，内部点検を行うのに十分な空間を設ける．

② 変圧器上方の点検用空間

変圧器を2段積みすることは避けること．やむなく上下2段に置く場合は，上段下段とも変圧器上方の点検用空間を27.5 cm以上(推奨・認定の手引き）として施設する．

③ 配線等の充電部防護

配線，変圧器端子，VT等の充電部は，金属箱の扉を開いた場合に，作業者が容易に触れるおそれがないように十分な距離を保って施設すること．ただし，透明なアクリル板等の保護カバーを取り付けた場合は，この限りでない．

④ 低圧配電盤の点検用空間

裏面に接続端子のある低圧配電盤は，変圧器その他の機器からの有効な空間を**表 2** の値程度以上保つ．

7 キュービクル式高圧受電設備の機器の配置例

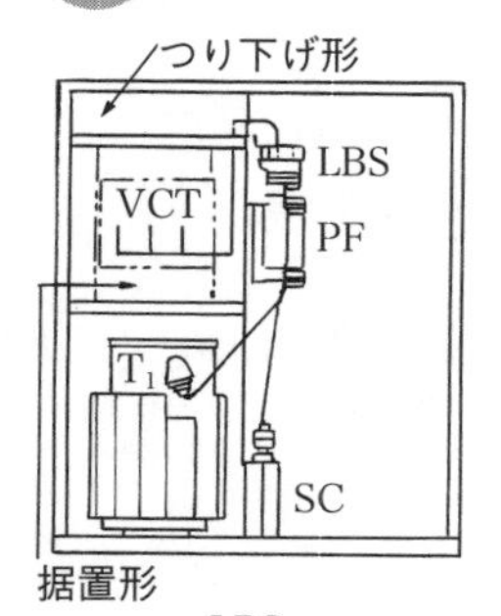

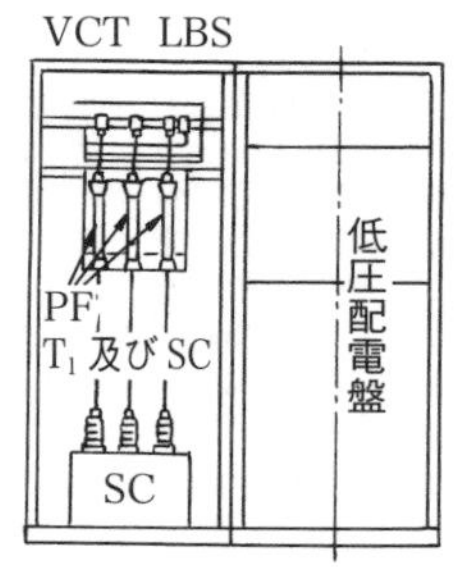

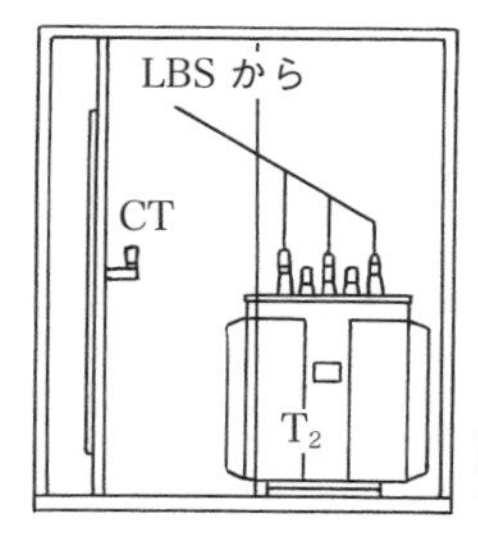

〔PF・S 形〕
設備容量
300 kVA 以下

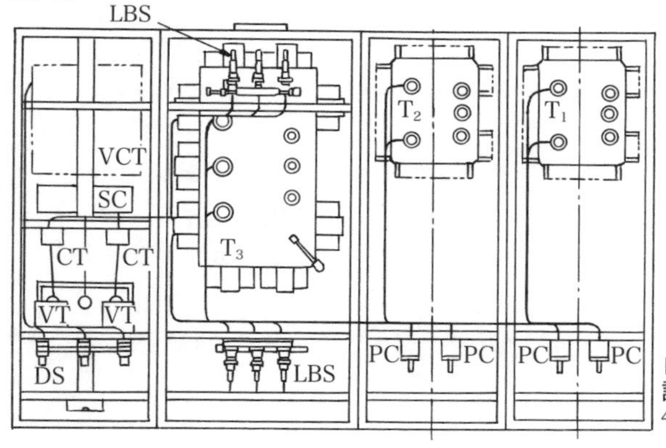

〔CB 形〕
設備容量
4 000 kVA 以下

図 6 機器の配置

＊キュービクルの離隔距離とさくについて（p.120. 参考）

キュービクルの離隔距離は，高圧受電設備規程 1130-4：屋外に設置するキュービクルの施設 5．により，キュービクルを高所に設置する場合の施設例（1130-6 図）による．

キュービクルの離隔距離は，高圧受電設備規程 1130-4：屋外に設置するキュービクルの施設 6．幼稚園，学校，スーパーマーケット等で幼児，児童が容易に金属箱に触れるおそれ（中略）による（推奨）．

2.16 回路の色別等

表1　色　別　等

1. 交流の相による配置

（1）　三相回路

左右の場合	左から	第1相	第2相	第3相	中性相
上下の場合	上から	第1相	第2相	第3相	中性相
遠近の場合	近いほうから	第1相	第2相	第3相	中性相

この場合，三相交流の相は，第1相・第2相・第3相の順に相回転するものとする．

（2）　単相回路

左右の場合	左から	第1相	中性相	第2相
上下の場合	上から	第1相	中性相	第2相
遠近の場合	近いほうから	第1相	中性相	第2相

2. 直流の極性による配置

左右の場合	左から	負極（N）	正極（P）
上下の場合	上から	正極（P）	負極（N）
遠近の場合	近いほうから	正極（P）	負極（N）

3. 交流の相による色別

（1）　三相回路

第1相	赤
第2相	白
第3相	青
零相及び中性相	黒

（2）　単相回路

第1相	赤
中性相	黒
第2相	青

ただし，三相回路から分岐した単相回路においては，分岐前の色別によるものとする．

4. 直流の極性による色別

正極（P）	赤
負極（N）	青

（JEM-1134）

●電気工作物の保安体制

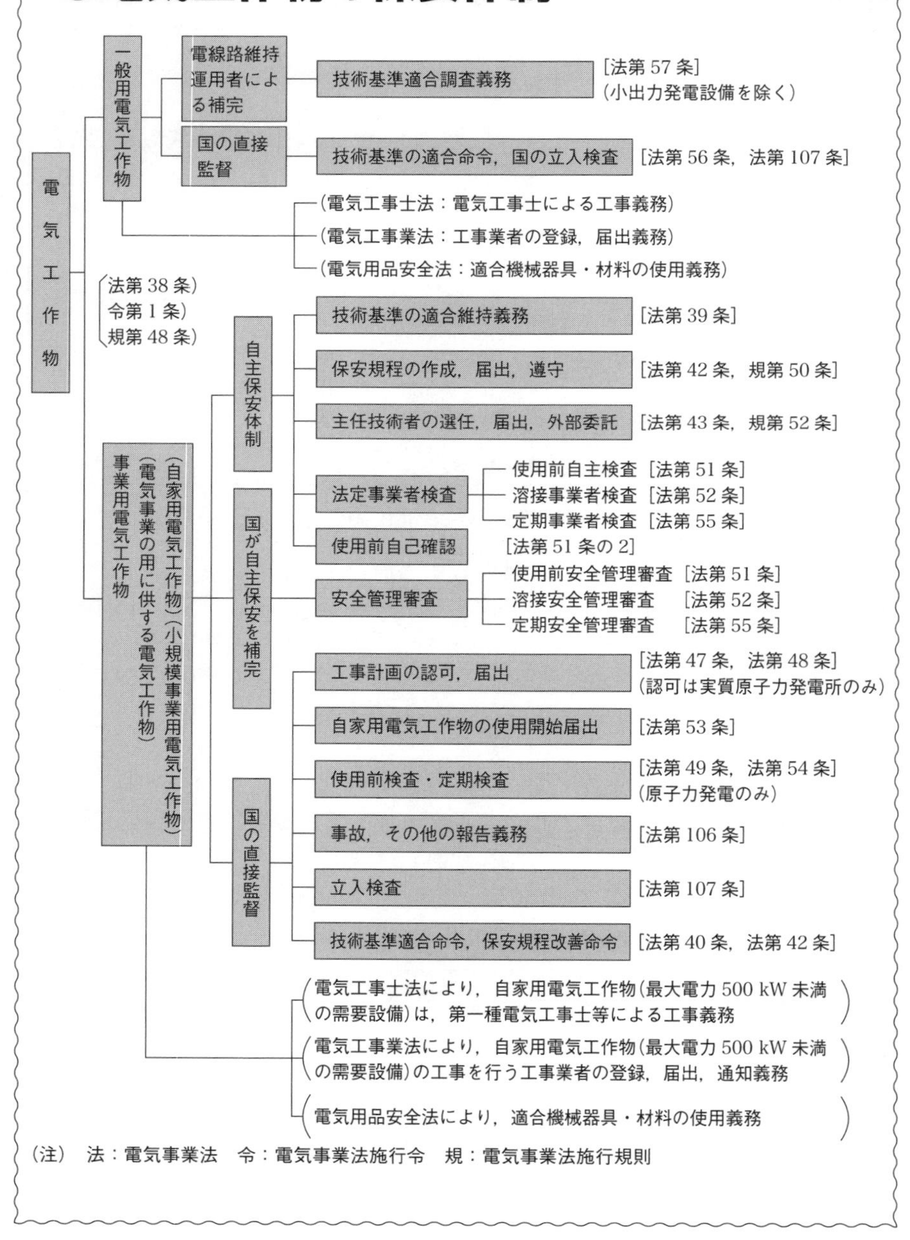

電気工作物
一般用電気工作物
電線路維持運用者による補完
技術基準適合調査義務
[法第 57 条]
(小出力発電設備を除く)
国の直接監督
技術基準の適合命令，国の立入検査
[法第 56 条，法第 107 条]
(電気工事士法：電気工事士による工事義務)
(電気工事業法：工事業者の登録，届出義務)
(電気用品安全法：適合機械器具・材料の使用義務)
法第 38 条
令第 1 条
規第 48 条
事業用電気工作物
(電気事業の用に供する電気工作物)
(自家用電気工作物)(小規模事業用電気工作物)
自主保安体制
技術基準の適合維持義務
[法第 39 条]
保安規程の作成，届出，遵守
[法第 42 条，規第 50 条]
主任技術者の選任，届出，外部委託
[法第 43 条，規第 52 条]
法定事業者検査
使用前自主検査 [法第 51 条]
溶接事業者検査 [法第 52 条]
定期事業者検査 [法第 55 条]
使用前自己確認
[法第 51 条の 2]
国が自主保安を補完
安全管理審査
使用前安全管理審査 [法第 51 条]
溶接安全管理審査 [法第 52 条]
定期安全管理審査 [法第 55 条]
国の直接監督
工事計画の認可，届出
[法第 47 条，法第 48 条]
(認可は実質原子力発電所のみ)
自家用電気工作物の使用開始届出
[法第 53 条]
使用前検査・定期検査
[法第 49 条，法第 54 条]
(原子力発電のみ)
事故，その他の報告義務
[法第 106 条]
立入検査
[法第 107 条]
技術基準適合命令，保安規程改善命令
[法第 40 条，法第 42 条]
(電気工事士法により，自家用電気工作物(最大電力 500 kW 未満の需要設備)は，第一種電気工事士等による工事義務)
(電気工事業法により，自家用電気工作物(最大電力 500 kW 未満の需要設備)の工事を行う工事業者の登録，届出，通知義務)
(電気用品安全法により，適合機械器具・材料の使用義務)
(注) 法：電気事業法　令：電気事業法施行令　規：電気事業法施行規則

第3章 高圧電線路等

高圧の引込設備は，架空引込，地中引込，構内における高圧電線路には，架空電線路，屋側電線路，屋上電線路，地中電線路，地上電線路，屋内電線路などの施工方法がある．

ここでは，高圧引込設備や構内高圧電線路の施工基準について説明する．

3.1 電線路の支持物等

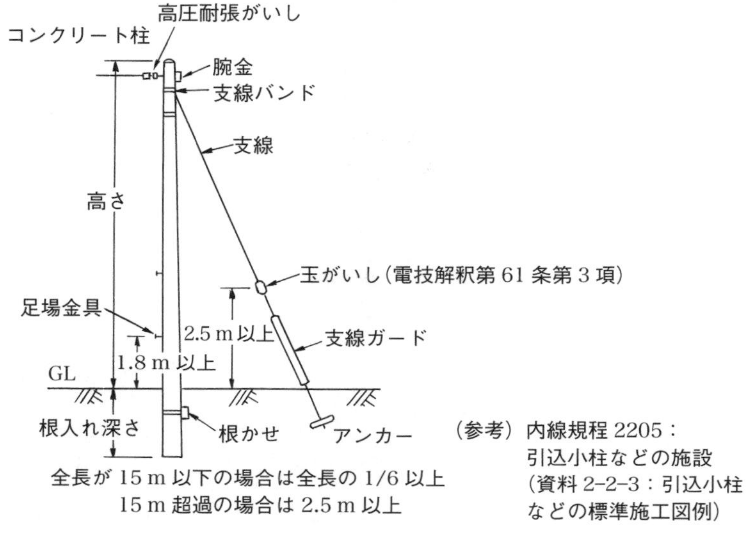

図1　装柱例

支持物とは，木柱，鉄柱，鉄筋コンクリート柱及び鉄塔並びにこれらに類する工作物であって，電線又は弱電流電線もしくは光ファイバケーブルを支持することを主たる目的とするものをいう．

支持物の施工に当たっては，次の点に注意する．

① 柱体又は引込線の取付点

a. 鉄筋コンクリート柱は，適正な強度のものを使用する．

(注) 鉄筋コンクリート柱（JIS A 5309 に適合するもの）には，通常，長さ及び末口より 25 cm 下がった点の設計荷重が明記されている．例えば，長さ 15 m，設計荷重 4 900 kN(500 kgf) の場合は，15-50 と表示されている．

径間が 70 m 未満の場合は，設計荷重が 35(3 430 kN(350 kgf)) 以上，又，径間が 70 m 以上の場合は，50(4 900 kN(500 kgf)) 以上のものを使用する．

b. 引込線取付点の強度は，配電柱側と同等の強度をもっていること．

② 腕金

腕金類は，金属製であって，かつ，十分な強度を有するものを使用すること．

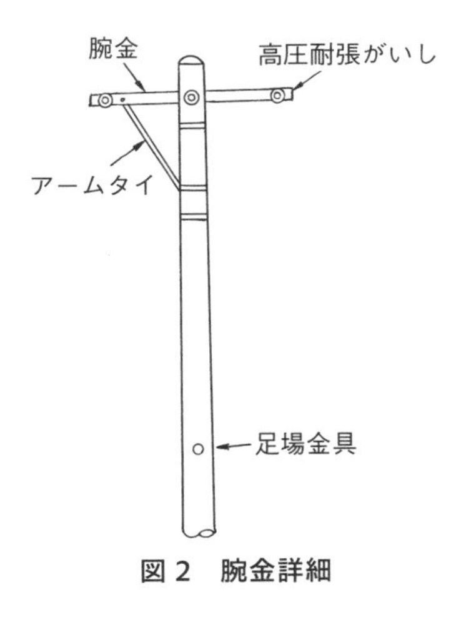

図 2　腕金詳細

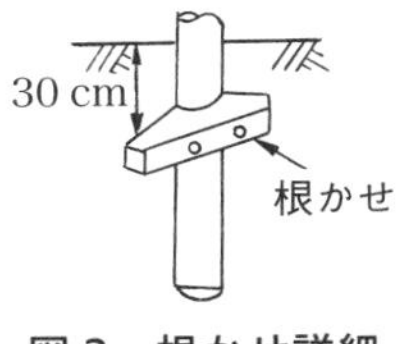

図 3　根かせ詳細

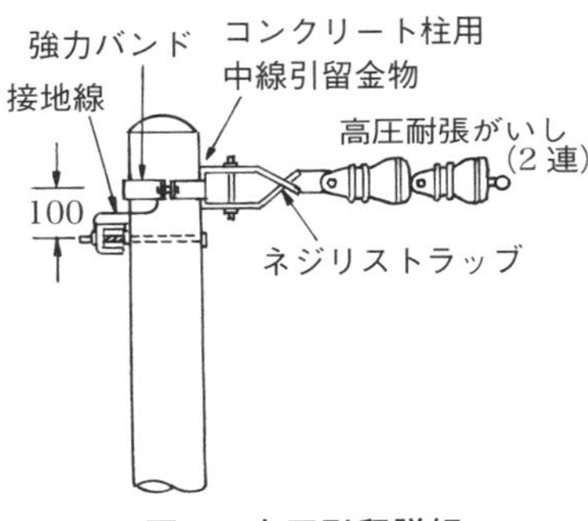

図 4　高圧引留詳細

(注)　腕金には，D 種接地工事を施す．

③ 根入れ工事

a. 電柱の根入れ深さは，全長が 15 m 以下の場合は 1/6 以上，15 m を超える場合は 2.5 m 以上であること（電技解釈第 59 条）．

b. 水田，その他地盤の軟弱な場所では，特に堅ろうな根かせを設ける（電技解釈第 59 条）．液状化対策としては，複数の根かせやコンクリート巻で補強する．

④ 支線及び支柱

a. 引留柱には，支線又は支柱を設ける(電技解釈第 62 条)．

b. 支線の根かせは，支線の引張荷重に十分耐えるように施設する（電技解釈第 61 条）．

c. 支線には，原則として地上から 2.5 m 以上のところに玉がいしを取り付ける(電技解釈 61 条第 3 項)．

⑤ 足場金具

足場金具は，地表 1.8 m 未満に取り付けないこと（電技解釈第 53 条）．さく，へい等を施設する場合は除く．

3.2 高圧架空引込設備

1. 架空引込線の施設例：1

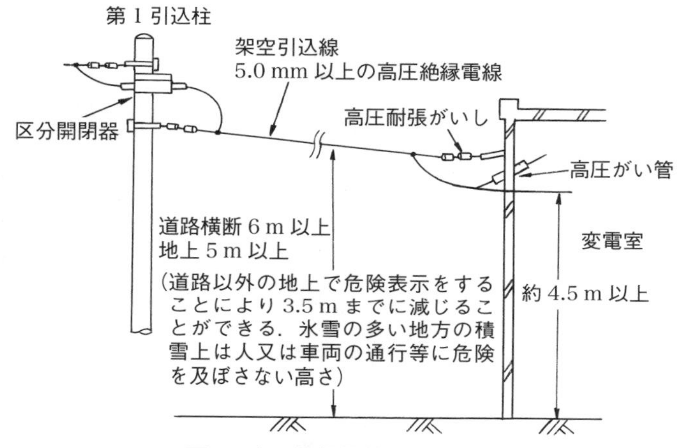

図 1　高圧絶縁電線での引込み

高圧架空引込線は，次により施設する．

関連事項については架空電線路(3.4～3.8 の項)を参照のこと．

① 高圧引込線の電線には，高圧絶縁電線，特別高圧絶縁電線，引下げ用高圧絶縁電線又はケーブルを使用すること(電技解釈第 117 条)．

② 電線には引張強さ 8.01 kN 以上のもの又は直径 5 mm 以上の硬銅線の高圧絶縁電線又は特別高圧絶縁電線もしくは引下げ用高圧絶縁電線を使用すること(電技解釈第 117 条)．

③ 高圧架空引込線の高さは，3.5 m まで減ずることができる．この場合において，高圧架空引込線がケーブル以外のものであるときは，その電線の下方に危険である旨の表示をすること(電技解釈第 117 条)．

④ 架空引込線と造営物の離隔距離は，**表 1** のとおりとする．
ただし，高圧架空引込線を直接引き込んだ造営物については，危険のおそれがない場合に限り**表 1** の離隔距離は適用しない(電技解釈第 117 条)．

⑤ 高圧架空引込線は，常時吹いている風等により，植物に接触しないように施設してあること(電技解釈第 79 条)．

⑥ 架空ケーブルによる場合は，次のことを加えること．

a. ケーブルはちょう架用線により施設すること．この場合，使用電圧が

2. 架空引込線の施設例：2

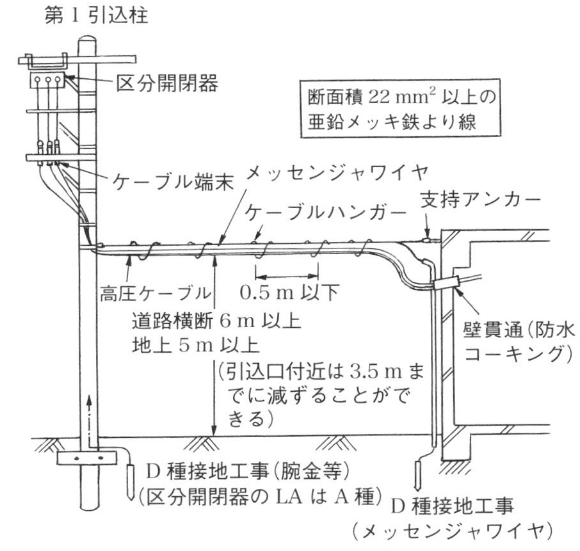

図 2　高圧ケーブルでの引込み

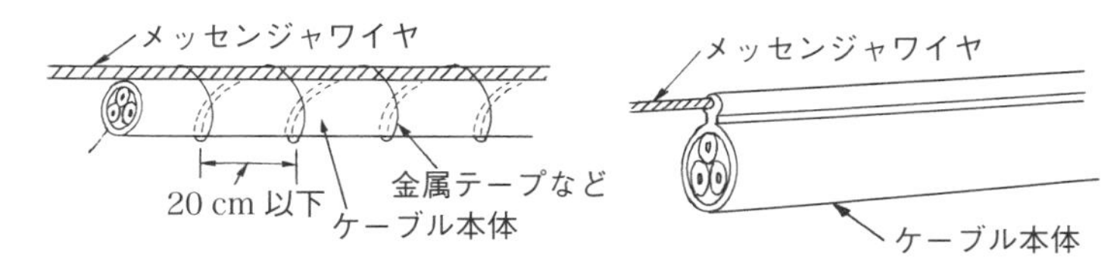

図 3　ケーブルハンガー以外のちょう架例

表 1　造営物との離隔距離（電技解釈第 71 条）

		絶縁電線の場合	ケーブルの場合
上部造営材	上方	2 m 以上	1 m 以上
上部造営材	側方 下方	1.2 m 以上（人が建造物の外へ手を伸ばす又は身を乗り出すことなどができない部分の場合は，0.8 m 以上）	0.4 m 以上
その他の造営材		1.2 m 以上（人が建造物の外へ手を伸ばす又は身を乗り出すことなどができない部分の場合は，0.8 m 以上）	0.4 m 以上

高圧の場合は，ハンガーの間隔を 50 cm 以下として施設すること(電技解釈第 67 条).

b. ちょう架線は，引張強さ 5.93 kN 以上のもの又は断面積 22 mm² の亜鉛めっき鉄より線と同等以上の強さのより線を使用すること (電技解釈第 67 条).

c. ちょう架用線及びケーブルの被覆に使用する金属体には，D 種接地工事を施すこと(電技解釈第 67 条).

3·3 高圧地中引込設備

1. 地中引込線の施設例：1

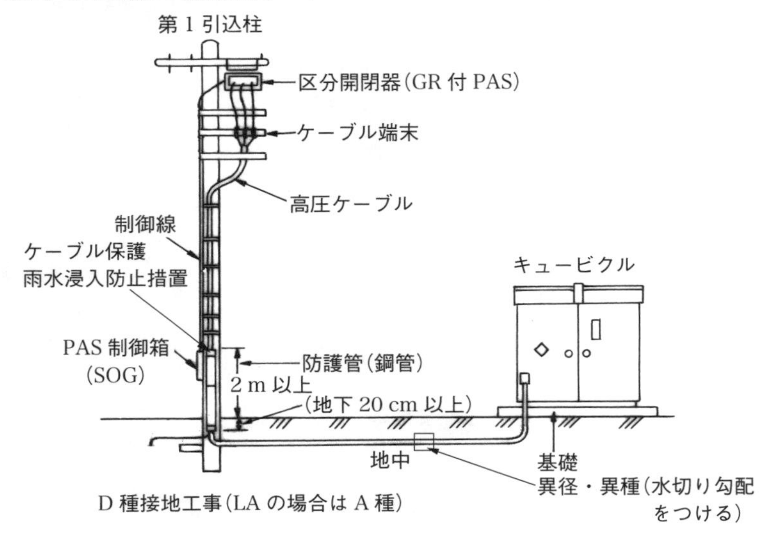

図1 第1引込柱からの引込み

関連事項については，地中電線路(3.11～3.14の項)を参照のこと．

(1) 装柱施設

ケーブルの根本の引き下げ部分は2m以上の鋼管を施す（金属部はA種接地工事を施す．なお，人が触れるおそれのない場合はD種接地工事とすることができる)．

(2) 地中電線路の施設（電技解釈第120条）

① 地中電線路は，管路式，暗きょ式又は直接埋設式により施設する．

② 管路式又は直接埋設式で施設するとき，その長さが15mを超える場合は，埋設位置におおむね2m間隔で「高電圧」の表示を施設する．

(3) 地中電線（電技解釈第120条）

地中電線路は，電線にケーブルを使用する．

(4) 布設方法（電技解釈第120条）

① 管路式により施設する場合は，管にはこれに加わる車両その他の重量物の圧力に耐えるものを使用する．管径が200mm以下でJIS C 3653に示す鋼管等を使用した場合は土冠0.3m以上(舗装部分の厚さを除く)とすること．

2. 地中引込線の施設例：2

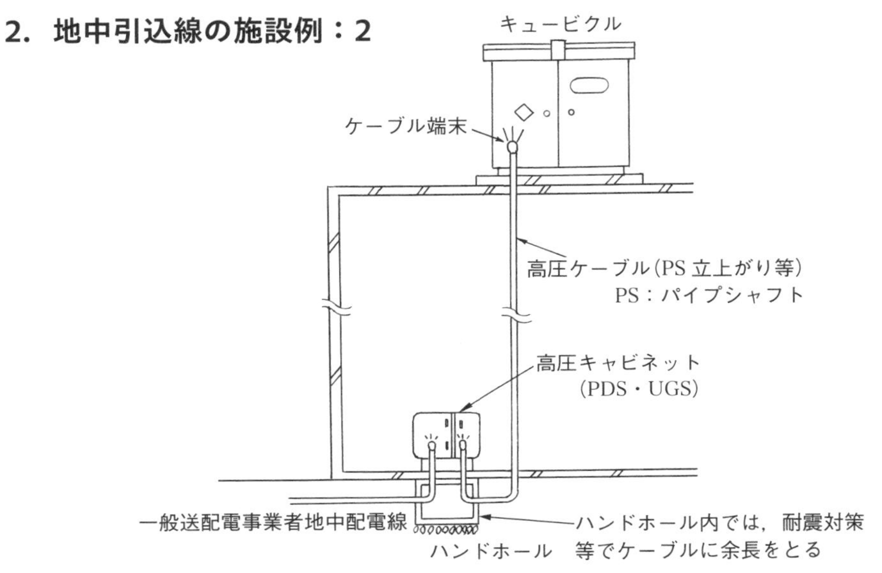

図 2 高圧キャビネットからの引込み

② 暗きょ式により施設する場合は，暗きょにはこれに加わる車両その他の重量物の圧力に耐えるものを使用し，かつ，地中電線に耐熱措置を施し，又は暗きょ内に自動消火設備を施設すること．

③ ケーブルを直接埋設により施設する場合は，土冠を車両その他の重量物の圧力を受けるおそれのある場所においては 1.2 m 以上，その他の場所においては 0.6 m 以上とし，トラフに収めるなど防護を施すこと．ただし，堅ろうながい装を有するケーブルを使用する場合は，防護物を必要としない．

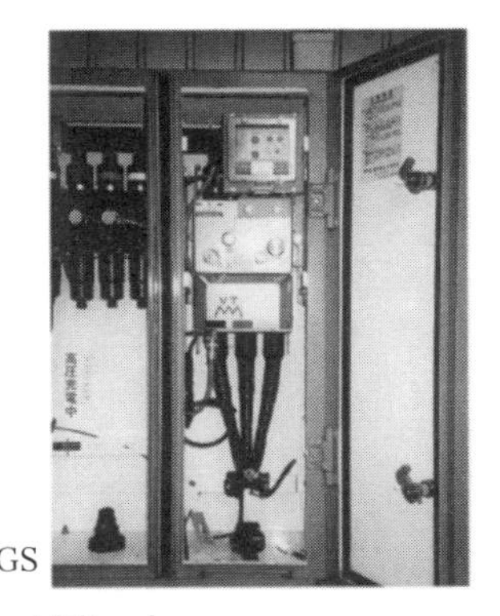

写真 1 高圧キャビネット

3·4 高圧架空電線

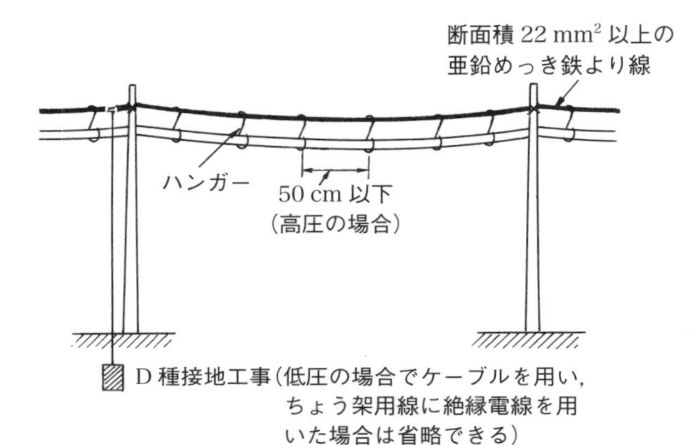

図1　一般の架空ケーブル工事

表1　高圧絶縁電線の太さの選定

使　用　電　圧	電線の太さ（強さ）
高　圧（市街地）	5 mm（8.01 kN）
高　圧（市街地外）	4 mm（5.26 kN）

（1）高圧架空電線（電技解釈第 65 条）

高圧架空電線には，高圧絶縁電線又は高圧ケーブルを使用すること．絶縁電線は，**表 1** に示す以上の硬銅線を使用すること．

（2）高圧ケーブルによる架空電線路（電技解釈第 67 条）

① ケーブルはちょう架用線にハンガーにより施設すること．高圧の場合，ハンガーの間隔は 50 cm 以下とする．

② ちょう架用線は断面積 22 mm² 以上とする（引張強さ 5.93 kN 以上）．

③ ちょう架用線及びケーブルの被覆に使用する金属体には，D 種接地工事を施す．低圧の場合でちょう架用線に絶縁電線等を使用するときは，接地工事を省略することができる．

3·5 架空絶縁電線による施設

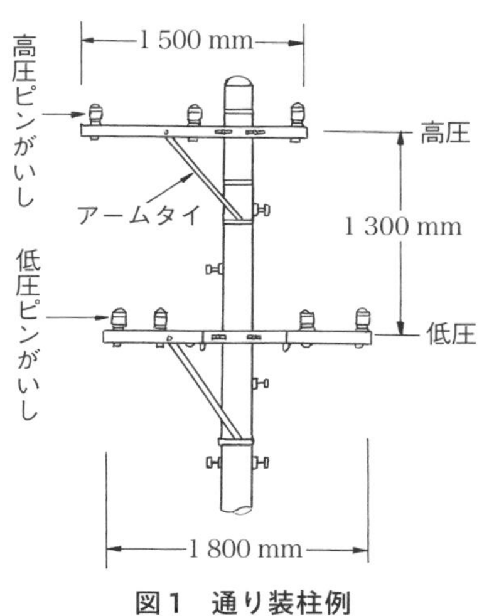

図1　通り装柱例

図2　引留め装柱例

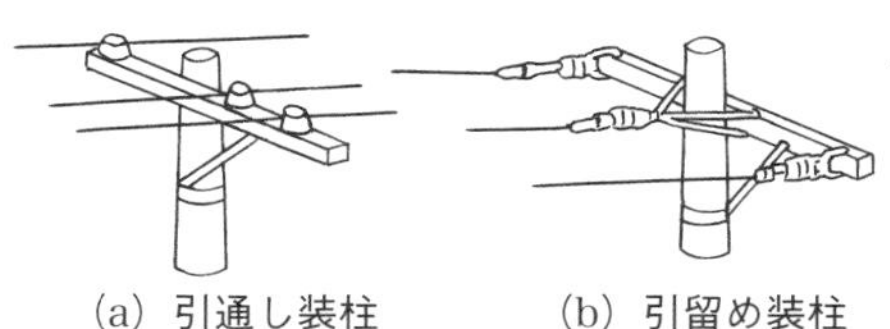

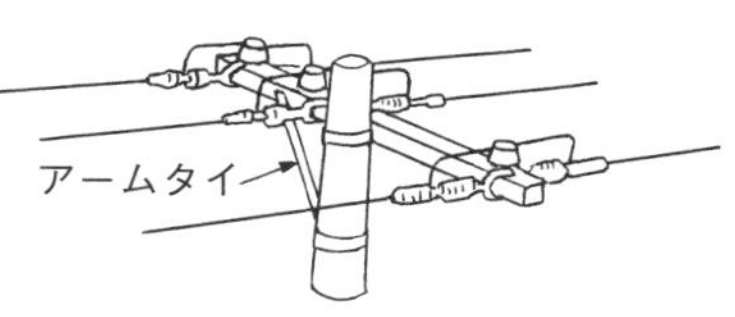

図3　電線支持方法別装柱

表1　引通し，引留めによるがいしの使用区分

電　　圧／支持法		引　通　し	引　留　め
高　　圧		高圧ピンがいし	高圧耐張がいし
低　圧	水　平（腕金）	低圧ピンがいし	低圧引留めがいし
	垂　直　装　柱	低圧引留めがいし	

① 電線配列は，水平・垂直配列がある.

② 電圧の高いものは低いものの上部に，又，同電圧の場合は遠距離に送電するものは近距離に送電するものの上部に配置する.

③ 引通し，引留めによるがいしの使用区分は**表1**のとおりとする.

④ 水平装柱用腕金の長さは，一般に 1 500～1 800 mm ほどで，アームタイを設ける.

3.6 高圧架空電線路支線の施設

（電技解釈第 62 条）

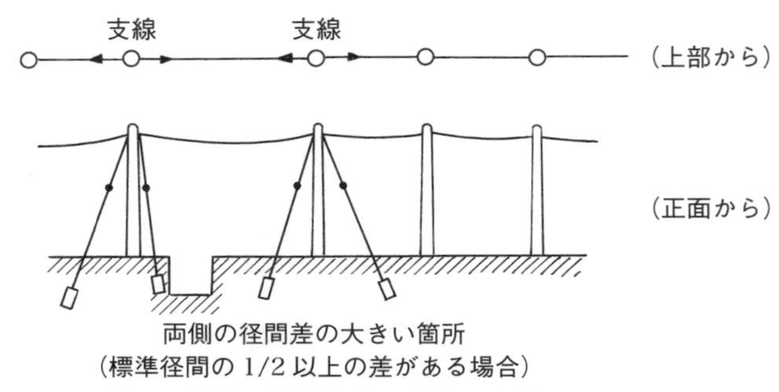

図 1　径間の差が大きい場合の支線

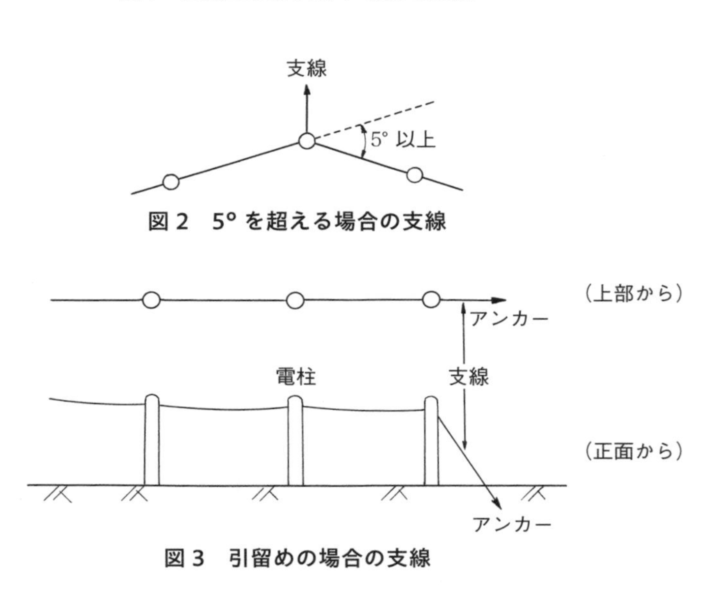

図 2　5° を超える場合の支線

図 3　引留めの場合の支線

① 電線路の直線部分(5° 以下の水平角度をなす箇所を含む)で，その両側の径間の差が大きい箇所のコンクリート柱等には，その両側に支線を設ける．

② 電線路中 5° を超える水平角度をなす箇所のコンクリート柱等には，支線を設ける．

③ 架渉線を引留めるコンクリート柱には，支線を設ける．

3・7 高圧架空電線路の径間・高さの制限及び保安工事

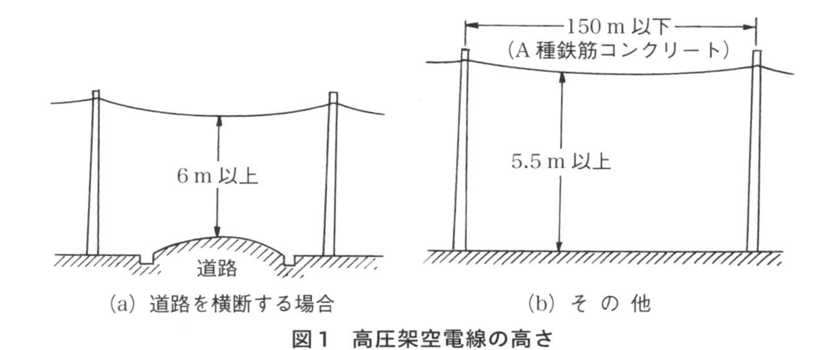

図1　高圧架空電線の高さ

1 高圧架空電線路の径間の制限（電技解釈第 63 条）

① 高圧架空電線路の径間は，A 種鉄筋コンクリート柱(電技解釈第 63 条)等により施設する場合は 150 m 以下であること．

② 高圧架空電線路の径間が 100 m を超える場合は，高圧架空電線は，引張強さ 8.01 kN 以上のもの又は直径 5 mm 以上の硬銅線であること．

2 高圧架空電線の高さ（電技解釈第 68 条）

① 道路を横断する場合は，地表上 6 m 以上とする．

② その他の場合は，5 m 以上とする（鉄道又は軌道の横断，横断歩道橋上の施設を除く）．

3 高圧保安工事（電技解釈第 70 条）

高圧保安工事とは，高圧架空電線が，建造物，道路等，架空弱電流電線等，アンテナ，低圧架空電線等，その他の工作物と接近又は交差する場合に，一般の工事方法よりも強化すべき点のうち，共通な施設方法をまとめて定義したものである．

① 電線はケーブルである場合を除き，引張強さ 8.01 kN 以上のもの又は直径 5 mm 以上の硬銅線であること．

② 木柱の風圧荷重に対する安全率は，2.0 以上であること．

③ 径間は，一般に木柱，A 種鉄筋コンクリート柱で 100 m 以下とすること．

3.8 高圧架空電線と建造物との接近

（電技解釈第71条）

表1　高圧架空電線と建造物の離隔距離

場　所		架空電線の種類	離隔距離
上部造営材（屋根・ひさし・物干し台等人が上部に乗るおそれのある所）	上方	高圧絶縁電線	2 m
		ケーブル	1 m
	下方又は側方	高圧絶縁電線	80 cm
		ケーブル	40 cm
その他の造営材		高圧絶縁電線	1.2 m *80 cm
		ケーブル	40 cm

（注）(1) *印は，人が建造物の外へ手を伸ばす又は身を乗り出すことなどができない部分
(2) ここでいう建造物とは，人が居住し，もしくは来集する造営物をいう

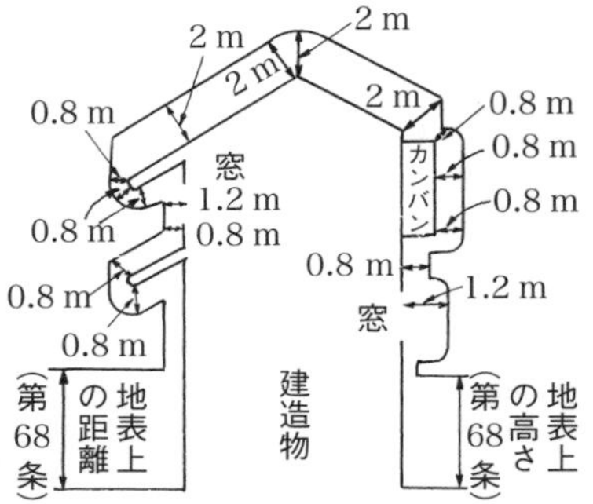

高圧絶縁電線を使用した高圧架空電線と建造物との離隔距離
（電技解釈第71条第二号）

図1　架空電線と建造物との離隔距離

① 高圧架空電線路は，高圧保安工事により施設すること（高圧屋側電線路，架空引込線，電技解釈第132条第2項の規定により施設する高圧電線路に隣接する1径間の電線を除く）.

② 高圧架空電線と建造物との離隔距離は，**図1**によること.

③ 高圧架空電線が建造物と接近する場合において，高圧架空電線が建造物の下方に施設される場合の，高圧架空電線と建造物の離隔距離は，高圧絶縁電線の場合80 cm，ケーブルの場合40 cm以上とする.

④ 突出し看板その他人が上部に乗るおそれがない建造物と接近する場合，高圧絶縁電線に防護具による防護を施したものやケーブルを使用するものは接触しなければよい.

3·9 高圧屋側電線路

(電技解釈第 111 条)

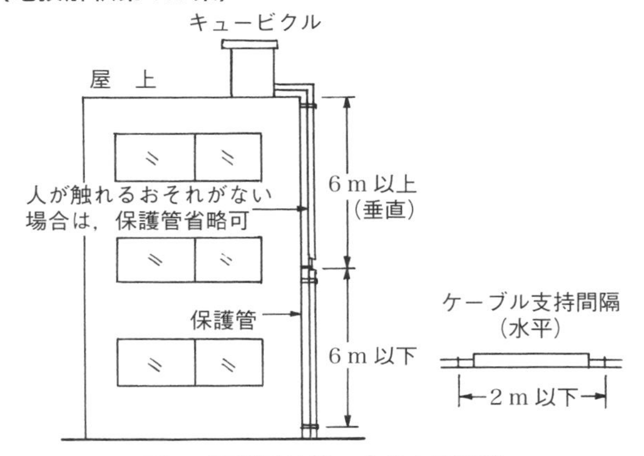

図 1　屋側電線路の支持点間距離

高圧屋側電線路は展開した場所において施設し，かつ，次により施設すること．

① 電線はケーブルであること．

② ケーブルは，接触防護措置（堅ろうな管もしくはトラフなどに収める）を施し，人が触れるおそれがないように施設すること．

③ ケーブルを造営材の側面又は下面に沿って取り付ける場合は，ケーブルの支持点間の距離を 2 m（垂直に取り付ける場合は，6 m）以下とする．

④ ケーブルをちょう架用線にちょう架して施設する場合は，電線が高圧屋側電線路を施設する造営材に接触しないように施設すること．

⑤ 管その他のケーブルを収める防護装置の金属製部分，金属製の電線接続箱及びケーブルの被覆に使用する金属体には，A 種接地工事（人が触れるおそれがないように施設する場合は，D 種接地工事）を施すこと．

⑥ 高圧屋側電線路の電線と高圧屋側電線路を施設する造営物に施設する低圧屋側電線，弱電流電線等又は，水管，ガス管もしくはこれらに類するものが接近し，交差する場合は，高圧屋側電線路の電線とこれらのものとの離隔距離は，15 cm 以上とすること．

⑦ 前記⑥を除き，高圧屋側電線路の電線が他の工作物と接近する場合は，これらのものとの離隔距離は 30 cm 以上とすること．

⑧ 高圧屋側電線路の電線と他の工作物との間に耐火性隔壁を設ける場合や，耐火性のある管に電線を収める場合は，⑥，⑦を適用しないことができる．

3.10 高圧屋上電線路

（電技解釈第114条）

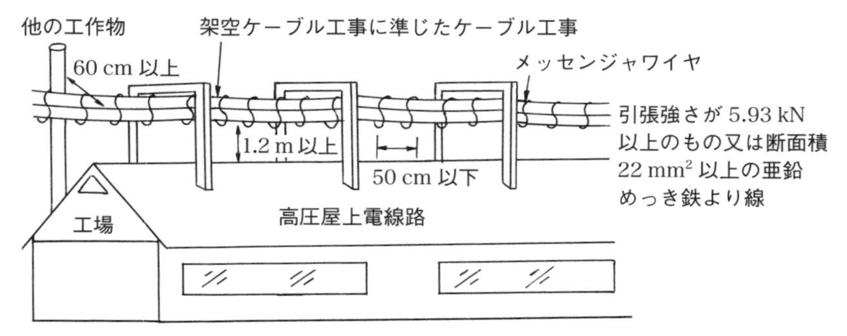

図1　高圧屋上電線路の支持点距離等

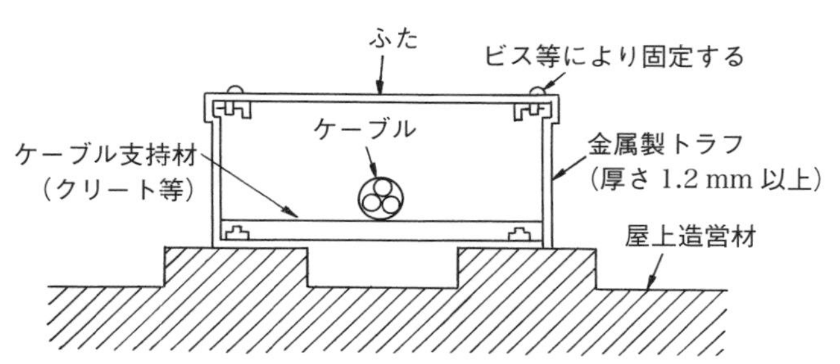

図2　金属製トラフによる高圧屋上電線路の施設方法

① 高圧屋上電線路(高圧引込線の屋上部分を除く)は，ケーブルを使用し，かつ，次のいずれかに該当するように施設すること．

a. 電線を展開した場所において，3.5.高圧架空電線の規定に準じて施設するほか，造営材に堅ろうに取り付けた支持柱又は支持台により支持し，かつ，造営材との離隔距離を1.2 m以上として施設する．

b. 電線を，造営材に堅ろうに取り付けた管又はトラフに収める(トラフにはふたを設けること)．

② 高圧屋上電線路の電線が他の工作物と接近し，又は交差する場合の離隔距離は60 cm以上とすること．ただし，前記b.の場合はこの限りでない．

③ 高圧屋上電線路の電線は，常時吹いている風等により，植物に接触しないように施設すること．ただし，高圧屋上電線路の電線を防護具(電技解釈第79条に適合する防護具)に収めた場合を除く．

地中電線路の施設

（電技解釈第 120 条）

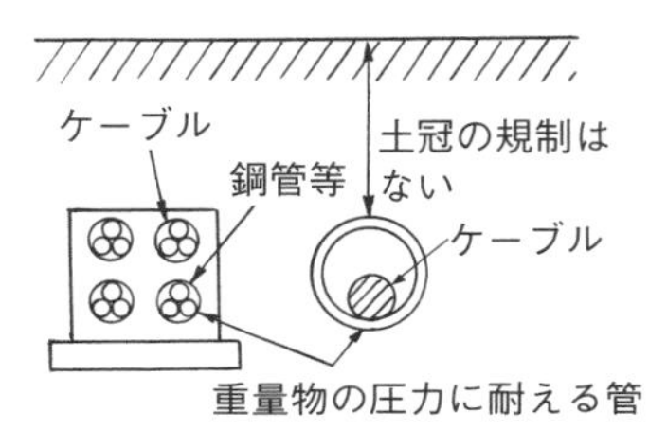

(a) 一般の場合

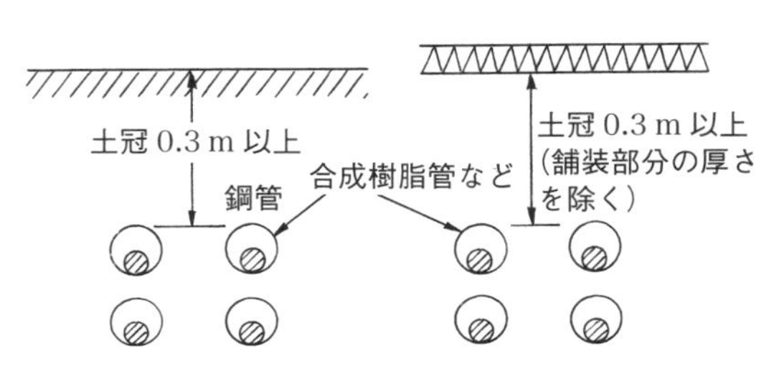

(b) 管径が 200 mm 以下で VE，VP，FEP など JIS C 3653（電力ケーブルの地中埋設の施工方法）に示す管を使用した場合

図 1　管路式の布設例

地中電線路は，電線にケーブルを使用し，かつ，管路式，暗きょ式（CAB を含む．CAB：電力，通信等のケーブルを収納するために道路下に設けるふた掛け式の U 字構造物），又は直接埋設式により施設すること．

(1) 管路式（電線共同溝（C.C.BOX）を含む）

地中電線路を管路式により施設する場合は，管にはこれに加わる車両その他の重量物の圧力に耐えるものを使用すること（埋設深さの制限を受けない）．埋設深さ等については規定されていないが，JIS C 3653 で，管径が 200 mm 以下で**表 1** に示す管を使用する場合には，地表面（舗装がある場合は舗装下面）から 0.3 m 以上の深さとすることとしている．

(2) 暗きょ式（CAB（ふた掛け式の U 字構造物）を含む）

地中電線路を暗きょ式により施設する場合は，暗きょにはこれに加わる車両その他の重量物の圧力に耐えるものを使用し，かつ，地中電線に耐燃措置(注)を施し，又は暗きょ内に自動消火設備を設置すること（耐火措置を施す）．

（注）(1) 電技解釈第 120 条第 3 項第二号参照

(2) 耐燃措置とは，次のようなものをいう．

- 不燃性又は自消性のある難燃性の被覆を有する地中電線を使用する場合
- 不燃性又は自消性のある難燃性延焼防止のテープ，シート，塗料その他これに類するもので地中電線を被覆する場合
- 不燃性又は自消性のある難燃性の管又はトラフに地中電線を収めて施設する場合

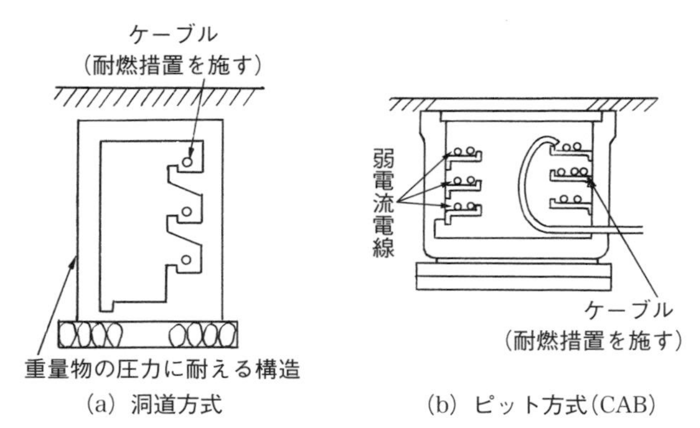

(a) 洞道方式　　(b) ピット方式(CAB)

図 2　暗きょ式の布設例

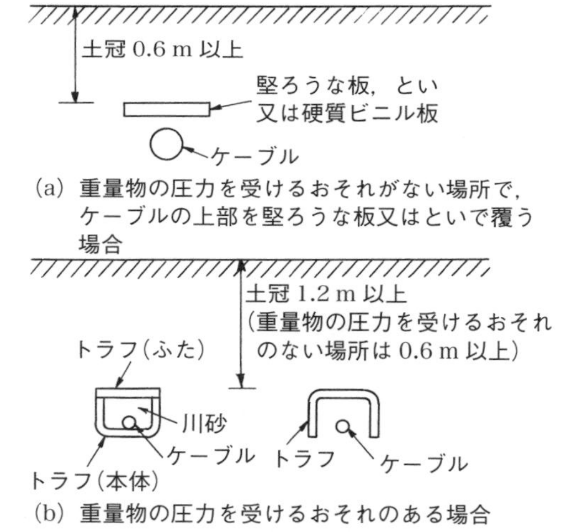

図 3　直接埋設式の布設例

ここでいう不燃性又は自消性のある難燃性のものとは，電技解釈第125 条第 5 項の規定に適合したものをいう.

(3) 直接埋設式

① 地中電線は，車両その他の重量物の圧力を受けるおそれがある場所においては 1.2 m 以上，その他の場所においては 0.6 m 以上の土冠で施設すること．ただし，使用するケーブルの種類，施設条件等を考慮し，これに加わる圧力に耐えるよう施設する場合はこの限りでない.

② ケーブルを衝撃から防護するため，次のいずれかの方法により施設すること.

表1　地中に施設する管

区　分	種　類
鋼　管	JIS G 3452（配管用炭素鋼鋼管）に規定する鋼管に防食テープを巻き，ライニングなどの防食処理を施したもの
	JIS G 3469（ポリエチレン被覆鋼管）に規定するもの
	JIS G 8305（鋼製電線管）に規定する厚鋼電線管に防食テープを巻き，ライニングなどの防食処理を施したもの
コンクリート管	JIS A 5303（遠心力鉄筋コンクリート管）に規定するもの
合成樹脂管	JIS C 8430（硬質ビニル電線管）に規定するもの（VEという）
	JIS K 6741（硬質塩化ビニル管）に規定する種類がVPのもの（VPという）
	JIS C 3653（電力用ケーブルの地中埋設の施工方法）付属書1に規定する波付硬質ポリエチレン管（FEPという）
陶　管	JIS C 3653（電力用ケーブルの地中埋設の施工方法）付属書2に規定する多孔陶管

a. 地中電線を堅ろうなトラフその他の防護物に収める方法
b. 車両その他の重量物の圧力を受けるおそれがない場所において，地中電線の上部を堅ろうな板又はといで覆い施設する方法
c. 地中電線に，堅ろうながい装を有するケーブルを使用する方法

表2　高圧ケーブルの許容最小曲げ半径

ケーブルの種類 ＼ 許容値	最小曲げ半径	
	単心	多心
ゴム・プラスチックケーブル（銅テープ遮へい付）	$10D$	$8D$
ゴム・プラスチックケーブル（がい装ケーブル）	$12D$	$12D$
鉛被ケーブル	$15D$	$10D$
アルミ被ケーブル	$15D$	$12D$

（備考）Dは，ケーブル仕上り外径．ただし，アルミ被の場合は平均外径

3.12 埋設表示の方法・地中電線の被覆金属体の接地

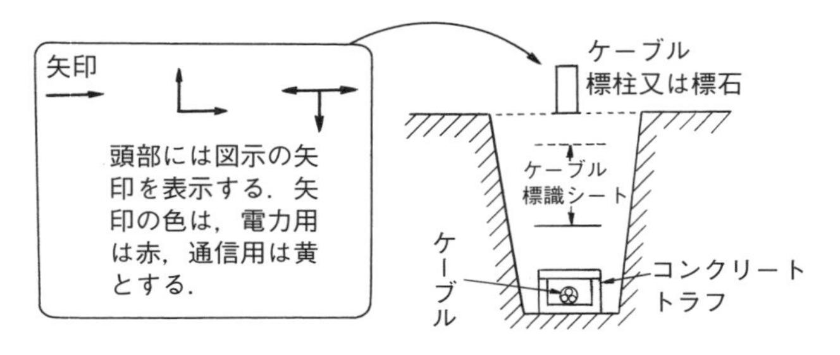

(a) ケーブル標識

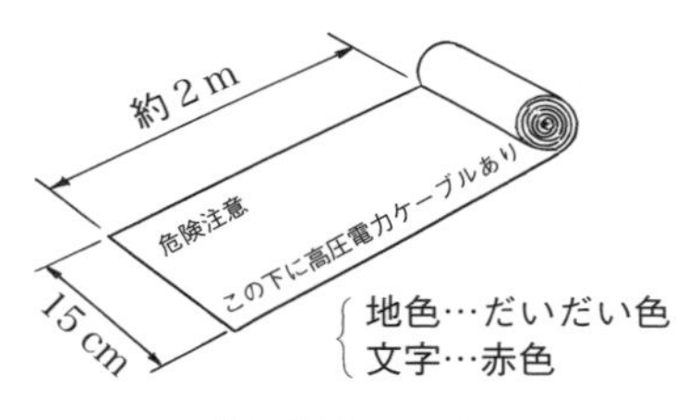

(b) 埋設シート

図１　埋設表示の例

1 埋設表示の方法（電技解釈第 120 条第 2 項第二号，第 4 項第三号）

管路式又は直接埋設式の高圧地中電線路を施設する場合で，その長さが 15 m を超えるものは，次により表示を施すこと．

①「高電圧」を表示する．

② おおむね 2 m の間隔で表示すること（他人が立ち入らない場所又は当該電線路の位置が十分認知できる場合は，省くことができる）．

2 地中電線の被覆金属体の接地（電技解釈第 123 条）

管，暗きょその他の地中電線を収める防護装置の金属製部分（ケーブルを支持する金物類を除く），金属製の電線接続箱及び地中電線被覆に使用する金属体には，D 種接地工事を施すこと．ただし，これらのものの防食措置を施した部分及び地中電線を管路式により施設した部分における金属製の管路については，この限りでない．

地中電線と地中弱電流電線等又は管との接近又は交差

(電技解釈第125条)

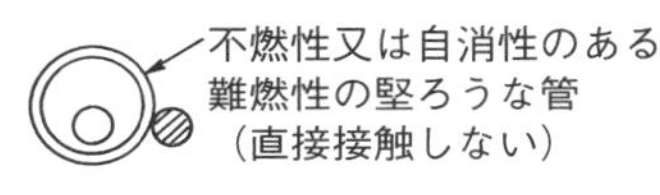

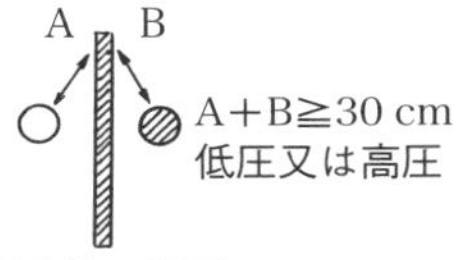

図1　地中電線と地中弱電流電線等との離隔距離

地中電線が地中弱電流電線等と接近し，又は交差する場合において，相互の離隔距離が，低圧又は高圧の地中電線にあっては 30 cm 未満の場合は，地中電線と地中弱電流電線等との間に堅ろうな不燃性又は自消性のある難燃性の管に収め，当該管が地中弱電流電線等と直接接触しないように施設すること．ただし，次のいずれかに該当する場合は，この限りでない．

a．使用電圧が 170 kV 未満の地中電線にあって，地中弱電流電線等の管理者が承諾し，かつ，相互の離隔距離が 10 cm 以上である場合

b．地中弱電流電線等が不燃性もしくは自消性のある難燃性の材料で被覆した光ファイバケーブル又は不燃性もしくは自消性のある難燃性の管に収めた光ファイバケーブルであり，かつ，その管理者の承諾を得た場合

c．低高圧ケーブルがガス管，水管又はこれらに類するものと接近し，又は交差する場合は，ケーブルを堅ろうな金属管などに収めるなどして防護する．

3.14 地中電線相互の接近又は交差

（電技解釈第 125 条）

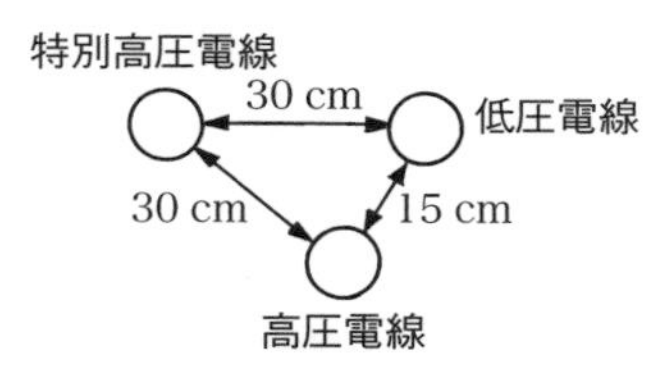

電技解釈第 125 条第 1 項第一号
から第四号のいずれかの条件に
該当する場合

図 1　地中電線相互の接近又は交差

低圧地中電線が高圧地中電線と接近又は交差する場合において，地中箱内以外の箇所で相互間の距離が 15 cm 以下のときは，次のいずれかに該当する場合，施設することができる．

① それぞれの地中線が自消性のある難燃性の被覆を有する場合
② それぞれの地中線が堅ろうな自消性のある難燃性の管に収める場合
③ いずれかの地中電線が不燃性の被覆を有する場合
④ いずれかの地中電線が堅ろうな不燃性の管に収められている場合
⑤ 地中電線路相互の間に堅ろうな耐火性の隔壁を設ける場合

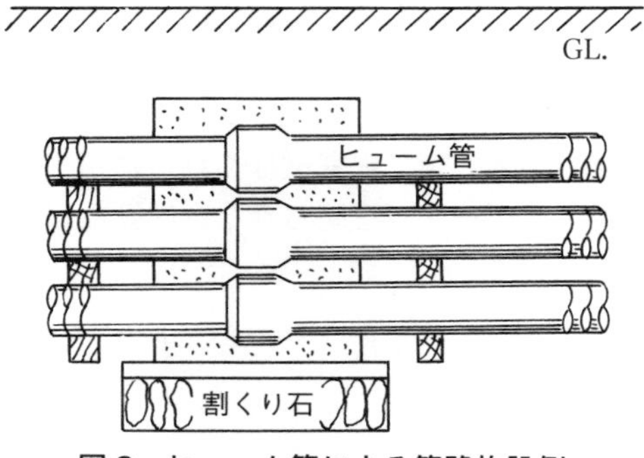

図 2　ヒューム管による管路施設例

3.15 地上に施設する電線路

（電技解釈第128条）

表1 施設範囲と工事方法

	施設範囲	工事方法
低圧 高圧	(イ) 1構内だけに施設する電線路，全部又は一部 (ロ) 1構内専用の電線路中その構内に施設する部分の全部又は一部	(イ) 電技解釈第123～125条の規定に準ずる (ロ) ケーブルの工事 （電技解釈第125条に準ずるほか鉄筋コンクリート製の堅ろうな開きょに収める） (ハ) キャブタイヤケーブルの工事

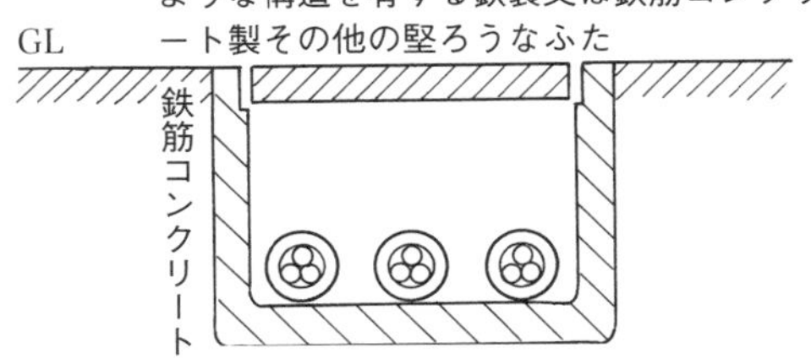

図1 地上電線路の施設

地上に施設する低圧又は高圧の電線路で，電線にケーブルを使用する場合は，次によること．

① 交通に支障を及ぼすおそれがない場所に施設すること．

② 3.13. 地中電線と地中弱電流電線路等又は管との接近又は交差，3.14. 地中電線相互の接近又は交差等に準ずること．

③ 鉄筋コンクリート製の堅ろうな開きょ又はトラフに収め，かつ，開きょ又はトラフには取扱者以外の者が容易に開けることができないような構造を有する鉄製又は鉄筋コンクリート製その他の堅ろうなふたを設けること．

3.16 屋内に施設する電線路

（電技解釈第 132 条）

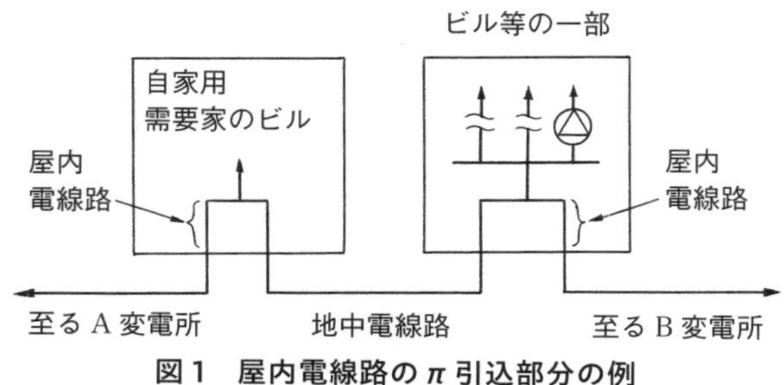

図 1　屋内電線路の π 引込部分の例

① 高圧屋内電線路はケーブル工事によること．

② ケーブル工事による高圧屋内電線路は，重量物の圧力又は機械的衝撃を受けるおそれがある箇所には，適当な防護装置を設けること．

③ 管その他のケーブルを収める防護装置の金属製部分，金属製の電線接続箱及びケーブルの被覆に使用する金属体には，A 種接地工事を施すこと．ただし，人が触れるおそれがないように施設する場合は，D 種接地工事によることができる．

④ 造営材の下面又は側面に沿って取り付ける場合は，電線の支持点間の距離を 2 m（人が触れるおそれがない場所において垂直に取り付ける場合は 6 m）以下とし，その被覆を損傷しないように取り付けること．

⑤ 高圧屋内電線路は低圧屋内配線と容易に区別できるように施設すること．

⑥ 電線が造営材を貫通する場合は，その貫通部分の電線を電線ごとに，それぞれ別個の難燃性及び耐水性のある堅ろうな物で絶縁すること．

⑦ 高圧屋内電線路が他の高圧屋内配線，低圧屋内配線，管灯回路の配線，弱電流電線等又は水管，ガス管もしくはこれらに類するものと接近又は交差する場合は，第 168 条第 2 項の規定に準じて，高圧配線と他の屋内電線等（水管を含む）との離隔距離は，15 cm（低圧屋内配線が裸電線である場合は，30 cm）以上であること．

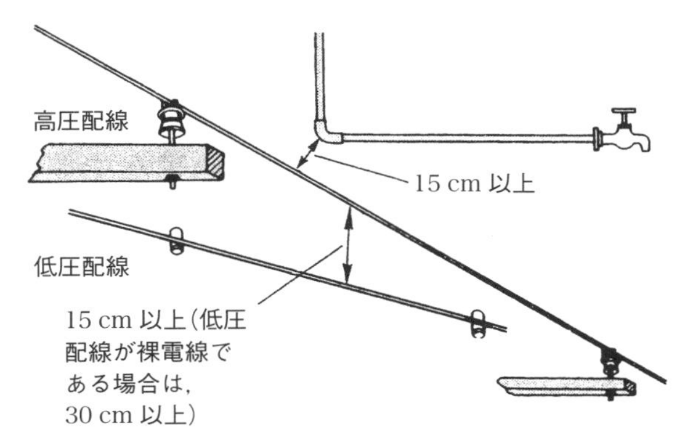

がいし引き工事をした高圧屋内配線と低圧配線と水管，ガス管との離隔距離の関係

低圧屋内配線
（がいし引き工事以外の工事）
耐火性のある堅ろうな
隔壁を設ける
高圧屋内配線
ケーブル
低圧屋内配線
（がいし引き工事）
15 cm 以上
高圧屋内配線をケーブル工事により
行う場合の離隔

図2　高圧配線との離隔

●電気事業法に基づく手続き例

自家用電気工作物の設置者には，公共の安全や環境の保全を図るために，設置者自らが自己責任のもとに電気の保安を確保する義務があり，「電気設備の自主保安」が求められる．そのために，

- 電気事業法第 39 条では，「設置者は，自家用電気工作物を経済産業省令で定める技術基準に適合するよう維持すること」
- 電気事業法第 42 条では，「設置者は，自家用電気工作物の工事，維持及び運用に関する保安を確保するために保安規程を作成(変更)し，国に届け出ること」
- 電気事業法第 43 条では「設置者は，自家用電気工作物の工事，維持及び運用に関する保安の監督をさせるため，電気主任技術者を選任し国に届け出ること」

と定めている．

一般に，次のようなときに届出や報告が必要になる．

- 自家用電気工作物の新設や変更した場合
- 自家用電気工作物を譲り受けた(借り受けた)場合
- 自家用電気工作物を廃止した場合
- 自家用電気工作物の設置者の地位を継承した場合
- 建設現場で自家用電気工作物を使用する場合
- 移動用電気工作物で自家用電気工作物に該当する場合
- 自家用電気工作物で電気事故が発生した場合(感電・火災・主要電気工作物の破損・波及事故等)
- 大気汚染防止法第 2 条第 2 項により，燃料の燃焼能力が重油換算 1 時間当たりで，ディーゼル機関・ガスタービンの場合は 50 L 以上，ガス機関・ガソリン機関の場合は 35 L 以上のもの，又は騒音規制法第 2 条により空気圧縮機・送風機・破砕機等の定格出力が 7.5 kW 以上のもの，又は空気圧縮機・破砕機・ふるい及び分級機等が 7.5 kW 以上のものに係る施設を，新設・変更又は廃止する場合

第4章 高圧受電設備機器

高圧受電設備を構成する主な機器は，電線やケーブル，開閉器，避雷器，遮断器，保護継電器，変圧器，進相コンデンサなどがあげられる．

ここでは，それら高圧受電設備の構成機器ごとの機能，構造，選定する場合の留意点などについて説明する．

4.1 高圧ケーブル（CV・CVT）

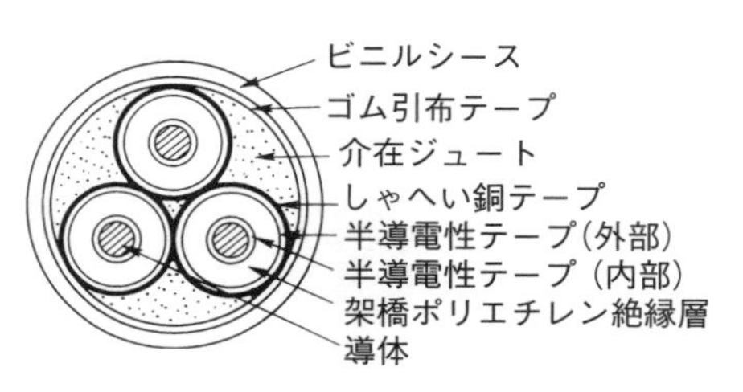

図1　6 kV CV ケーブル（3 心一括シース型）の構造

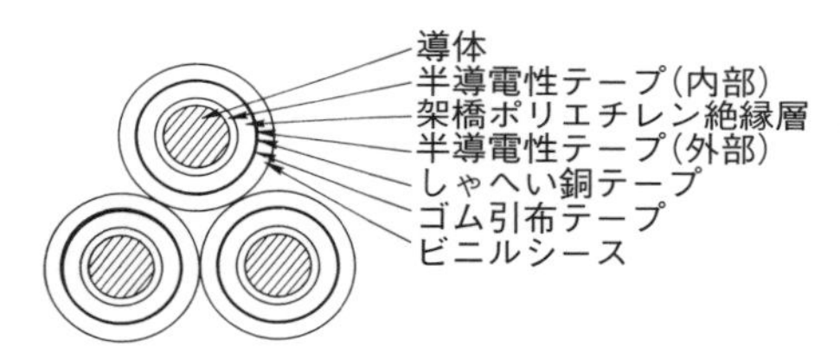

図2　6 kV CVT ケーブル（トリプレックス型）の構造

1 種　類

ビニル外装ケーブル(CV)は，正しくは架橋ポリエチレン絶縁ビニル外装ケーブルのことで，一般に CV ケーブルと呼ばれる．単心，2 心，3 心及び単心ケーブルを 3 本より合わせたトリプレックス型ケーブル等がある．近年は，トリプレックス型ケーブル(CVT)がよく使用される．

高圧架橋ポリエチレンケーブル(CV)は，JIS C 3606 に適合するものであること．又，水トリー耐性が強化された JCS 4395（1991）「6 600 V 架橋ポリエチレンケーブル(3 層押出型(E-E タイプ))」に適合するものであること．

2 構　造

図 1 に 6 kV CV ケーブル 3 心，**図 2** に 6 kV CVT ケーブルの断面図を示す．CV ケーブルは導電部である導体を中心に，まず，電界を等電位にするために導体を半導電性のテープで均一に巻いてある(内部)．次に架橋ポリエチレンの絶縁層が，6 kV の場合 3.5～4 mm の厚さで絶縁される．絶縁層の表面には半導電性のテープが均一に巻かれ(外部)，さらにその上には遮へい銅テープが巻いてある．単心ケーブルは遮へい銅テープの上にゴム引布テープ等で巻

表1　6600 V 架橋ポリエチレン絶縁ビニル外装ケーブルの許容電流

布設条件 / 公称断面積〔mm²〕	空中，暗きょ布設		直接埋設布設		管路引き入れ布設		
	3心	トリプレックス	3心	トリプレックス	3心	単心	トリプレックス
	1条布設	1条布設	1条布設	1条布設	4孔3条布設	6孔6条布設	4孔3条布設
8	61	—	70	—	49	68	—
14	83	—	90	—	66	90	—
22	105	120	120	135	84	115	90
38	145	170	160	180	110	160	120
60	195	225	210	235	140	205	155
100	265	310	280	310	190	270	205
150	345	405	350	390	235	335	255
200	410	485	405	450	275	395	295
250	470	560	425	510	310	440	340
325	550	660	525	585	350	510	390
基底温度	40°C		25°C		25°C		
導体温度	90°C		90°C		90°C		

(注)（1）本表は，(JCS 168−D による)
（2）管路引き入れ布設での４孔３条とは，４孔のある管路のうち３孔を使用し，１孔につき１条（本）のケーブルを３孔布設するという意味である．

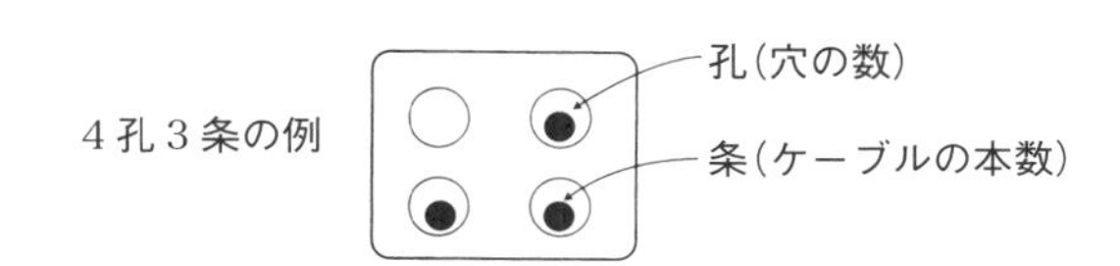

表2　CV ケーブルの短時間耐量に対する太さ

通電時間 ＼ 短絡電流	8 kA	12.5 kA
0.1　秒以下	22 mm²	38 mm²
0.15 秒以下	38 mm²	38 mm²

(注) CV ケーブル許容短絡電流値

$$I=134\times\frac{A}{\sqrt{t}}$$

I ：許容短絡電流〔A〕
A ：導体公称断面積〔mm²〕
t ：通電時間〔s〕

き，ビニルシースを施す．３心ケーブルの場合には介在ジュートを挿入して全体を円形にしてゴム引布テープ等で巻き，ビニルシースを施す．トリプレックス型ケーブルは単心ケーブルを３本より合わせてある．

3　太さの選定

ケーブルの太さは，最大負荷電流からケーブルの布設状態における許容電流と短時間短絡電流を考慮して，最大負荷電流以上の許容電流を有するものに決定する．特に，高圧引込ケーブルの場合は，一般送配電事業者と協議して決めること．

4.2 端末処理

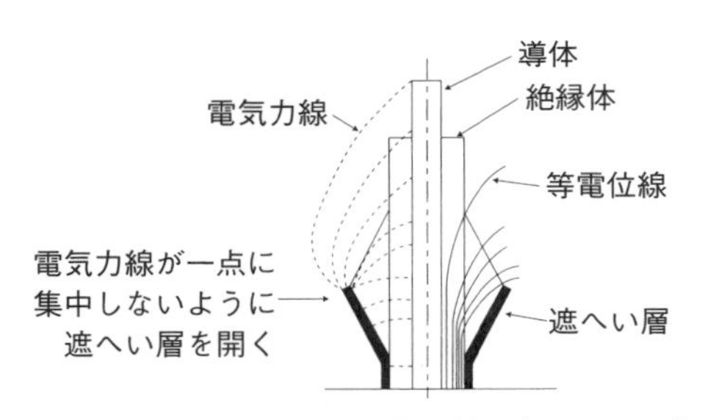

図1　ストレスコーンによる電界緩和（6 kV CV 単心）

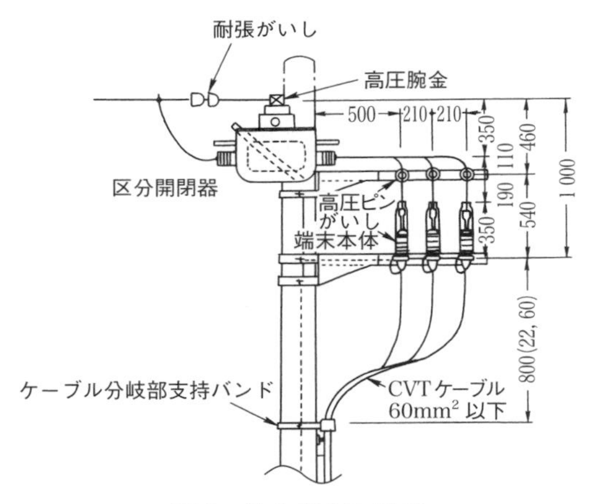

図2　柱上端末取付例

高圧ケーブル(6 kV)の絶縁体には，その内外に半導電層などを設けて，電界が均一になるように設計され，さらに外側の半導電層の上には銅テープなどによる遮へい層があり，これを接地することで外部に電界の影響がないように作られている．しかし，ケーブルの端末部分では遮へい層の切口部に電界が集中し，長時間継続するとケーブルが破損する．

このため，ケーブルの端末部には，電界の集中をできるだけ緩和させるためのストレスコーンを成形する．具体的には遮へい層をケーブルの絶縁体から離し，ふくらみをもたせたような形にして，電界の集中を分散させる．この処理をケーブル端末処理という．端末処理は設置場所などによりいくつかの種類がある（資料編 付2参照）．

4·3 柱上気中開閉器（PAS）

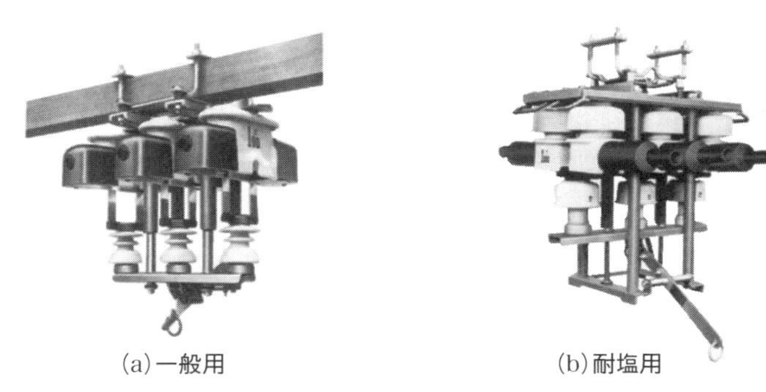

(a)一般用　(b)耐塩用

写真１　露出形高圧気中負荷開閉器(PAS)

柱上気中開閉器(PAS)は，高圧架空引込線の場合，一般に，第１引込柱に設置される．

高圧気中負荷開閉器は，大気を消弧媒体として定格負荷電流以下の電流を遮断する機能を持っている開閉器であるが，短絡電流等の大電流を遮断する機能は持っていない．

1 種　　類

① 露出形高圧気中負荷開閉器を**写真１**に示す．一般用と耐塩用があるが，耐塩用でも塩害等の著しく汚損の激しい場所には避けたい．

② 密閉形高圧気中負荷開閉器を**写真２**に示す．これも一般用と塩害用がある．地絡保護装置が内蔵された開閉器や遠方操作ができる負荷開閉器，耐雷素子内蔵の負荷開閉器等多様な機能を備えたものがある．

2 構　　造

露出形は小形でシンプル，開閉状態が地上から容易に判別できる．

密閉形は鉄箱で開閉器を収納した構造である．地絡保護装置を内蔵した開閉器(SOG動作)は，**写真３**に示すように零相変流器，過電流ロックリレー，操作機構等が内蔵され，外部取付けの制御装置(継電器等)から構成される．

3 PASの設置

PASの設置は，波及事故防止対策のためにも責任分界点等に積極的に推奨

写真 2　密閉形高圧気中負荷開閉器(PAS)

制御装置

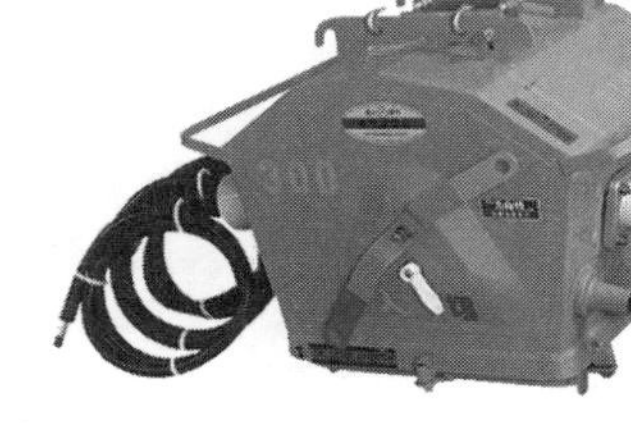

写真 3　過電流ロック形(SOG 動作)GR 付高圧気中負荷開閉器(PAS)

表 1　高圧交流負荷開閉器の定格例

定格電圧〔kV〕		7.2				
定格電流〔A〕		100	200	300	400	600
定格開閉容量	負荷電流〔A〕	100	200	300	400	600
	励磁電流〔A〕	5	10	15	25	30
	充電電流〔A〕	10				
	コンデンサ電流〔A〕	10，15，30				
定格短時間耐電流〔kA〕(1 秒)		4，8，12.5		8，12.5		

(備考)　限流ヒューズと組み合わせて使用しない場合の定格短時間耐電流は，回路の短絡電流以上の値を選定すること．

する(波及事故防止対策指針)．

特に，次のような設備には重点的に設置する．

① 受電用第 1 号柱等から受電用遮断装置までの，高圧ケーブル等のこう長が長い受電設備(例えば，責任分界点から 50 m 以上となるような場合)

② 山間部，僻地等の受電設備

③ 受電設備が老朽化しているなど，波及事故が心配される受電設備

④ その他設備が必要な場合(現在は，第 1 引込柱に設置することが推奨されている)

4　PAS の選定

① PAS は JIS C 4605(高圧交流負荷開閉器)，4607(引外し形高圧交流負荷開閉器)等に適合するもの

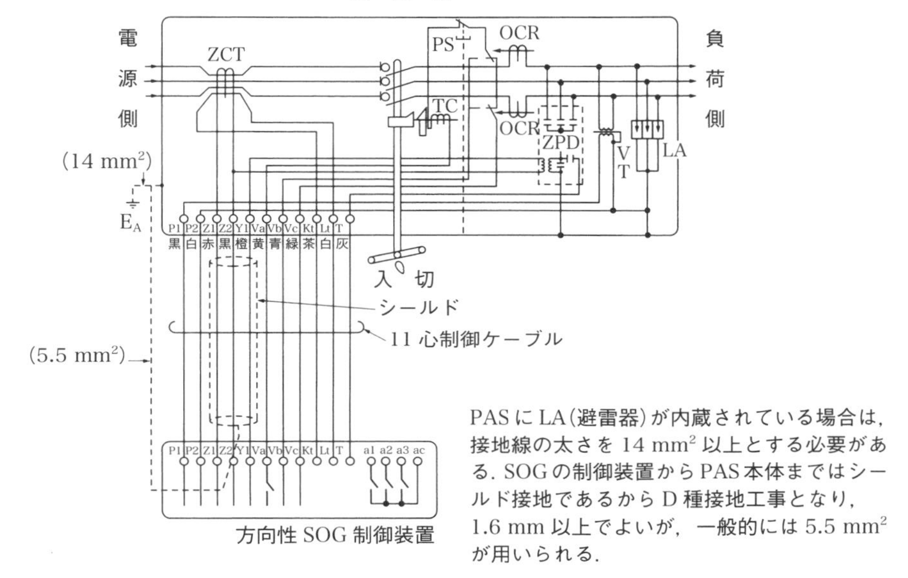

図 1　過電流ロック形(SOG 動作)高圧交流負荷開閉器の接続図例

② PAS は全て塩害及び大気汚損に対して支障なく，かつ長期間使用に耐えるもの
③ モールドコーンを使用した口出し線方式とする．
④ 外箱は耐食性に優れ，厚さ 2.3 mm 以上の鋼板製又はこれと同等以上の金属製とする(ステンレス製が望ましい)．
⑤ GR 付 PAS の操作用電源変圧器(VT)は内蔵形が望ましい．
⑥ 雷害多発地域では，PAS 設置付近に避雷器(LA)を設置することが望ましい．この場合，避雷器及び操作用電源変圧器内蔵形を推奨する．
⑦ 高圧交流負荷開閉器(区分開閉器)の定格例は，**表 1** のとおり．

5　GR 付 PAS の制御配線等

① 外部電源による GR 付 PAS の操作用電源は，PAS の負荷側から配線する．
② GR 付 PAS の制御装置を収納する箱は，容易に損傷しない堅ろうなものとし，風雨，雪の侵入防止措置がなされ，かつ塩害等外気条件に耐えるものとする．
③ 制御装置収納箱は子供等が容易に触れるおそれがないように設置する．
④ 制御装置収納箱には施錠等を施す．

4・4 高圧キャビネット

写真1　高圧キャビネット内部

写真2　キャビネット用断路器（PDS）

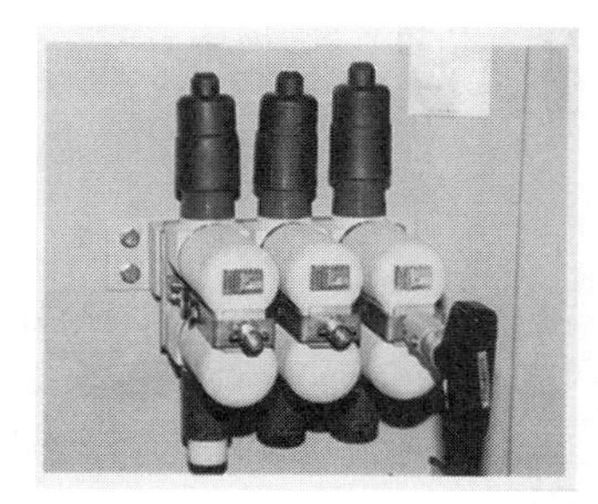

写真3　キャビネット用モールド形ディスコン（MDS）

高圧キャビネットは，架空線引込みや地中線引込みの場合に，需要家の建物もしくはその近辺に施設して，責任分界点とするものである．

1 機　能

キャビネット用断路器は無負荷状態の電路を開閉する機能を持っている．地

写真4　高圧キャビネット内の地絡方向継電器付ガス開閉器（DGR付UGS）

中電線路から引き込む場合，高圧キャビネット（**写真1**）を設置し，この中に断路器を設けて，区分開閉器とする．

2 種　類

断路器は，一般用（**写真2**）とモールド形（**写真3**）がある．安全のため充電部の露出しないモールド形が主流となっている．又，負荷開閉器は近年，地絡方向継電器（DGR）付ガス開閉器（UGS）が数多く使用されている（**写真4**）．

3 UGSの設置

区分開閉器が高圧キャビネットによる場合，波及事故防止対策としてUGS（地絡方向継電器付ガス開閉器）の設置を推奨する．

4 設置場所

高圧キャビネットは，キャビネットの扉が十分に開閉でき，開閉器の操作が容易にできるような場所に設置すること．

高圧キャビネットは，一般送配電事業者の財産であり支給されるが，設置場所や基礎，マンホール・ハンドボール，需要家側のモールド形ディスコン（MDS）又はUGSなどは需要家負担となる．具体的な施工方法については，一般送配電事業者とよく打ち合わせをして確認すること．需要家側の開閉器は，近年，波及事故防止から地絡方向継電器（DGR）を内蔵したガス開閉器（UGS）を設置することが望ましい．この継電器は自己診断機能を有するもので，電気保安上も安全性が高い．

4·5 断路器（DS）

写真1　断路器

表1　定格電流

定　格　電　流〔A〕		
200	400	600

表2　定格短時間耐電流

定格短時間耐電流〔kA〕	
8	12.5

1 機　能

断路器は通称ディスコンとも呼ばれ，単に電路を開閉する機器であり，故障電流や負荷電流を遮断する能力はないが，外部からその開閉状態が容易に確認できるため，電路の確実な開閉を必要とするような受電設備の引込口付近や避雷器の電源側等に設置される．開閉操作はフック棒を使って行われる．

2 DSの選定

DSは，屋内で使用するものはJIS C 4606，屋外で使用するものはJEC 2310等に適合していること．

3 DSの使用制限

受電用DSには，ピラーディスコンPDS(高圧キャビネット内に収める場合を除く)を使用しないこと．

4 その他

高圧カットアウトは，ヒューズを入れず素通しとして断路器の代わりに使用することができる．

4.6 避雷器（LA）

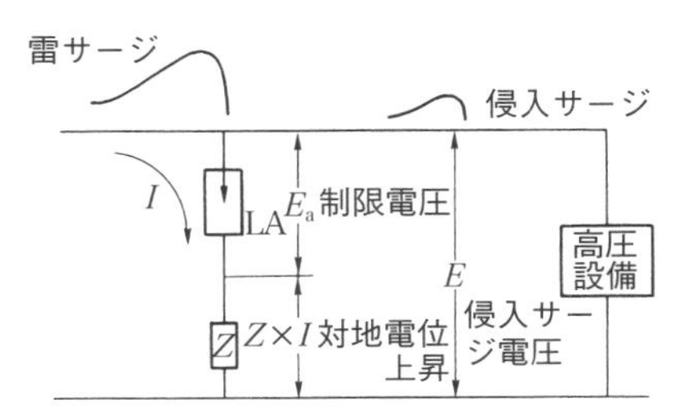

図1　避雷器による雷サージによる抑制電圧

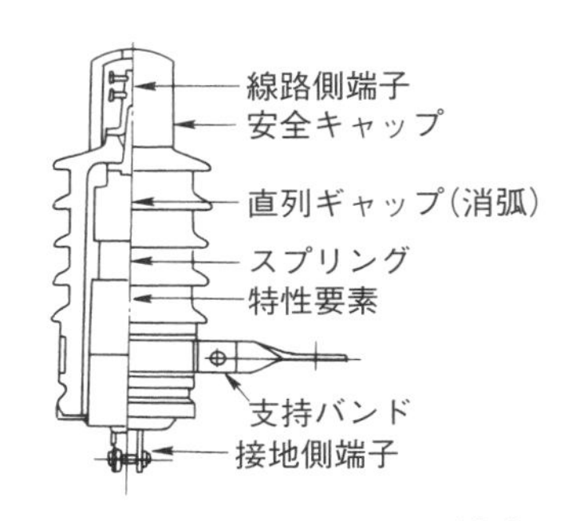

図2　弁抵抗形避雷器の構造

1 機能と構造

避雷器は，配電線路から侵入してくる雷サージ電流を避雷器に流し，雷電圧を抑制し，受電設備の絶縁破壊を防止する役目を担っている．**図1**に避雷器による雷サージ抑制電圧の原理を示す．

雷サージが侵入し，避雷器に加わる電圧が衝撃放電開始電圧に達すると放電電流Iが流れる．避雷器に放電電流が流れたとき，高圧設備に加わる侵入サージ電圧Eは，避雷器の制限電圧E_aと接地極サージインピーダンスZにおける対地電位上昇$Z \times I$を加えた電圧になる．　$E = E_a + Z \times I$

避雷器の種類は，弁抵抗形，Pバルブ形，酸化亜鉛形等があるが，一般に使用されているものは弁抵抗形のものである．弁抵抗形避雷器の構造を**図2**に示す．

消弧ギャップと特性要素及び密封容器で構成され，雷サージが侵入してくると消弧ギャップで放電を開始し，特性要素を通して大地に雷電流が流れる．特性要素は，雷サージによる大電流を流して電圧を抑制し，雷サージ通過後には高抵抗となって続流（雷電流の流れた後に引き続き流れる商用電源による電流）を制限し，消弧ギャップによる続流遮断を容易にする役目を担っている．近年，特性要素は，酸化亜鉛を使用した高性能な避雷器が普及している．

2 LAの設置について

架空電線路から供給を受ける受電容量500 kW以上の受電設備には，LAを施設する(電技解釈第37条)．500 kW未満であっても強雷地区(年間雷雨日数分布（IKL：Isokeraunic Level）：15～20)では，LAを取り付けることが望ましい．

避雷器の取付位置は，キュービクル又は受電室の受電用DS(PFを含む)の

表1　6 kV 高圧用避雷器性能表

規格	公称放電電流	定格電圧〔kV〕（実効値）	耐電圧		商用周波放電開始電圧〔kV〕（実効値）	衝撃放電開始電圧〔kV〕（波高値）		制限電圧〔kV〕（波高値）
			商用周波電圧〔kV〕（実効値）	衝撃電圧〔kV〕（波高値）		標準	0.5 μs	
JIS C 4608	2 500 A	8.4	22	60	13.9	33	38	33
	5 000 A		22	60	13.9	33	38	30
JEC 2374	2 500 A	8.4	22	60	13.9	33	38	33
	5 000 A		22	60	13.9	33	38	30

（注）　商用周波放電開始電圧は，定格電圧の 1.65 倍となっている．

負荷側に取り付ける（PAS が設置される場合は，LA 内蔵形がよい）．

3　LA の選定

（1）屋内（盤内を含む）に施設する高圧避雷器は，JIS C 4608（高圧避雷器（屋内用））又は JEC 2374（避雷器）に適合するもの．

（2）屋外に施設する高圧避雷器は，JEC 2374（避雷器）に適合するもの．

（3）塩害地域の屋外に設置する「避雷器」については，JEC 2374（避雷器）の耐汚損形避雷器に適合するもの．

（4）断路機構付き避雷器は，JIS C 4606（屋内用高圧断路器）及び（1）に適合するもので，かつ，次の各号に適合するもの．

① 定格短時間耐電流は，通電時間 1 秒以上において 2 kA 以上とする．

② 無電圧開閉性能は，100 回以上とする．

③ 保持力は，88.2 N/3 極以上とする．

4　LA の接地

LA の接地極は原則として，他の接地極から 1 m 以上離して 14 mm² 以上の電線を用いて施設すること．

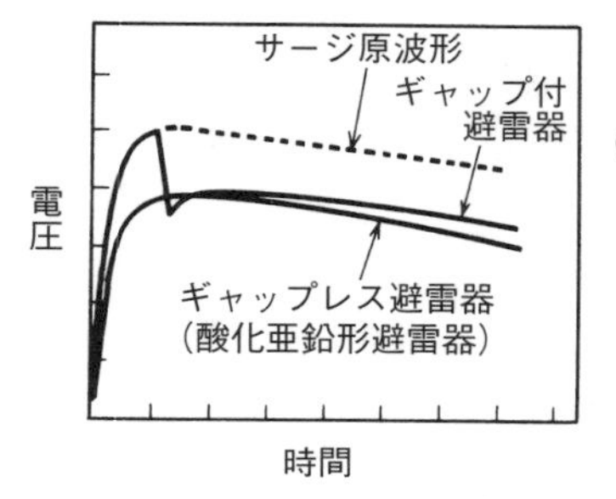

（注）　避雷器でギャップレス形は，ギャップ付に比べサージエネルギー処理は速いが，ギャップがないため，正常時，数～数十 μA の漏れ電流がある．個々には問題ないが，配電系統全体では大きなものになることがある．

図 3　避雷器端子電圧の比較

4・7 計器用変圧器（VT）

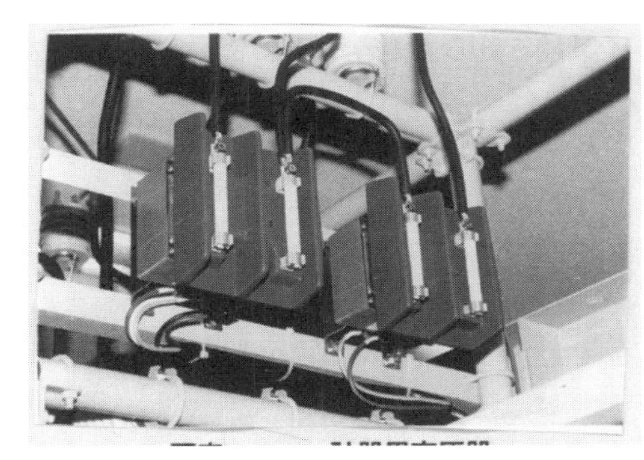

写真１　計器用変圧器（VT）

1 機　能

計器用変圧器は，高圧回路に並列に接続し高電圧を低電圧に変成して，その低電圧値と巻数比から高圧回路の電圧を計測したり，制御用電源に利用する．

2 構　造

構造は，一般の変圧器と同様で鉄心に巻かれた一次，二次の各巻線数に比例した電圧比となる．6 kV 高圧の場合，定格一次電圧 6.6 kV，二次電圧 110 V が標準である．

三相回路の場合，**図 1，2** のように計器用変圧器を 2 台使用し，各線間の電圧を切替開閉器(VS)で選択し電圧計で計測する．

3 計器用変圧器を設置する場合の留意点

① 一次側には，高圧限流ヒューズ(PF)を取り付けること．

② 二次側には，低圧包装ヒューズを取り付けること．

③ 定格負担は，二次側に接続される計器等の総負荷容量以上のものを使用することが必要であるが，過大な容量(VA)のものを使うと，特性を保証されない小容量の領域で使用することになるので，注意を要する．

④ 計器用変圧器は，JIS C 1731-2 に適合するものであること．

⑤ 計器用変圧器の二次回路は絶対に短絡しないこと（短絡すると二次巻線に大電流が流れ，二次巻線の焼損や絶縁破壊を起こす)．

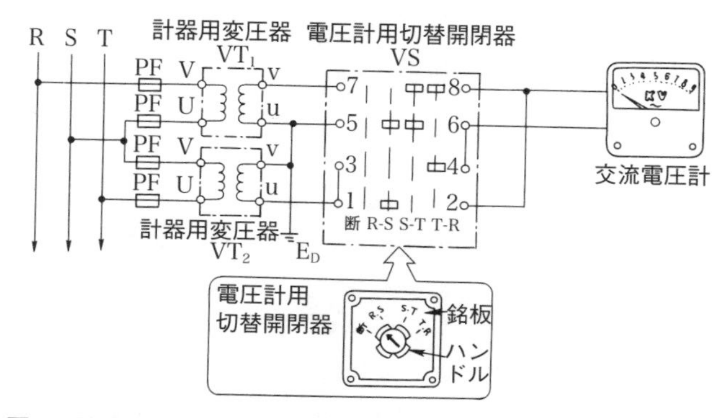

図1　計器用変圧器(VT)，切替開閉器(VS)，電圧計(V)の接続

表1　計器用変圧器の定格負担

確度階級	定格負担〔VA〕						
0.1級	10	15	25	—	—	—	—
0.2級	10	15	25	—	—	—	—
0.5級	—	15	—	50	100	200	—
1.0級	—	15	—	50	100	200	500
3.0級	—	15	—	50	100	200	500

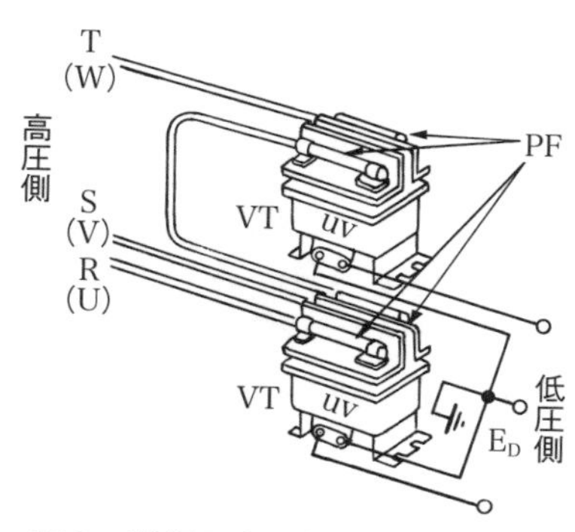

図2　計器用変圧器(VT)の接続図

4.8 変流器（CT）

写真1　高圧変流器（CT）

1 機　能

変流器は，大電流回路に直列に一次巻線を接続し，一次巻線と二次巻線に比例した二次電流を変成する機器である．

変流器の定格二次電流は，一次電流にかかわらず5Aとなっている．

2 構　造

構造は鉄心に一次，二次巻線が巻かれ，その巻数比に比例した電流比となる．大電流回路に用いられる変流器は**図1**のように，大電流回路の一次巻線が鉄心を貫通するだけの1巻導体が一般的となっている．三相回路の場合，**図2**のように変流器を2台使用して各線電流を切替開閉器(AS)で選択し電流計で計測する．

3 変流器を設置する場合の留意点

① 定格一次電流は負荷電流の1.5倍程度のものを使用する．

② 定格負担は接続される計器，継電器（遮断器のトリップにも利用する場合は，そのトリップ容量も加算する）等の総負荷容量以上のものを使用することが必要であるが，計器用変圧器と同様，過大な容量(VA)のものを使うと，特性を保証されない小容量の領域で使用することになるばかりでなく，短絡事故時の変流器二次側移行電流が大きくなるので注意する．

③ 変流器は受電点の三相短絡電流に耐えるものを使用すること．

④ 変流器は，JIS C 1731-1に適合するものであること．

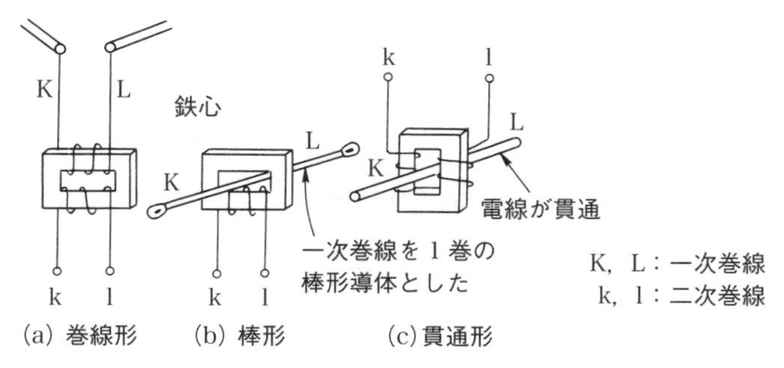

図１　変流器の構造と種類

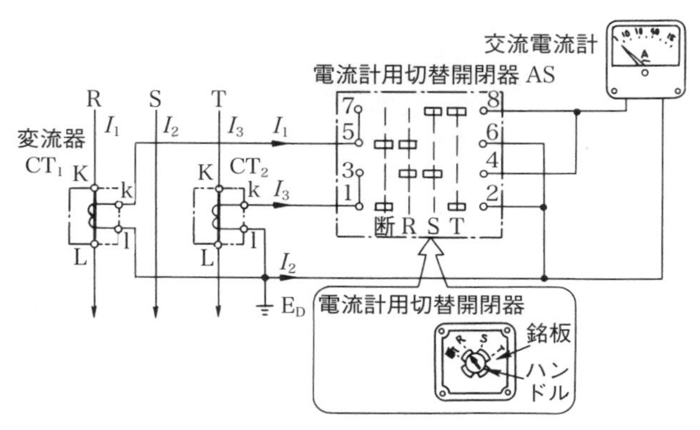

図２　変流器(CT)，切替開閉器(AS)，電流計(A)の接続

表１　変流器の定格

確度階級	1P　1PS	耐電流の保証時間〔s〕	0.125(2) 0.16(3) 0.25(4)
一次電流〔A〕	20 30 40 50 60 75 100 150 200	過電流定数	$n>10$
二次電流〔A〕	1(1) 5	負　担〔VA〕	10 25 40
最高電圧〔kV〕	6.9	周波数〔Hz〕	50 60
耐電流〔kA〕	8 12.5		

（注）（1）　1 A は特殊品とする．
（2）　3 サイクル遮断器用とする
（3）　5 サイクル遮断器用とする．
（4）　0.25 s は特殊品とする．

キュービクル式高圧受電設備に使用する変流器は，**表１**に示すような変流器の定格が規定されている．変流器に流れる短絡電流の通電時間は，「主遮断器の定格遮断時間＋過電流継電器の瞬時要素動作時間＋余裕分」であり，耐電流の保証時間が 0.25，0.16，0,125 秒と短縮され，これにより従来よりも変流器が小形化された．

④ 変流器の二次回路は絶対に開路しないこと(開路すると二次側に高い尖頭波電圧が発生する)．

4・9 零相変流器（ZCT）

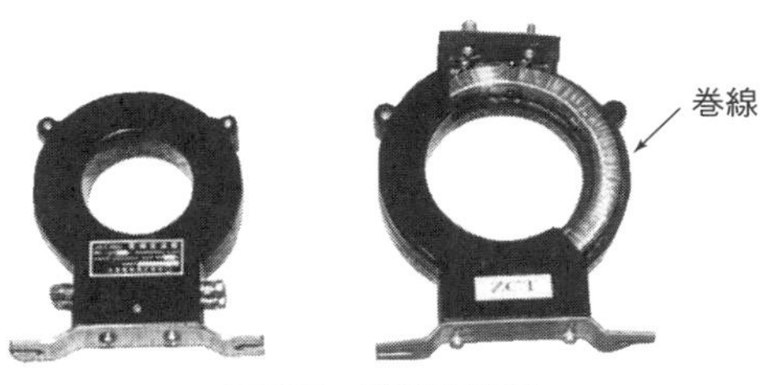

写真1　零相変流器

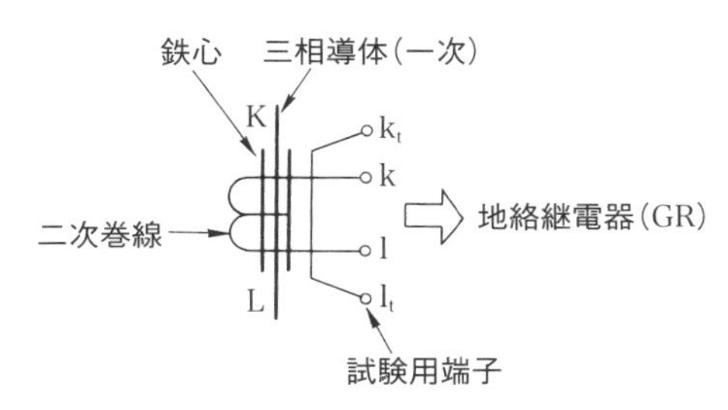

図1　零相変流器の結線図

1 機　能

電路が正常な状態のとき，回路電流の総ベクトル和は零であるが，地絡事故が発生すると零相電流が流れる．零相変流器は，この零相電流を検出するためのセンサである．零相変流器で検出された地絡電流の信号は地絡継電器(GR)に伝送され，遮断器を動作させて故障設備を切り離す．

2 構　造

零相変流器は，**図1**に示すようにひとつの鉄心の中心に三相の導体を一括して通し，その上に二次巻線を巻き，磁気的に平衡をとるような構造になっている．

3 ZCTの選定

ZCTは，ケーブル貫通形にすることを原則とする．

高圧絶縁電線貫通形ZCTを使用する場合は，次による(JIS C 3611：高圧機器内配線用電線)．

表１　ZCT の定格一次電流の計算値

受電点三相短絡電流〔kA〕	定格一次電流〔A〕
3.5 以下	50
3.5 を超過　7.0 以下	100
7.0 を超過　10.5 以下	150
10.5 を超過 14.0 以下	200

（注）　配電用変電所の遮断時間は 0.3 秒とした．

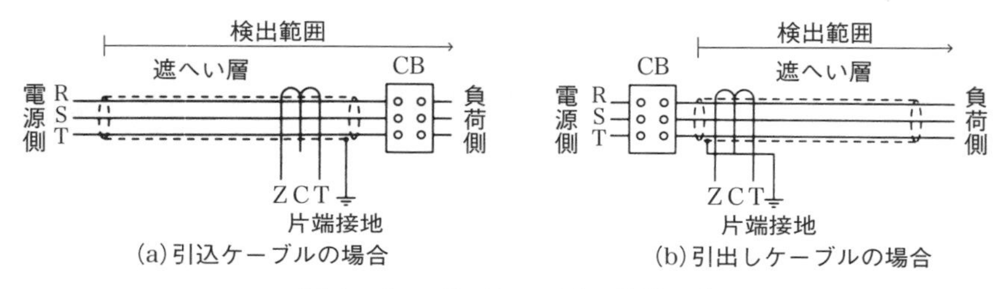

図２　ケーブル遮へい層の接地工事

① 貫通電線は架橋ポリエチレン絶縁電線(KIC)又はエチレンポリプロピレンゴム絶縁電線(KIP)を絶縁物でセパレートしてあるものを使用する．

② ZCT は，受電点の三相短絡電流に耐える強度の定格一次電流のものを使用する．ZCT の定格一次電流は次式により算出する．

ただし，主遮断装置に PF を使用する場合及び受電設備の主遮断装置以外に使用する場合の定格一次電流はこれによらないことができる．

$$定格一次電流 I〔\mathrm{A}〕\geqq \frac{I_s}{40/\sqrt{t}} \quad (1)$$

I_s：受電点の三相短絡電流　〔A〕

t：配電用変電所の遮断時間〔s〕

4　ケーブル遮へい層の接地工事

ケーブル貫通形 ZCT を使用する場合，ケーブル遮へい層の接地工事は，原則として**図２**により施設する．ZCT 二次側リード線に，誘導による誤動作が考えられる場合はシールド線を使用する．

4.10 遮断器 (CB)

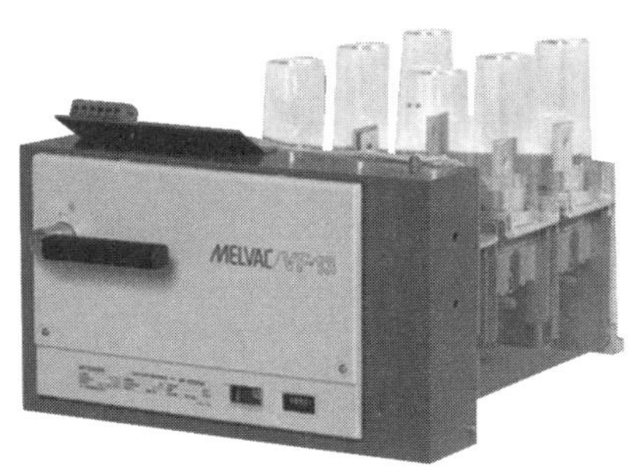

写真１　真空遮断器(VCB)例

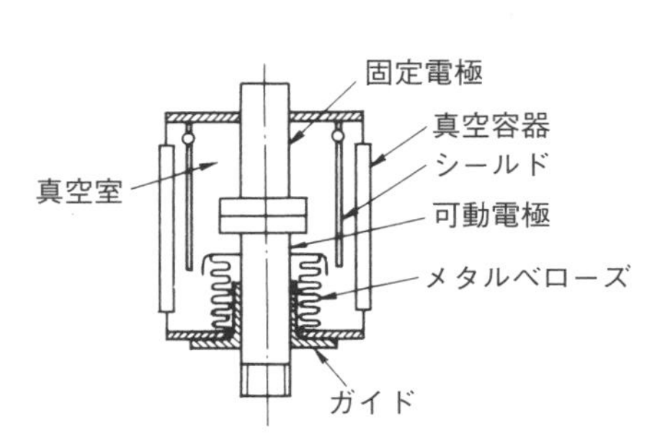

図１　真空バルブ構造図

遮断装置は，断路器，開閉器とは異なり，単に電路を開閉するばかりではなく，非常に大きな故障電流である短絡電流を遮断する機能を備えている装置である．故障が生じた場合，保護継電器からの指令により，電路に流れる故障電流を高速遮断し，故障電路を切り離す．

遮断装置には，過去には油遮断器が多く使用されていたが，現在では真空遮断器が主流となっている．設備容量が 300 kVA 未満の受電設備では，高圧交流負荷開閉器と高圧限流ヒューズを組み合わせた装置が多く使われている．

1 機　能

真空遮断器(以下，VCB という)は高真空中で電流を遮断する装置である．開極時に生じるアークは高真空中で高速に拡散するので，開極するだけで容易に電流を遮断することができる．

真空は絶縁性能が優れているため，他の絶縁媒体に比べて電極の離隔距離を小さくすることができるので，構造が簡単で，小形，軽量化が可能である．

又，高速遮断のためアークによる電極の消耗が少なく，寿命も長く保守も容易である．

2 構　造

真空バルブの構造を**図１**に示す．接触部はガラス又はセラミックの円筒チューブに収納され，その内部が高真空に保たれている．可動部のシールにはステンレス等のベローズが用いられる．

図２には VCB の各種引外し方式の回路結線図，**表１**には VCB の規格例を示す．

表1　真空遮断器の仕様例

項目		仕様 8 kA 器	仕様 12.5 kA 器
定格	電圧〔kV〕	7.2/3.6	
定格	電流〔A〕	400	600
定格	絶縁階級	6号A	
定格	周波数〔Hz〕	50/50	
定格	遮断電流〔kA〕	8 (50 MVA at 3.6 kV / 100 MVA at 7.2 kV)	12.5 (80 MVA at 3.6 kV / 160 MVA at 7.2 kV)
定格	投入電流〔kA〕	20	31.5
定格	短時間電流〔kA〕	8	12.5
定格	遮断時間〔サイクル〕	3	
定格	投入時間〔s〕	5（電動）	
保証性能	機械的寿命〔回〕	10 000	
保証性能	電気的寿命〔回〕	10 000	
保証性能	開閉頻度〔回/時〕	60	
保証性能	コンデンサ適用容量	300 kvar	5 000 kvar
補助開閉器		2a＋2b（外部使用可能数）	
重量〔kg〕	手動形本体	28	31
重量〔kg〕	電動形本体	30	33
重量〔kg〕	引出ユニット	15	15
準拠規格		JIS C 4603：高圧交流遮断器	

3　CBの選定

主遮断装置として使用するCBは，JIS C 4603に適合するものであって，定格遮断電流が受電点における三相短絡電流以上のものであること．JIS C 4603以上のものは，JEC 2300の規格を準用する．

4　CB制御回路図例

（1）電流引外し方式（図2（a））

変流器二次電流が過電流継電器（OCR）の整定値以上になるとOCRが動作し，遮断器の引外しコイルに変流器二次電流そのものを流し，遮断器を引き外す．主に手動操作方式のものに用いる．

（2）電圧引外し方式（図2（b））

過電流継電器（OCR）などの保護継電器が動作した場合，引外しコイルを励磁して遮断器を引外すもので，その制御電源には交流電源や蓄電池の直流電源，コンデンサ電源などが用いられる．

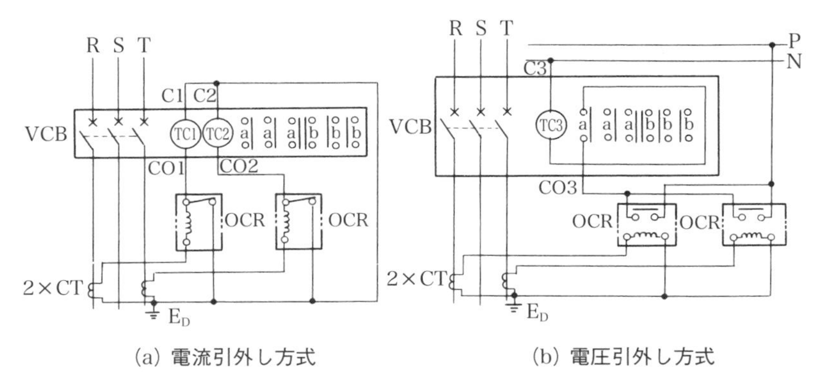

(a) 電流引外し方式　　(b) 電圧引外し方式

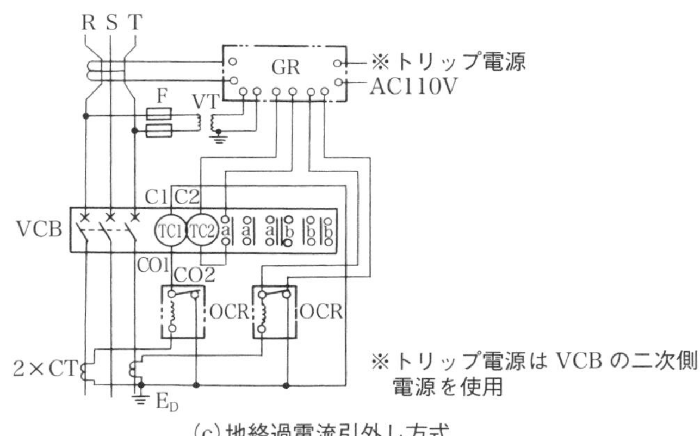

(c) 地絡過電流引外し方式

図 2　真空遮断器の各種回路の結線図

(3) 地絡過電流引外し方式（図 2（c））

地絡継電器(GR)と過電流継電器の二つの保護継電器による真空遮断器の制御回路である．変流器 CT の C1 回路は，**図 2**（a）の電流引外し回路となっている．もう一つの変流器 CT の C2 回路は，地絡継電器に入り地絡継電器又は過電流継電器が動作した場合，電圧引外し回路となり TC2 を励磁し遮断器を引き外す．

4.11 過電流継電器（OCR）

(a)誘導円板形　　(b)静止形

写真１　過電流継電器（OCR）

1 機能・構造

過電流継電器（以下，OCR という）は送配電線・電気機器等の過負荷保護，短絡保護などを目的とした最も汎用性の高い継電器である．

OCR の種類は，誘導円板形と静止形に大別される（**写真 1**）．

（1）誘導円板形

誘導円板形継電器は移動磁界を作る鉄心と円板に生じるうず電流との相互作用で動作するもので，保護継電器の大半はこの形に属し，変圧器形とくま取りコイル形に大別できる．

① **図 1** に，誘導円板形 OCR（変圧器形）の原理図を示す．

変圧器形は主コイルに変流器（CT）から供給される電流に比例した磁束が回転円板に加わり，うず電流を生じる．二次コイルにより励磁される極コイルの位相はずれるため，その磁束との相互作用により円板が回転力を生じるという原理に基づいたものである．

主コイルに流れる電流が増加すると，円板は制御スプリングに打ち勝って始動し，制動磁石による制御作用によって一定時限の後にその可動接点が閉じ，遮断器を引き外すような構造となっている．

② **図 2** は，くま取りコイル形の原理図を示す．

くま取りコイル形は，鉄心の円板に面する一部を短絡銅リング（くま取りコイル）で囲み，その部分の磁束の位相を遅らせて，それらの磁束によるうず電流が円板の対向面に生じ，短絡銅のないほうからあるほうにトルクを生じ，回転する構造である．

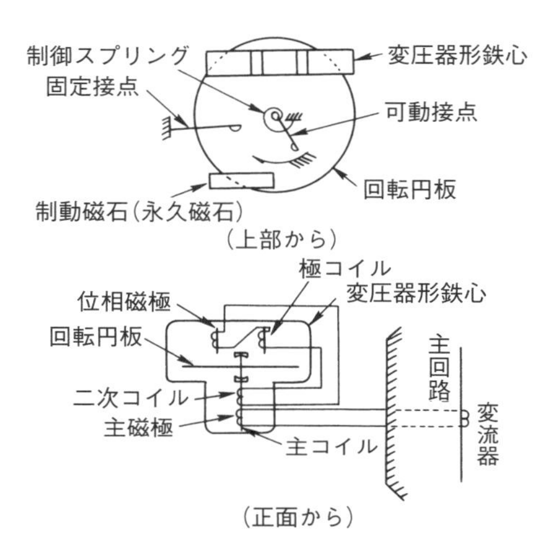

図1　誘導円板形過電流継電器（変圧器形）原理図

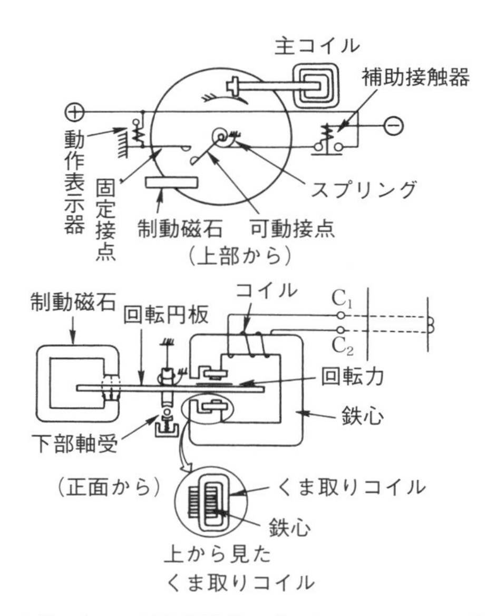

図2　誘導円板形過電流継電器（くま取りコイル形）原理図

（2）静止形

静止形は，電子回路により継電器の諸特性をもたせ，誘導円板形と同様の機能を有するものである．

図3に実際に使われている誘導円板形OCRの内部接続図例を示すが，原理

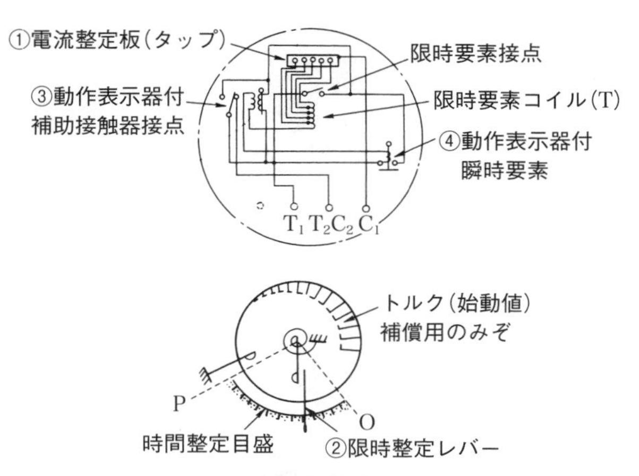

図 3　誘導円板形過電流継電器の内部接続図例

図のほかに，次のような機能が付加されている．

① **飽和変成器**

温度や周波数の影響を受けないように考慮された飽和変成器を取り付け，安定した定限時特性をもたせている．

② **整定タップ板**

電流動作値を決めるためのタップで，一般的に 3～12 A までのタップが付いている．

③ **限時整定レバー**

動作時限を任意に整定するレバーで，0～10 の時限等分目盛りが施してある．いずれの位置においても，又，どの電流タップにおいても正確な時限が得られるように作られている．

④ **動作表示器付補助接触子**

補助接触子と表示器が一体になったもので，時限要素接点を閉じると補助接触子が動作し，主回路の電流容量を増す働きをすると共に，継電器の動作を後刻まで表示する．

⑤ **瞬時要素**

限時整定レバーの位置に関係なく，整定された電流値以上になると瞬時に瞬時要素接点が動作し，主回路を閉じると共に動作表示する．

2 過電流保護協調

OCR の限時整定レバーの設定については，電力系統の過電流保護協調を考慮して決めなければならないので，具体的な整定値については一般送配電事業

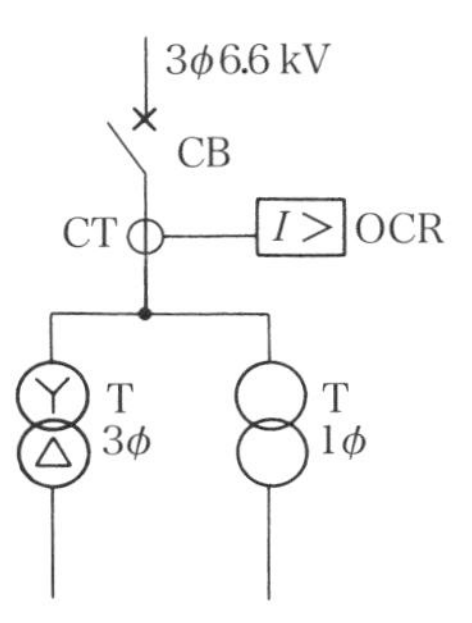

図４　変圧器の組合せ例

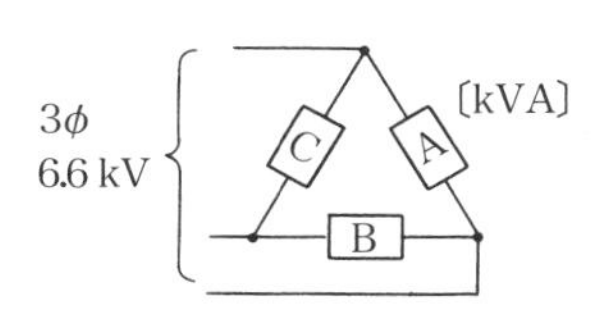

図５　各相分の等価容量

者と打ち合わせ検討して行う必要がある．

3 OCR の選定

受電用の主遮断装置に組み合わせて使用する OCR は，JIS C 4602(高圧受電用過電流継電器)に適合していること．JIS C 4602 以外は，JEC 2510 を準用する．

4 主遮断装置に流れる最大電流値の算出

図４のような変圧器の組合せを，**図５**に示すような各相分の等価容量 S_A，S_B，S_C〔kVA〕に振り分け，その大小関係を $S_A \geqq S_B \geqq S_C$ とすれば，その設備の定常状態における主遮断装置を通過する最大電流 I_{max} は，次式で表せる．

$$I_{max}=\frac{\sqrt{{S_A}^2+S_A \cdot S_B+{S_B}^2}}{6.6〔\mathrm{kV}〕}〔\mathrm{A}〕 \quad (1)$$

(注)（1）I_{max} は，設備の各線電流(I_a，I_b，I_c)のうち，最も大きな値をいう．

（2）V 結線の場合は，2 個の変圧器定格容量の合計に 0.87 を乗じたものを 1 個の三相変圧器定格容量と同様に考える．

（3）異容量 V 結線の場合は，2 個の変圧器定格容量の差を 1 個の単相変圧器とし，残りを同じ定格容量の V 結線と考える．

5 一般送配電事業者の整定式による電流算出例

$$I=\frac{P〔\mathrm{kW}〕}{\sqrt{3}\times 6\times\cos\theta}\times\alpha〔\mathrm{A}〕 \quad (2)$$

P：最大電力　　$\cos\theta$：力率　　I：一次電流　　α：**図６**参照

(注)（1）α=1.25〜1.75 の範囲内であることを確認すること．

（2）α 値が 1.25〜1.75 の範囲外になる場合は，一般送配電事業者と十分協議し，決定すること．

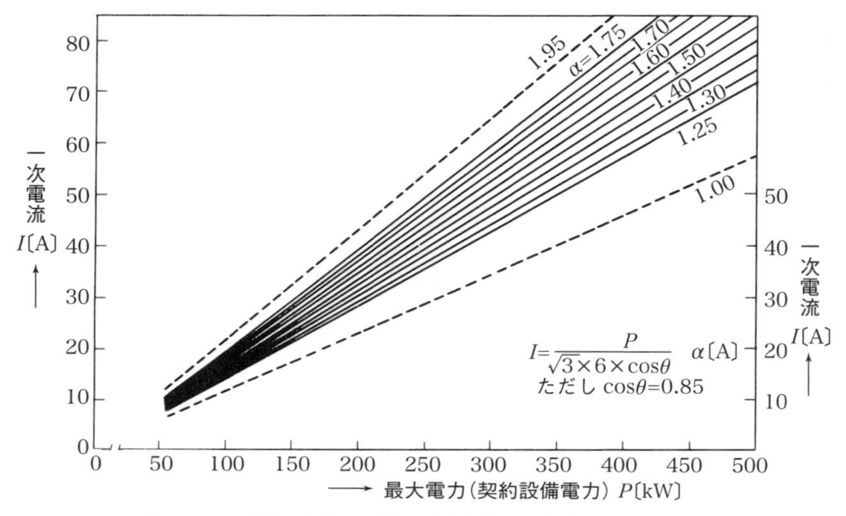

図 6　CT 定格電流及び過電流継電器の整定電流の選定

表 1　過電流継電器の整定

継電器の種類		用　途	タ　ッ　プ	レ　バ　ー
過電流継電器	誘導形（瞬時要素なしの場合）	一般負荷	CT の定格電流及び OCR の整定電流の選定によって求めた値により限時要素のタップ値を整定する．	定限時部分で 0.1 秒を標準とする．
		変動負荷		定限時部分で 0.2 秒以下とする．
	誘導形（瞬時要素付の場合）	一般負荷及び変動負荷	瞬時要素のタップ値は限時要素のタップ値の 500〜1000％の電流値に整定する．	定限時部分で 1 秒以下とする．

6　CT の定格電流及び OCR の整定電流の選定

CT の定格電流及び OCR の整定電流の選定は，次のとおり．

① CT 定格電流は，主遮断装置を通過する最大電流 I_{max} の直近上位とするが，増設等による変更が予想される場合は，上位の定格電流値を選定する．

② 高圧電動機等の起動電流が大きく，整定電流への影響が著しいものの場合は，適宜選定する．

③ OCR の整定値は，CT 二次電流値の直近上位のタップ値とし，最大タップ値は一般に 5 A とする．

④ OCR の諸整定値の設定は，過電流協調による各区分の動作整定時間を軸

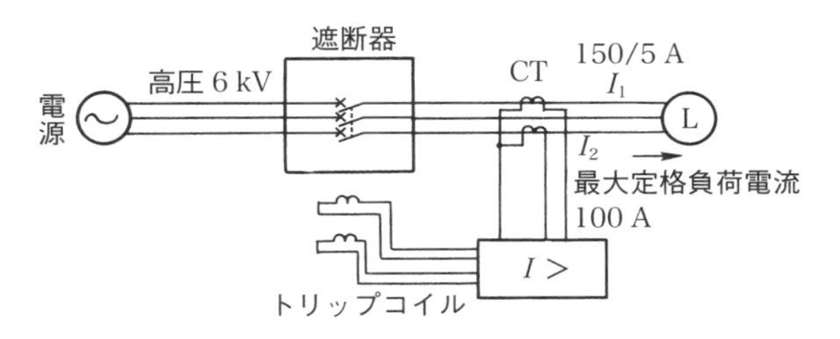

図 7　過電流継電器整定事例図

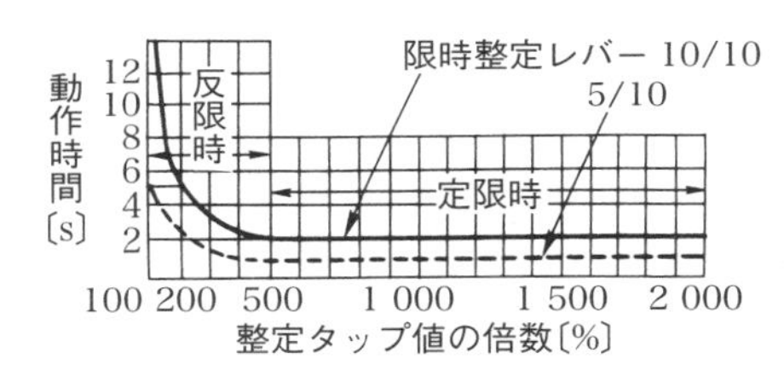

図 8　反限時定限時特性

に遮断器の動作時間，OCR の動作時間を考慮して設定するが，一般の 6 kV 高圧自家用受電設備においては**表 1** を参照する．

7　CT と OCR の組合せ計算例

図 7 を例にタップ，レバーの整定値を計算する．

① 高圧 6 kV 回路の最大定格負荷電流を 100 A とする．

② CT の選定

一次電流 I_1 は 100 A であるが，余裕をとって 150 A のものを使用することにする．CT の二次側電流の定格は 5 A であるから 150/5 A の CT となる．

このCT を使用して一次側電流が 100 A 流れると，CT 二次側の電流 I_2 は，

$$100〔\mathrm{A}〕: I_2 = 150〔\mathrm{A}〕: 5〔\mathrm{A}〕 \quad (3)$$

$$I_2 = 100 \times 5/150 = 3.3〔\mathrm{A}〕 \quad (4)$$

ゆえに，CT 二次側における負荷電流は 0～3.3 A の間ということになる．

③ OCR タップの選定

OCR の整定タップ板は一般に 3，4，5，6，8，10，12 A のタップが用意されている．この場合，直近上位の 4 A タップということになる．

④ レバー等の選定

図 8 には OCR の動作時間特性の例を示す．

縦軸に動作時間，横軸に入力電流の整定タップ値の倍数〔%〕が記入さ

れている．これは限時整定レバーが 10 目盛の位置のときの入力電流値に対する動作時間の相互関係を示している．

入力の増減に対し時間が反比例的に変化するものを反限時性といい，ほとんど変わらないものを定限時性というが，OCR は入力が小さい所では反限時性を示し，ある一定以上の値になると定限時性となることがわかる．

例えば，この特性の場合，整定タップ値の倍数が 500％以上になると，すなわち，CT 比 150/5 A，タップ 4 を設定値とすると，CT の一次電流 I_1 は，

$$150\,\mathrm{A} : 5\,\mathrm{A} = I_1 : (4\,\mathrm{A} \times 5\,倍) \tag{5}$$

$$I_1 = 150 \times (4 \times 5)/5 = 600\,〔\mathrm{A}〕 \tag{6}$$

ゆえに，一次電流 I_1 が 600 A 以上の過電流では，2 秒で主接点が閉じて動作することになる．このようなレバー位置では電力系統の末端では過電流協調が取れなくなり，もっと速く動作させる必要がある．

そこで，レバー位置を 1 目盛(1/10)又は 2 目盛(2/10)に調整して動作時間を速くする．

$$2〔秒〕\times 1/10 = 0.2〔秒〕 \tag{7}$$

$$2〔秒〕\times 2/10 = 0.4〔秒〕 \tag{8}$$

などのように調整する．

瞬時要素が付いている継電器では大きな過電流が流れた場合には，瞬時要素が働き瞬時に動作するため限時整定レバーの値を大きくすることができる．

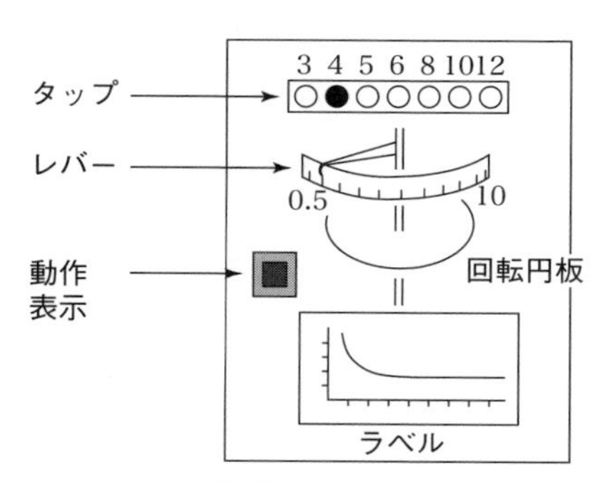

図 9　誘導形 OCR の表面

4.12 地絡継電器（GR）

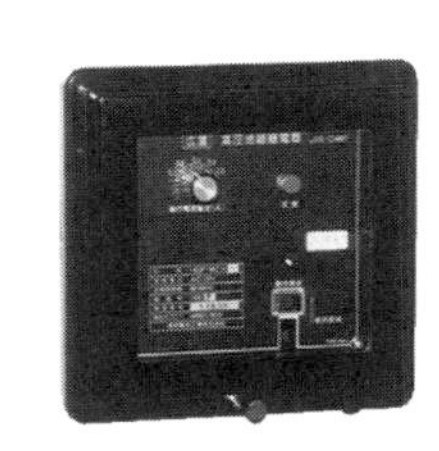

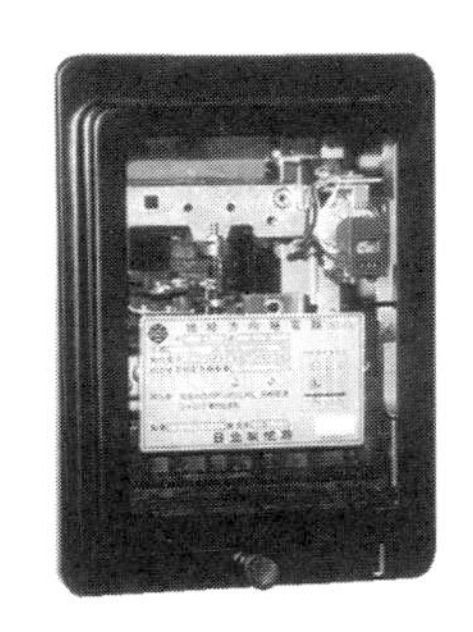

写真１　高圧地絡継電器（GR）例

1 機　能

配電系統や電気設備機器等の地絡故障は最も多い故障に数えられる．地絡継電器（以下，GR という）は，この地絡故障電流を検出して遮断器を動作させて，故障回路を遮断する役割をもっている．

地絡電流は短絡電流等に比べて事故時の電圧電流の変化が小さく，発生検出には継電器の感度を上げなければならないため，電子式継電器となっている．

地絡継電器には，地絡電流の方向を判別しないものと，判別するものがある．後者は地絡方向継電器（DGR）と呼ばれるものである．

2 構　造

6.6 kV 系高圧配電線の電路は，一般的に非接地式電路になっているが，電路の大地間静電容量によって地絡電流が流れる．

図１は，配電系統図及び GR の内部ブロック図である．

図中の P 点で１線地絡事故が発生すると，図に示したような電流が大地間静電容量をとおして地絡点に流入する．零相変流器（以下，ZCT という）を通過する合成電流はこれらの電流の総和となり，結果として零相電流が ZCT に検出される．

零相電流は，一般に mA のオーダーなので感度をよくするために増幅する必要がある．このため電子式継電器となっており，継電器の入力は電圧として取り扱われる．

ZCT から電圧の形で入力された零相電流は継電器内部のフィルタ回路，動

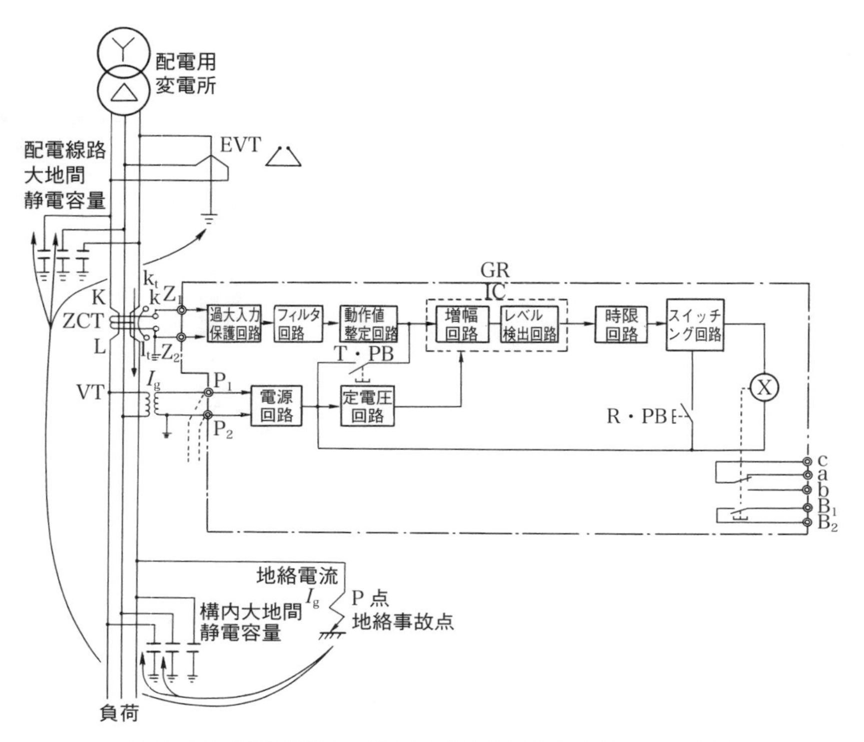

図１　高圧配電系統の概念図及び地絡継電器内部ブロック図

作値整定回路を経て増幅器で増幅され，整定値電流以上で規定の時間以上継続すると，リレーが作動して動作状態を自己保持し，これにより遮断器を作動させて故障回路を除去するとともに故障表示する．故障表示器のターゲットを手動で復帰すると自己保持は解除される．

図２は地絡方向継電器（以下，DGR という）の原理図である．

DGR は地絡電流を検出するだけではなく，地絡電流の方向をも判断するために，零相変圧器（EVT）から零相基準電圧を検出してその位相を判別し動作する継電器である．自家用構内の高圧電路の大地間静電容量が大きくなると，構外で発生した地絡事故による不必要なもらい事故動作をすることがある．このもらい動作を防止するために，接地コンデンサ（ZPD）を設置して零相基準電圧を検出し，ZCT が検出した零相電流が自構内の事故によるものか構外のものかを判別する．零相電圧のかわりに零相基準電流を ZPD から検出する方式もある．

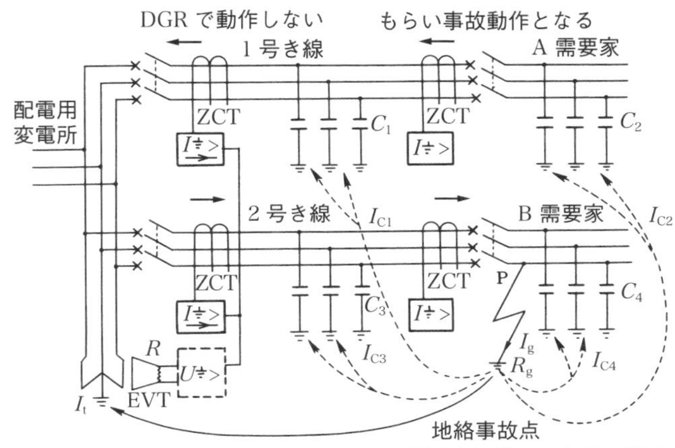

地絡電流は，変電所の EVT へ帰還する他に，点線で示すように配電線等の対地静電容量を通して流れる．A 需要家の大地間静電容量 C_2 が大きいと I_{C2} による地絡電流により，A 需要家の GR が動作する場合がある．

図 2　もらい事故（不必要動作）の原理図

3 地絡保護協調及び感度整定

地絡保護についても過電流保護協調と同様に一般送配電事業者の保護方式に対応して時限協調や地絡電流協調をとる必要がある．

しかし，地絡保護の場合，JIS に制定されたものを使用すれば，時限については OCR のような問題はなく感度電流値を適切に選定すれば協調はとれるものと考えてよい．

これは配電用変電所の地絡保護継電器は，一般に反限時特性を持たせているので，自家用変電所の GR の感度電流が 200 mA 程度では動作しないためである．

しかし，例外的に配電用変電所側で定限時特性あるいは微小地絡電流でも 0.5 秒程度で遮断するようになっている場合もあり，このようなときにはシリーストリップするおそれもある．感度タップの整定は自家用受電設備構内の大地間静電容量が小さい場合には 100～200 mA 程度の低いタップ値にすればよいが，構内の高圧ケーブル配線が長く，大地間静電容量が大きい場合には構外での地絡事故による不必要なもらい動作をする可能性が大きくなるのでタップ値を 400 mA とか 600 mA にすれば不必要動作はしなくなると考えられるが，タップ値を上げると配電用変電所の継電器との時限協調がとれない場合もでてくる．

構内の大地間静電容量が大きな設備の場合には地絡方向継電器（DGR）を設置すればもらい事故（**図 2**）を避けることができる．DGR は，零相電流要素の

表1　ケーブルの太さ・長さに対する地絡継電器の選定

太さ〔mm^2〕	長さ〔m〕	地絡継電器	整定値
22	100 以下	GR	0.2 A ～ 0.4 A
38	85 以下		
60	73 以下		
22	100 超過	DGR	0.2 A
38	85 超過		
60	73 超過		

他に零相電圧要素をもち，零相電流と零相電圧の位相により，もらい事故の場合に動作しないように作られている．

4　GR の設置

受電点には GR を設ける(電技解釈第 36 条，JIS C 4620)

① 設置場所は区分開閉器内を推奨する．

② GR 付区分開閉器が設置されていない場合は，主遮断装置に GR を設ける．

③ 複数の GR を設置する場合は協調がとれることを確認する(JIS C 4601 の GR では協調はとれない)．

④ 制御電源が喪失するような設置は避ける．

5　GR の選定

① 非方向性の場合は JIS C 4601(高圧受電用地絡継電装置)，方向性の場合は JIS C 4609(高圧受電用地絡方向継電装置)，JEM 1336 に適合していること．

② 地絡継電器の種類は，保護対象となる高圧ケーブルのこう長，太さに応じて，原則として**表1**により選定すること．

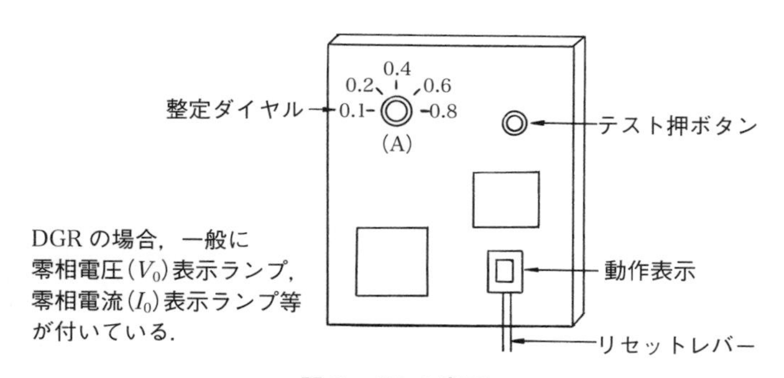

図3　GR の表面

4・13 高圧交流負荷開閉器（LBS）

写真１　高圧交流負荷開閉器（LBS）と PF の組合せ例

1 機　能

受電設備容量が小さい場合，経済的な遮断装置を得るために高圧交流負荷開閉器(以下，LBS という）と高圧限流ヒューズ(以下，PF という）を組み合わせて設置することが多い．この方式では，LBS は負荷電流の開閉はできるが短絡電流の遮断能力がないため，遮断能力を有する PF と組み合わせて補完し遮断装置とする．しかし，この場合，保護継電器と遮断器を組み合わせたような細かい機能がないため，大容量の設備や重要な設備に対しては不向きであり，設備容量が 300 kVA 以下の設備に多く使用される．PF は高圧回路の短絡電流のような大電流を，電流が波高値に達しない前に高速(5 ms 以内)で限流遮断する能力をもっている．

2 構　造

図１に，LBS－PF の組合せによる主遮断装置の結線図例を示す．短絡電流等の過電流が流れると，PF 内部の可溶体が発生したジュール熱で溶断し，回路を遮断するものである．

地絡電流による地絡継電器(GR)動作での LBS の動作は，GR からの制御信号(100 V 等)で LBS のトリップコイルが動作し，バネの力で開放される．

3 LBS の選定

① 高圧交流負荷開閉器は JIS C 4605 等に適合するものであること．

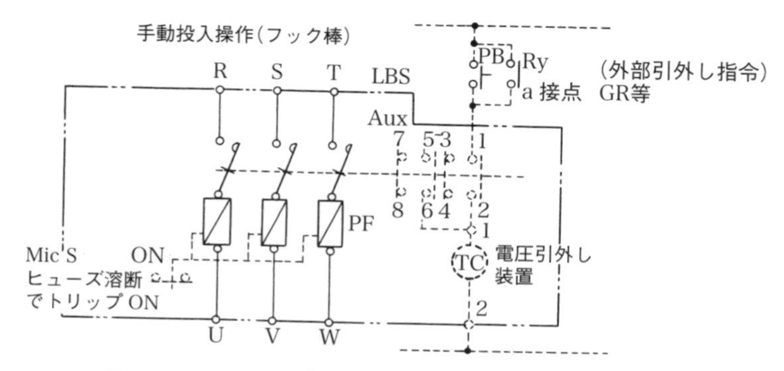

図1　LBSとPFの組合せによる主遮断装置の結線図例

② 屋外に使用する場合は，高圧交流気中負荷開閉器(AS)，高圧交流真空負荷開閉器(VS)等，オイルレスのもので屋外用のものを使用すること．

③ LBSは適正な定格のものを使用すること．

4 LBSの設置

① LBSで，充電部が露出するものを設置する場合は，その前面に赤字で危険表示をした透明な隔壁を設ける．

② PF・S形の主遮断装置を用いる限流ヒューズ付高圧交流負荷開閉器は，JIS C 4611に適合し，LBSは絶縁バリヤ付，ストライカ付(PFが1相溶断でもLBSが3相とも強制遮断する機能)のものを使用すること．

表1　高圧交流負荷開閉器の定格例

定格電圧〔kV〕		7.2				
定格電流〔A〕		100	200	300	400	600
定格開閉容量	負荷電流〔A〕	100	200	300	400	600
	励磁電流〔A〕	5	10	15	25	30
	充電電流〔A〕	10				
	コンデンサ電流〔A〕	10，15，30				
定格短時間耐電流〔kA〕(1秒)		4，8，12.5		8，12.5		

(備考)　限流ヒューズと組み合わせて使用しない場合の定格短時間耐電流は，回路の短絡電流以上の値を選定すること．

表2　限流ヒューズ付き高圧交流負荷開閉器の定格例

定格電圧〔kV〕		7.2
定格電流〔A〕		200
定格開閉容量	負荷電流〔A〕	200
	励磁電流〔A〕	10
	充電電流〔A〕	10
	コンデンサ電流〔A〕	10，15，30
定格遮断電流〔kA〕		12.5（限流ヒューズとの組合せ）

4.14 高圧限流ヒューズ（PF）

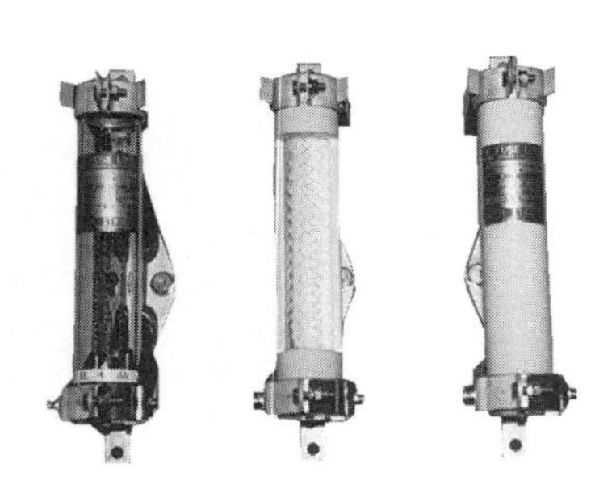

写真１　PF

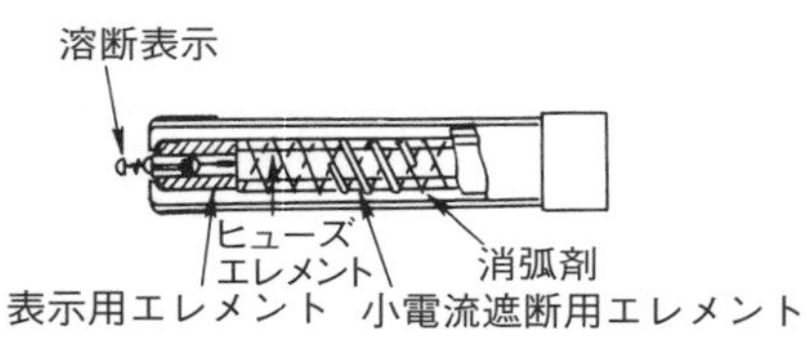

図１　PF 内部構造図

表１　高圧限流ヒューズの用途別記号

記　号	用　　途
T	変圧器用
M	電動機用
T/M	変圧器・電動機用
G	一般用（受電用主遮断装置用 JIS C 4620）
C	高圧コンデンサ用
無表示	計器用変圧器用

1　PF の選定

PF は，被保護機器の用途に応じ**表１**に示す記号表示のものを選定する．

高圧限流ヒューズは，JIS C 4604 に適合するもの，又は JEC 2330(電力ヒューズ)の規格を準用すること．

2　G 定格の選定

G 定格表示は一般保護用で，機器別の用途に規定されず使用できる．

① 受電用遮断装置として PF を使用するときは，「4. 11　主遮断装置に流れる最大電流値の算出」等に準じ最大一次電流を算出し，その一次電流にコンデンサの突入電流等を考慮したものより，G 表示定格電流値のものを選定する．

② **図２**のような三相，単相変圧器の組合せの主遮断装置として，G 定格表示の PF を選定するには，各メーカーの形式別の**表２**のような選定表から，三相，単相変圧器容量の縦横項の交点の定格電流のものを選定する．

③ 任意の変圧器の組合せの場合には，**図３**のように全変圧器を各相分に換算して，その大小関係が A≧B≧C とすると，B の３倍を**表２**の縦軸の三相項とし，A−B の差を横軸の単相項として，その交点の定格電流のものを選定する．又，短絡遮断容量も確認する．

電力ヒューズの選定は，メーカーや用途別種類により電流値の選定が異なる．基本的には，負荷電流の最大値を求めることから始まる．

表 2　G 定格表示の PF を主遮断装置に用いる場合の選定表例

三相変圧器 容量〔kVA〕6.6 kV ＼ 単相変圧器 容量〔kVA〕6.6 kV	定格電流〔A〕	0	5	10	20	30	50	75	100	150	200	300
	定格電流〔A〕	0	0.76	1.52	3.03	4.55	7.58	11.4	15.2	22.7	30.3	45.5
0	0		※	※	※	※	※	※	※	※	※	※
5	0.44	G 5(T1.5)A			G 10 (T5) A							G 100 (T 50) A
10	0.87	※	※	※								
20	1.75	※	※	※	※		G 20 (T 10)A					
30	2.62	※		※	※	※	※					
50	4.37	※			※	※	G 30(T 15)A		G 50 (T 20)A			
75	6.56	※			※		※	※	G 60(T 30)A			
100	8.75	※					※			G 75(T 40)A		
150	13.1	※						※	※	※	G 100 (T 50)A	
200	17.5	※		G 50 (T 20)A				※	G 75 ※ (T 40)A	※	※	
300	26.2	※				G 75(T 40)A			※	※		
500	43.7	※		G 100(T 50)A								

(注)(1)　変圧器励磁突入電流は変圧器定格電流×10 倍 0.1 秒，繰返しは 100 回を想定して選定．
(2)　※は二次側直下短絡時の過電流(変圧器定格電流×25 倍)で 2 秒以内に遮断．
(3)　力率改善用コンデンサが変圧器と並列に使用される場合，コンデンサ定格容量が変圧器定格容量の 1/3 以下であれば，コンデンサ定格容量を無視して本表より選定できる．

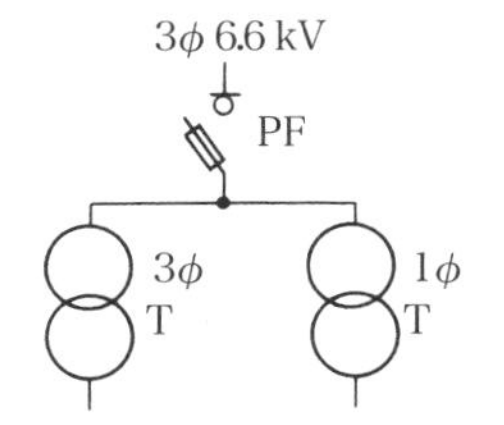

図 2　三相，単相変圧器の組合せ

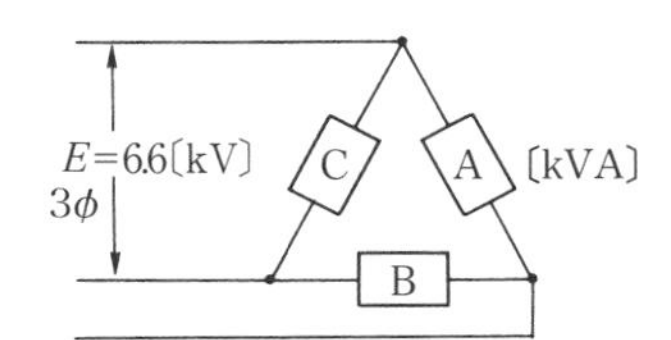

図 3　各相分の等価容量 A, B, C に換算

3　T 定格の選定 (T 定格表示：変圧器保護用)

変圧器定格電流≦PF の定格電流(直近上位のもの)

4　C 定格の選定 (C 定格表示：コンデンサ保護用)

コンデンサ定格電流≦PF の定格電流(直近上位のもの)

5　M 定格の選定 (M 定格表示：高圧電動機保護用)

電動機定格電流≦PF の定格電流(直近上位のもの)

高圧カットアウト（PC）等

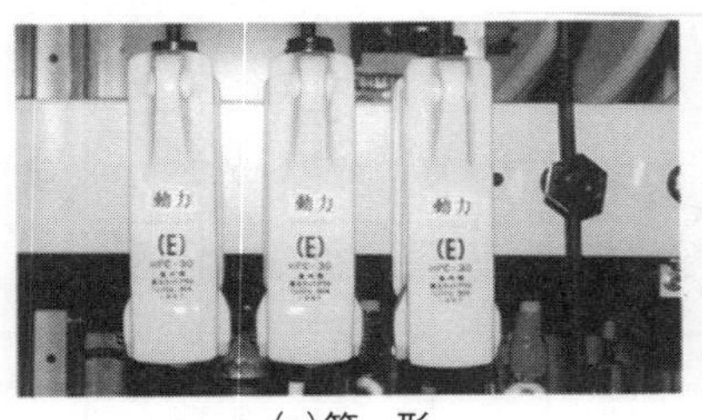

(a)箱　形

(b)円筒形

写真１　高圧カットアウト

1　機　能

主遮断装置は，高圧受電設備全体の保護を目的として設置されているため，高圧母線に接続される変圧器や高圧進相コンデンサ等の設置台数が多くなると各機器の容量・特性に応じた個別の保護装置が必要になる．したがって，変圧器の保護，高圧進相コンデンサの開閉等を目的として，安価・小形・軽量で比較的電路の開閉操作が簡単な高圧カットアウトを一次側に設置することが多い．

2　構　造

高圧カットアウトは**写真１**に示すように，箱形高圧カットアウト(PC)，円筒形高圧カットアウト(CF)がある．箱形高圧カットアウトは，ふたの開閉により電路の開閉ができ，その開閉状態が容易に確認できる．ふたの部分には取外し可能なヒューズ筒が設けられている．円筒形カットアウトは，ヒューズ筒の取付け，取外しにより電路の開閉ができる構造になっている．密閉構造のため，特に耐塩用に適している．

いずれも高圧カットアウトヒューズを取り付け，機器の保護を行う．開閉操作は各専用の操作棒を使用し，操作する者は保護具，防具を着用して行う．

3　カットアウトヒューズ

高圧カットアウトヒューズ(非限流形)にはテンションヒューズ(速動形)とタイムラグヒューズ(遅動形)がある．

テンションヒューズは，変圧器の二次側の短絡保護用として使用される．

タイムラグヒューズは，変圧器二次側短絡保護のほか，過負荷保護も兼ねる．

表1　変圧器保護用高圧カットアウトヒューズの適用例（6.6 kV 用）

変圧器定格容量〔kVA/台〕	単相変圧器			三相変圧器		
	一次電流〔A〕	タイムラグヒューズ〔A〕	テンションヒューズ〔A〕	一次電流〔A〕	タイムラグヒューズ〔A〕	テンションヒューズ〔A〕
3	0.45	1	—	0.26	—	—
5	0.76	1	5	0.44	1	—
7.5	1.14	2	5	0.66	1	—
10	1.52	2	5	0.88	1	5
15	2.27	3	5	1.31	2	5
20	3.03	5	10	1.75	2	5
30	4.55	5	10	2.63	3	5
50	7.58	10	15	4.38	5	10
75	11.4	15	20	6.57	10	15
100	15.2	20	30	8.76	10	20
150	22.7	30	50	13.1	15	30
200	30.3	50	75	17.5	20	30
300	45.5	50	100	26.3	30	50

ヒューズが溶断した場合には，赤い溶断表示がでるので保守点検が容易である．通常は短絡保護を目的としたテンションヒューズが多く使用されているが，カットアウトヒューズで遮断できる電流は1 500 A程度である．

表2　カットアウトの種類

用途	極数	遮断方式	形状
機器用	単極 三極	非限流形	箱形 筒形
断路用	単極	—	箱形

表3　定　格

用途	定格電圧〔kV〕	定格電流〔A〕	定格負荷開閉電流〔A〕
機器用	7.2	30	30
		50	50
		100	100
断路用		100	100
		200	

4 PCの選定

高圧カットアウト等を取り付ける場合は，次による．

① 高圧カットアウトのフレーム定格電流は，ヒューズの定格電流以上のものであること．

② 高圧カットアウトに使用するヒューズの定格電流は，変圧器の定格電流に適合していること．その選定は，**表1**によることが望ましい．

③ 屋外に使用する場合は，CF(耐塩用高圧カットアウト)を使用することが望ましい．

④ 限流形高圧カットアウト用ヒューズについては，JIS C 4604(高圧限流ヒューズ)によること．

4.16 変圧器（T）

(a)三相油入形　(b)単相油入形　(c)三相モールド形

写真1　変　圧　器

1 種　類

変圧器は，高圧受電電圧 6 kV を使用機器電圧である 100 V，200 V，400 V 等の低電圧に変成するための機器である．

変圧器は，電灯・コンセント回路等に電力を供給する単相変圧器，電動機等の動力設備に電力を供給する三相変圧器，灯・動共用変圧器等用途に応じた種類がある．

・電灯用変圧器　単相 2 線 105 V
　　　　　　　　単相 3 線 105/210 V
・動力用変圧器　三相 3 線 210 V
　　　　　　　　三相 3 線 420 V
・灯動共用変圧器　三相 210 V
　　　　　　　　単相 105 V，210 V 等

絶縁方式により，油入変圧器とモールド変圧器に大別される．

2 構　造

（1）油入変圧器

高圧配電用変圧器は，最も経済的である油入自冷式の変圧器が主流である．

図 1 に三相変圧器の内部構造を示す．内部には磁束を通す鉄心と電流を導

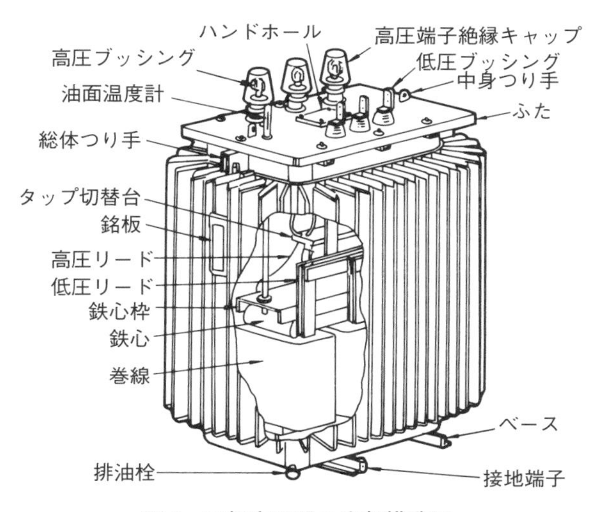

図1　三相変圧器の内部構造図

く高圧一次巻線，低圧二次巻線を主体に，巻線・鉄心・構造体間の絶縁材，受電電圧の調整用タップ切替台，内部機器と収納箱を固定するための構造体等から構成される．外部は収納箱を基礎に，高低圧回路の引出口となる高低圧ブッシング，油面温度計，ハンドホール，排油栓等から構成され，銘板が取り付けられている．

変圧器の収納箱内には絶縁と冷却のための絶縁油が満たされている．

（2）モールド変圧器

近年，保守点検が容易で難燃性に優れている等の理由からモールド変圧器が普及してきた．**図2**にモールド変圧器の構造を示す．油入変圧器と異なり鉄心が露出し，巻線がエポキシ樹脂等によりモールドされた乾式の構造になっている．巻線表面は充電部として取り扱われるので保護柵等を設置して直接充電部に触れないような措置が必要となる．モールド変圧器の温度管理は，ダイヤル温度計等により高圧巻線・低圧巻線間の空気温度を測定して表示する．

3　変圧器定格容量等の選定

高圧一次側電圧はほとんど6 kVが標準である．

二次側電圧は電灯・コンセント用として100 V，動力用として200 Vを採用しているのが標準である．近年，大規模ビル等では動力用として400 V配電が普及している．

変圧器定格容量を決定するには，負荷設備容量をもとに，需要率，不等率，

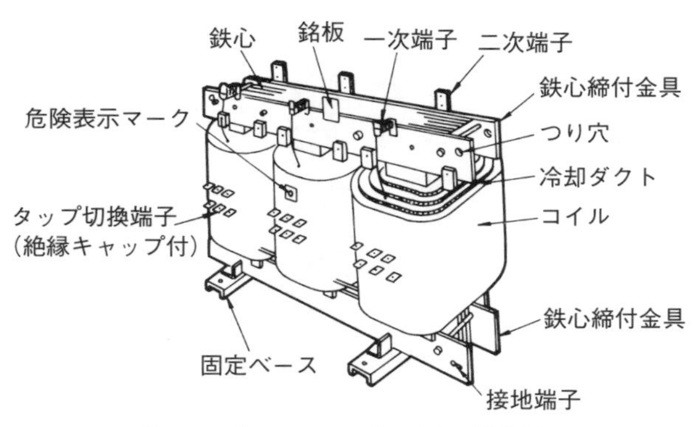

図2　三相モールド変圧器の構造図

表1　2台の同一単相変圧器に異なる1台の単相変圧器を結線して Δ－Δ で使用する場合の許容三相負荷容量

<table>
<tr><th>各変圧器の%インピーダンスの大小関係</th><th>定格容量に対する許容負荷容量〔%〕</th><td rowspan="4">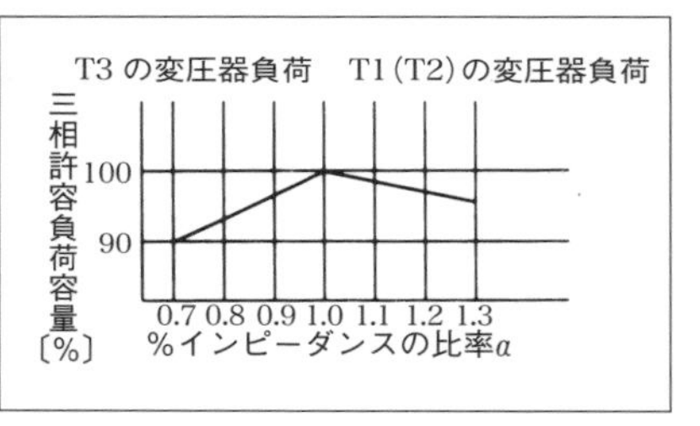
</td></tr>
<tr><td>$\%Z_1 = \%Z_2 > \%Z_3$
$(0 < a < 1)$</td><td>$\dfrac{2+a}{3} \times 100$</td></tr>
<tr><td>$\%Z_1 = \%Z_2 > \%Z_3$
$(a = 1)$</td><td>100</td></tr>
<tr><td>$\%Z_1 = \%Z_2 > \%Z_3$
$(a > 1)$</td><td>$\dfrac{2+a}{\sqrt{3} \times \sqrt{a^2+a+1}} \times 100$</td></tr>
</table>

(注)　%インピーダンスの比率 $a = \dfrac{\%Z_3}{\%Z_1}$

ただし，各変圧器の%抵抗と%リアクタンスの比は等しいものとする．

負荷率を考慮して決定する．

4 高圧電路の設備不平衡率

高圧電路の設備不平衡率は 30% 以下とすることを原則とする．ただし，単相負荷変圧器容量の最大と最小との差が 100 kVA 以下の場合は除く．

$$\text{設備不平衡率} = \frac{\begin{array}{c}\text{各線間に接続される単相負荷}\\ \text{総設備容量の最大と最小の差}\end{array}}{\text{総負荷設備容量の } 1/3} \times 100\,[\%] \qquad (1)$$

5 並行運転

並行運転をする場合は，%インピーダンス及び角変位等の条件が満足されることを確認する．

(注)　%インピーダンスが異なる場合は，負荷分担が各変圧器の%インピーダンスに逆比例するので，各変圧器の定格電流以下で使用する．

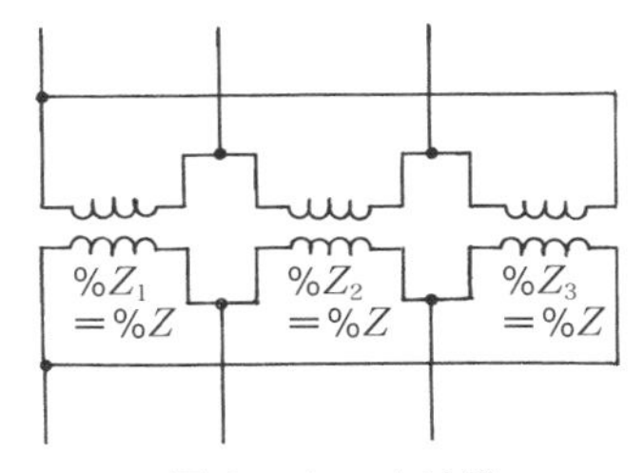

図3　△－△結線

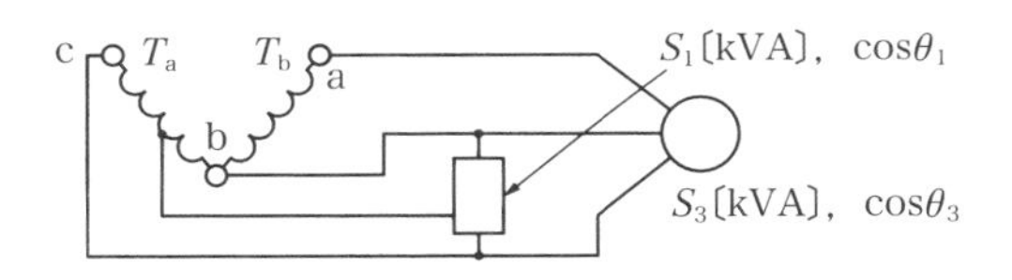

$$T_a=\sqrt{S_1{}^2+\frac{S_3{}^2}{3}+\frac{2}{\sqrt{3}}S_1S_3\cos\theta(30°+\theta_1-\theta_3)}$$

$T_b=\dfrac{S_3}{\sqrt{3}}$　T_a は遅れ位相の側に接続

(a)遅れ接続

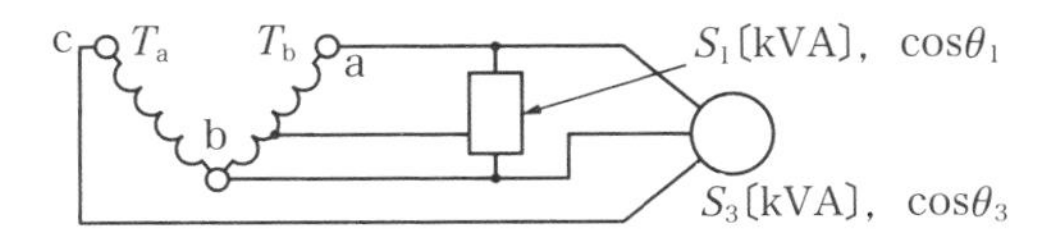

$$T_a=\sqrt{S_1{}^2+\frac{S_3{}^2}{3}+\frac{2}{\sqrt{3}}S_1S_3\cos\theta(30°+\theta_3-\theta_1)}$$

$T_b=\dfrac{S_3}{\sqrt{3}}$　T_a は進み位相の側に接続

(b)進み接続

図4　異容量V結線

6　単相変圧器の△－△結線

単相変圧器を△－△結線とするときは，同一容量，同一%インピーダンスのものを使用すること．やむを得ず1台のみ%インピーダンスが異なる単相変圧器を加えて△－△結線とする場合には，定格容量まで負荷がかけられないので，許容容量の範囲で使用する．**表1**を参照のこと．

7 V結線

V結線で単相負荷及び三相負荷に電力を供給する場合は，相回転等によって許容負荷量が異なるのでこの範囲で使用する．

8 異容量V結線

異容量V結線の場合，三相負荷力率に対して単相負荷力率が高いときには進み接続が有利である．**図4**参照．

9 PFの設置

変圧器一次側にPFを取り付ける場合は，変圧器の定格電流の直近上位のT表示定格電流値のものを選定する．

10 過負荷保護

変圧器の過負荷保護は，原則として次のいずれかによること．

① 変圧器の低圧側に適正な過電流遮断器(MCCB又はF)を取り付ける．

② 変圧器の油温又は電流により過負荷の有無を検出し，ブザー等を取り付けて警報できる装置を設ける．

変圧器の過負荷保護は，その定格電流以下で負荷(低圧)側の配線用遮断器が切れるように設置すればよいが，実際には，低圧配電盤には複数の配線用遮断器等が並列に設置されていて，その定格電流の合計は変圧器の定格電流よりも大きくなることが一般的である．その理由は，負荷の需要率を考慮したことである(1.15「低圧幹線設計の基礎と過電流遮断器」参照)．

11 電圧計，電流計の設置

原則として変圧器バンクごとに電圧計，電流計を取り付ける．希に，小規模の受電設備で，携帯用のクランプ形電流計や電圧計等で安全に計測することが可能である場合には，計測器を常備することで，電圧計，電流計が設置されていないものも散見される．

12 変圧器の一次側の開閉器

変圧器の一次側には，**表2**に従い開閉装置を設ける(小容量の場合，主遮断器に直結することが多い)．

13 変圧器のタップ

変圧器のタップは，受電電圧を一般送配電事業者に照会するなどして決定する．

表2　変圧器一次側の開閉装置

機器種別 ＼ 変圧器定格容量	開閉装置		
	CB	LBS	PC
300 kVA 以下	○	○	○
300 kVA 超過	○	○	×

表3　変圧器の結線図例

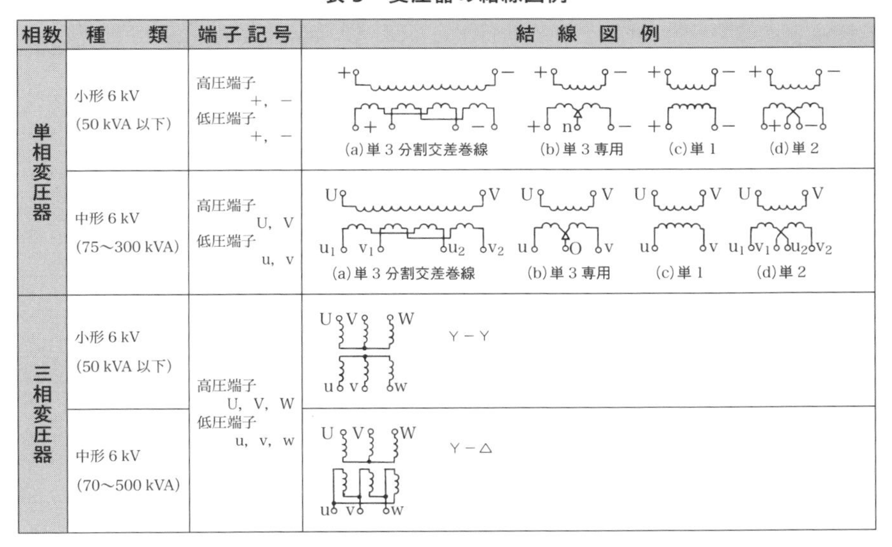

相数	種類	端子記号	結線図例
単相変圧器	小形 6 kV (50 kVA 以下)	高圧端子 +, − 低圧端子 +, −	(a)単 3 分割交差巻線　(b)単 3 専用　(c)単 1　(d)単 2
	中形 6 kV (75〜300 kVA)	高圧端子 U, V 低圧端子 u, v	(a)単 3 分割交差巻線　(b)単 3 専用　(c)単 1　(d)単 2
三相変圧器	小形 6 kV (50 kVA 以下)	高圧端子 U, V, W 低圧端子 u, v, w	Y − Y
	中形 6 kV (70〜500 kVA)		Y − △

表4　定格容量例

区分	定格容量〔kVA〕									
単相	10	20	30	50	75	100	150	200	300	500
三相		20	30	50	75	100	150	200	300	500

定格容量が単相 10 kVA 以上 500 kVA 以下及び三相 20 kVA 以上 2 000 kVA 以下の油入変圧器は，JIS C 4304(配電用 6 kV 油入変圧器)に適合するものであること．

JIS C 4304 以外の油入変圧器を使用する場合には，JEC 2200(変圧器)，JEM 1482(特定機器対応の高圧受配電用油入変圧器におけるエネルギー消費効率の基準値)に適合するものであること．

モールド変圧器は，JIS C 4306(配電用 6 kV モールド変圧器)に適合するもの，これ以外の場合には JEC 2200，JEM 1483 に適合するものであること．

4・17 高圧進相コンデンサ(SC)・直列リアクトル(SR)

写真1　高圧進相コンデンサ

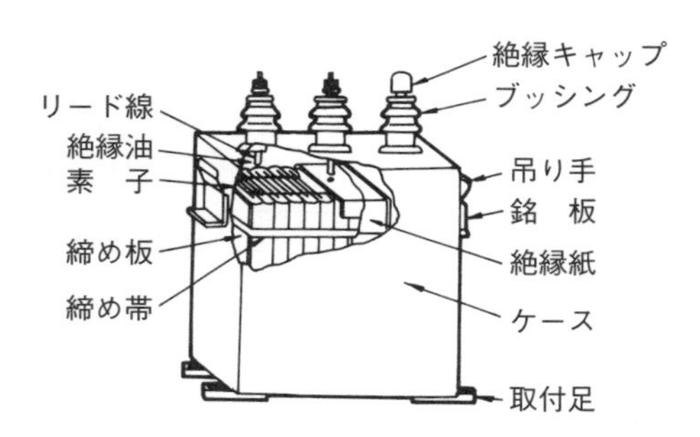

図1　高圧進相コンデンサ内部構造図

1　機　能

高圧受電設備の負荷機器は，電灯負荷のような純抵抗(力率1)に近い負荷や電動機等の誘導負荷(力率0.5〜0.8)があり，設備全体の力率は0.7〜0.8程度の遅れ力率となる．このため，実際に消費する電流よりも大きな電流を供給しなければならない．これを解消するために，進み電流となるコンデンサを設置して力率を改善しようとするものが高圧進相コンデンサである．

高圧進相コンデンサ及び直列リアクトルは，JIS C 4902(高圧及び特別高圧進相コンデンサ及び附属機器)に適合するものであること．

2　構　造

高圧進相コンデンサは，使用電圧に応じた絶縁紙と金属箔電極を交互に重ねたコンデンサ素子を主体とした構造になっている．**図1**に高圧進相コンデンサの内部構造例を示す．高圧進相コンデンサは，従来，金属箔電極(NH)が主流であった．**図2**に示すように，絶縁紙からなる誘電体と，これをはさむように一対のアルミ箔電極を巻き上げて1個の素子を作り，この素子を数個重ねて締め付け一体とし，所定の結線(**表1**)に接続して金属製の収納箱に収め，絶縁油を含浸して密封する．近年，コンデンサ素子は**図3**に示すような蒸着電極(SH)へと移りつつある．蒸着電極はフィルムに金属を蒸着させたもので，非常に薄い蒸着金属膜を電極としているために，誘電体の一部が絶縁破壊した場合，破壊点付近の蒸着膜が瞬時にして溶融飛散してしまい，周囲に電極がなくなることから絶縁を回復することができる自己回復性能を有する．さらに，

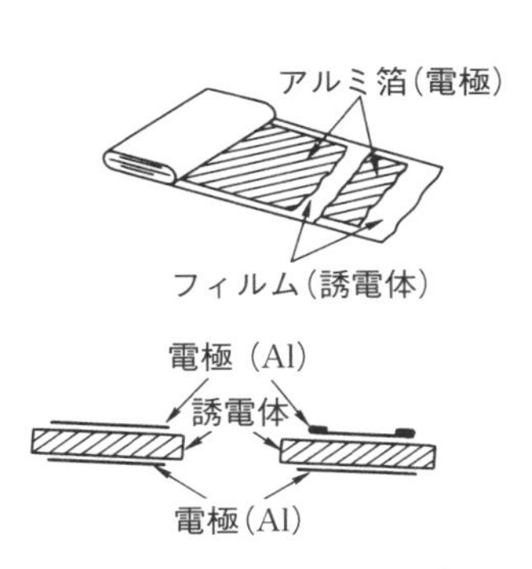

図2　NHコンデンサの構造図

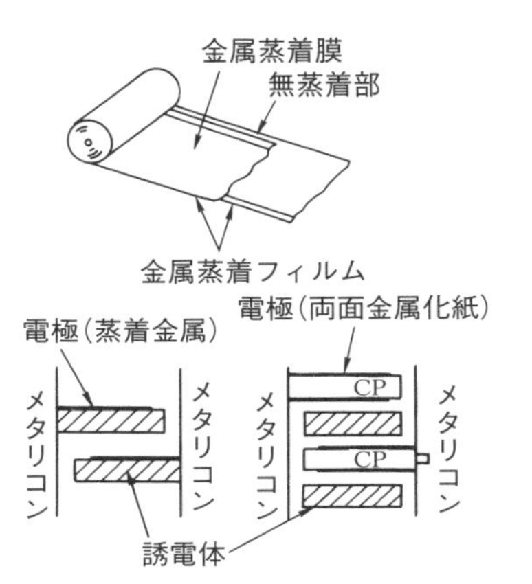

図3　SHコンデンサの構造図

表1　高圧電力用コンデンサ内部結線

定格電圧	Y　結　線	Δ　結　線
3 300 V		
6 600 V		

表2　コンデンサの保護装置

コンデンサ容量	保護装置の種類
100 kvar 以下	PF
100 kvar 超過	1．PF 2．中性点電位又は内部の圧力異常等による検出装置

（注）　100 kvar 超過の場合で，開閉頻度が多い場合には，PF が劣化するおそれもあるので，中性点電位又は内部圧力の異常等による検出装置も合わせて考慮する．

オイルレス化が進み，SF_6 ガス絶縁 SH 方式の高圧進相コンデンサが市販されるようになった．

3　保護装置

コンデンサには，絶縁劣化等により噴油，爆発等を防止するため，受電用主遮断装置に PF を使用する場合を除き，**表2**により保護装置を設ける．

4　PF の設置

コンデンサに取り付ける PF の定格電流は，コンデンサの定格電流の直近上位の C 表示定格電流値のものを選定する．

（注）コンデンサが2群以上に分割され直列リアクトルが設置されていない場合は，突入電流が大きくなるので，PF の選定に当たっては考慮すること．

表 3　進相コンデンサの開閉装置

機器種別 / 進相コンデンサ定格容量	開閉装置			
	遮断器（CB）	高圧交流負荷開閉器（LBS）	高圧カットアウト（PC）	高圧真空電磁接触器（VMC）
50 kvar 以下	○	△	▲	○
50 kvar 超過	○	△	×	○

（注 1）　表の記号は次のとおりとする．
（1）　○は，施設できる．
（2）　△は，施設できるが，進相コンデンサの定格設備容量を運用上変化させる必要がある場合には遮断器もしくは高圧真空電磁接触器を採用することが望ましい．
（3）　▲は，進相コンデンサ単体の場合のみ施設できる（原則，進相コンデンサには直列リアクトルを設置すること）．
（4）　×は，施設できない．
（注 2）　JIS C 4902-1（2010）「高圧及び特別高圧進相コンデンサ並びに付属機器―第 1 部：コンデンサ」において，「定格容量」は，コンデンサと直列リアクトルを組み合わせた設備の定格電圧及び定格周波数における設計無効電力と定義されており，上記の定格設備容量 50 kvar は，コンデンサの定格容量では 53.2 kvar（6%リアクトル付き）となる．

5　開閉器の設置

コンデンサに，負荷電流を開閉する必要がある場合に設ける開閉器は，原則として**表 3** の容量区分に応じて，開閉器の種類と同等以上の性能のあるものを使用すること．

6　直列リアクトルの設置

直列リアクトルの設置は，高圧進相コンデンサの投入時の突入電流の抑制や高調波，特に第 5 高調波等に対してコンデンサ回路のリアクタンスを誘導性とするために設置され，コンデンサ容量の 6%程度のリアクタンスの直列リアクトルが使用される．電圧歪率が大きな場合にはさらに大きな直列リアクトル(13%)を設置する．

直列リアクトルを設置する場合は，高調波による焼損のおそれがないような容量のものを選ぶこと．

（注）　（1）　リアクトル容量には 6%，8%，13%のものがある．
（2）　6%の場合は，強化形（高調波耐量 55%）のものであることが望ましい．
（3）　特に 8%，13% のリアクトルを設置する場合は，コンデンサ電圧が上昇するので，コンデンサを替える必要が生じることもある．
（4）　JIS C 4902 で，コンデンサとリアクトルが組となって規格化されている．

7　力率改善用コンデンサ容量の算出

高圧進相用コンデンサ容量は，一般的に，業務用など比較的力率のよい場合は変圧器総容量の 1/6，産業用などの場合は 1/3 程度のものが設置される．

力率改善のための算出は次のとおりである．

表 4　第 5 高調波電圧許容含有率に対する直列リアクトル定格容量及びコンデンサ定格電圧

第 5 高調波電圧許容含有率	リアクトル定格容量*	コンデンサ定格電圧*
3.5%	6%	標準品
7.6%	8%	7 170 V
18.1%	13%	7 590 V

（注）*コンデンサの定格容量に対する百分率で表される．

表 5　三相コンデンサの定格容量の標準値例

回路電圧	3 300 V，6 600 V				
公称設備容量〔kvar〕	10/12	15/18	20/24	25/30	30/36
定格設備容量〔kvar〕	10/12	15/18	20/24	25/30	30/36
定格容量〔kvar〕	10.6/12.8*	16.0/19.1	21.3/25.5	26.6/31.9	31.9/38.3

（注）*10.6/12.8 などは 10.6 kvar（50 Hz）/12.8 kvar（60 Hz）のように，50/60 Hz 共用のものを示す．

回路電圧	3 300 V，6 600 V									
公称設備容量〔kvar〕	50	75	100	150	200	250	300	400	500	750	1 000
定格設備容量〔kvar〕	50	75	100	150	200	250	300	400	500	750	1 000
定格容量〔kvar〕	53.2	79.8	106	160	213	266	319	426	532	798	1 060

（注）　定格設備容量と定格容量との関係は，以下のとおり．

$$定格容量=\frac{定格設備容量}{1-(L/100)}$$

L：直列リアクトルの%リアクタンス．$L=6$ とする．

電力会社の基本料金は力率 85%を基準に，1%力率が改善されると基本料金の合計の 1%が割り引きされる．又，力率が 1%下回ると 1%基本料金が割り増しされるので，改善目標を 100%として選定するのが理想的である．

コンデンサの容量算出式は次のとおりである．

$$Q〔\mathrm{kvar}〕=負荷電力〔\mathrm{kW}〕\times\left(\sqrt{\frac{1}{\cos^2\theta_0}-1}-\sqrt{\frac{1}{\cos^2\theta}-1}\right) \quad (1)$$

ただし，Q：力率改善に必要なコンデンサ容量

$\cos\theta_0$：力率改善前の力率

$\cos\theta$：力率改善後の力率

進相コンデンサは，負荷の種類，稼働率を勘案するとともに，インバータ機器を用いたものは力率がほぼ 1 に近いので，力率の改善対象としない等，過度の進み力率にならないように注意すること．

4.18 低圧配線用遮断器

写真１　配線用遮断器

1 機　能

配線用遮断器はMCCB(Molded Case Circuit Breaker)とも呼ばれ，国内では三菱電機(株)の商品名であるノーヒューズブレーカの呼び名でも親しまれている．

JIS C 8211によると（機械式）配線用遮断器は「通常の回路条件の下で，電流を投入，通電及び遮断することが可能で，かつ，短絡のような特定の異常回路条件の下でも，電源を投入，並びに規定した時間の通電及び遮断することが可能な能力をもつ機械式開閉機器」と定義されている．

2 構　造

配線用遮断器は，**図１**のような構造である．

・接触子機構：接点の開閉を行う．

・引外し装置：過電流，短絡電流を感知して遮断器をトリップさせる．

・消弧装置：電流を遮断するときにアークを消滅させる．

・ハンドル：遮断器の開閉を行う．

・電源，負荷端子：電路との接続端子．

配線用遮断器は動作原理により熱動電磁形と完全電磁形とに大別できる（この他，電子形もあるが，ここでは省く）．

① 熱動電磁形

図２に，熱動電磁形の引外し装置の構造を示す．

過電流領域での引外し動作は加熱抵抗部による発熱によりバイメタル（時延装置）が湾曲し，共通引外し軸に作用して遮断器をトリップさせる．

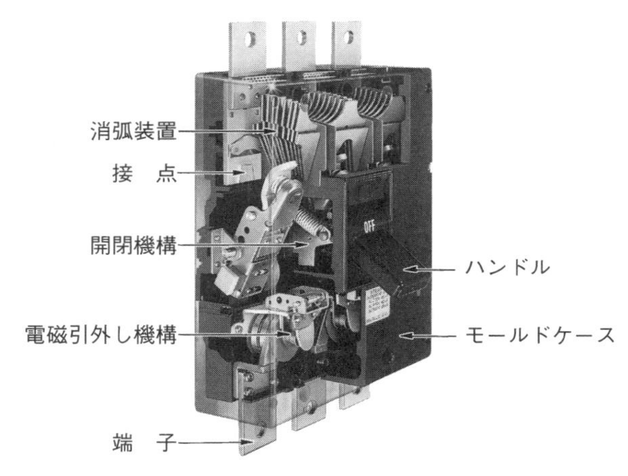

図１　配線用遮断器の内部構造

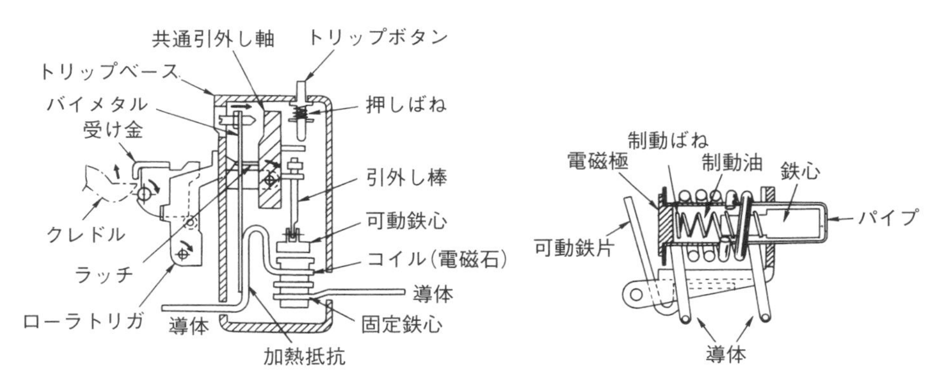

図２　熱動電磁形引外し装置の構造　　図３　完全電磁形引外し装置の構造

短絡電流のような大きな過電流領域では，瞬時に遮断器をトリップさせるため，電磁石により引外し動作を行う．

② **完全電磁形**

図３に，完全電磁形の引外し装置の構造を示す．

完全電磁形は定格電流値内の領域ではパイプ内に収められた鉄心が制動ばねにより右端に押され，可動鉄片を吸引するに至らないので遮断器はトリップしない．しかし，過電流が継続して流れると電磁石の起磁力が増加し，鉄心は制動ばねの力にうち勝って電磁極の方向に移動するため，磁気抵抗が小さくなり可動鉄片を吸引し過電流引外し動作を行う．短絡のような大きな過電流では，電磁吸引力が強くなり瞬時に引外し動作が行われる．

表1　配線用遮断器の動作時間（電技解釈第33条）

定格電流の区分	時　間	
	定格電流の1.25倍の電流を通じた場合	定格電流の2倍の電流を通じた場合
30 A以下	60分	2分
30 Aを超え50 A以下	60分	4分
50 Aを超え100 A以下	120分	6分
100 Aを超え225 A以下	120分	8分
225 Aを超え400 A以下	120分	10分
400 Aを超え600 A以下	120分	12分
600 Aを超え800 A以下	120分	14分
800 Aを超え1 000 A以下	120分	16分
1 000 Aを超え1 200 A以下	120分	18分
1 200 Aを超え1 600 A以下	120分	20分
1 600 Aを超え2 000 A以下	120分	22分
2 000 Aを超えるもの	120分	24分

3　定格と選定

配線用遮断器は交流600 V(直流500 V)以下の低圧回路の保護に用いられ，電技解釈では，

・定格電流の1倍の電流で自動的に動作しないこと．

・定格電流の1.25倍，2倍の電流を通じた場合において，**表1**に掲げる時間内に自動的に動作すること．

と規定されている．

配線用遮断器の定格電流の選定に当たっては，負荷の始動電流等で不要な動作をすることがなく，かつ配線用遮断器に接続される電線等電気機器を保護できる定格に選定しなければならない．

4　選　定

① 原則としてJIS C 8201-2-1に適合する配線用遮断器を使用する．

② 配線用遮断器の過電流素子数及び開閉部の極数は，**表2**による．

③ 過電流遮断器負荷側に接続する電線は，過電流遮断器で十分保護できるものを選ぶ．

④ 過電流遮断器は，これを施設する箇所を通過する短絡電流を遮断できるものであること．

表2　配線用遮断器の素子数等

（内規 1360-12）

回路の電気方式	配線用遮断器		
	素子を施設する極	素子の数	開閉部の極数
単相2線式（1線接地）	各極に1個ずつ	2*	2
単相2線式（中性点接地）	各極に1個ずつ	2	2
単相3線式（中性点接地）	中性極を除く他の極に1個ずつ	2	3
三相3線式（1線接地）	各極に1個ずつ	3	3
三相3線式（一相の中性点接地）	各極に1個ずつ	3	3
三相3線式（中性点接地）	各極に1個ずつ	3	3
三相4線式（中性線接地）	中性極を除く他の極に1個ずつ	3	3

（備考）*印のものは，対地電圧が 150 V 以下で接地側の確定されたものでは，接地側電線から素子を省いてよい．

表3　変圧器定格容量に対する過電流遮断器適用の一例（認定基準）

変圧器定格容量〔kVA〕	動力用（3φ3W200V）の場合			電灯用（1φ3W100V）の場合		
	遮断器1台		遮断器2台以上（定格電流の合計）	遮断器1台		遮断器2台以上（定格電流の合計）
	〔A〕 $1.5\,I_T$	遮断器の定格電流〔A〕	$2.14\,I_T$〔A〕	〔A〕 $1.5\,I_T$	遮断器の定格電流〔A〕	$2.14\,I_T$〔A〕
10	41.3	30,〔50〕	59	71.4	50,〔75〕	102
15	61.8	50,〔75〕	88	107.1	75, 100,〔125〕	153
20	82.5	75,〔100〕	118	142.8	100, 125,〔150〕	204
30	123.9	100,〔125〕	176	214.2	175,〔200〕	306
50	205.8	150, 175,〔200〕	293	354.9	250, 300,〔350〕	507
60(20×3)	245.7	175, 200,〔250〕	350			
75	311.9	250,〔300〕	445	535.5	400,〔500〕	765
90(30×3)	370.7	300,〔350〕	530			
100	412.7	300, 350,〔400〕	588	714	600,〔700〕	1 020
150	618.5	500,〔600〕	880			
200	825.3	600, 750,〔700〕	1 180			
225(75×3)			1 320			
250			1 470			
300			1 760			

表中の遮断器の定格電流は推奨値を示し，〔　〕内は直近上位の値を示す．

なお，遮断器2台以上の場合は，（注）（3）を参照のこと．

（注）（1）　過電流遮断器の定格電流は，次により選定する．

遮断器1台の場合　$I_n \leqq 1.5\,I_T$　I_n：遮断器定格電流

遮断器2台以上の場合　$\Sigma I_n \leqq 2.14\,I_T$　I_T：変圧器定格電流

（2）　表では，遮断器1台の場合の遮断器定格電流計算値($1.5\,I_T$)を示すとともに，具体的に該当遮断器の定格電流の選定例を示した．

（3）　遮断器2台以上の場合は，それぞれの遮断器定格電流の合計が表の定格電流計算値(2.14 I_T)以下となるように遮断器を選ぶこと．

ただし，遮断器1台の定格電流の最大値は，変圧器の定格電流を超えないこと．

（4）　表に示されていない変圧器定格容量の場合は，（注）（1）により計算する．

写真２　過負荷警報器（サーマルリレー）

5 低圧回路の遮断容量算定

変圧器の二次側に設置する遮断器の遮断容量は次式による.

$$I_s=\frac{T(\mathrm{kVA})\times 100}{\sqrt{3}\times V(\mathrm{V})\times Z(\%)}\times K_1\times K_2(\mathrm{A}) \qquad (1)$$

I_s〔A〕：変圧器二次側短絡電流　　K_1：非対称係数（1.25）
T〔kVA〕：変圧器容量　　K_2：電動機の発電作用係数（1.1）
V〔V〕：変圧器二次側電圧
Z〔%〕：変圧器パーセントインピーダンス

〔計算例〕

条　件

・変圧器容量 T：300〔kVA〕
・変圧器パーセントインピーダンス Z：5〔%〕
・変圧器二次側電圧 V：210〔V〕
・非対称係数：1.25
・電動機の発電作用係数：1.1

$$I_s=\frac{300(\mathrm{kVA})\times 100}{\sqrt{3}\times 210(\mathrm{V})\times 5(\%)}\times 1.25\times 1.1(\mathrm{A})=2.27\times 10^4$$
$$\fallingdotseq 23(\mathrm{kA}) \qquad (2)$$

6 過負荷警報器

変圧器の二次側で発生する短絡電流等大きな故障電流の場合には，変圧器の高圧側の遮断装置で保護することができるが，変圧器の連続した過負荷保護は期待できない.

そのため，変圧器二次側には負荷電流を監視する過負荷警報器（サーマルリレー）が設置される.

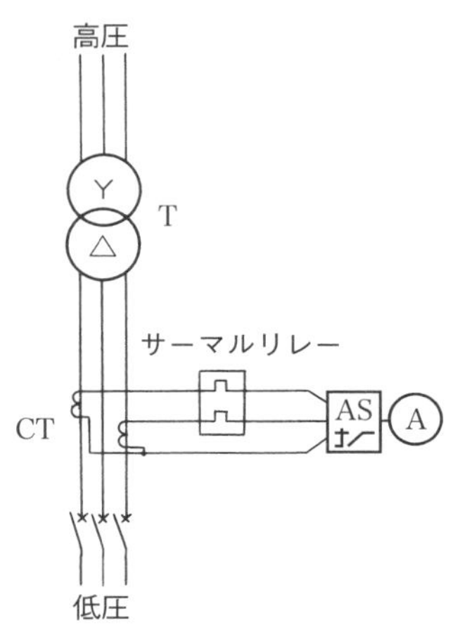

図４　過負荷警報器（サーマルリレー）の取付位置

サーマルリレーはバイメタルと加熱抵抗器からなる時延動作の熱動形過電流継電器で，過電流により温度が上昇してバイメタルの湾曲が所定の値以上になると，接点が閉じて警報を発する.

サーマルリレーは，配線用遮断器(MCCB)と電磁接触器と組み合わせて電動機の保護などにも応用される．この組合せは，過負荷保護はサーマルリレーが受け持ち，短絡保護はMCCBで保護を行う方式で，最も一般的に用いられる.

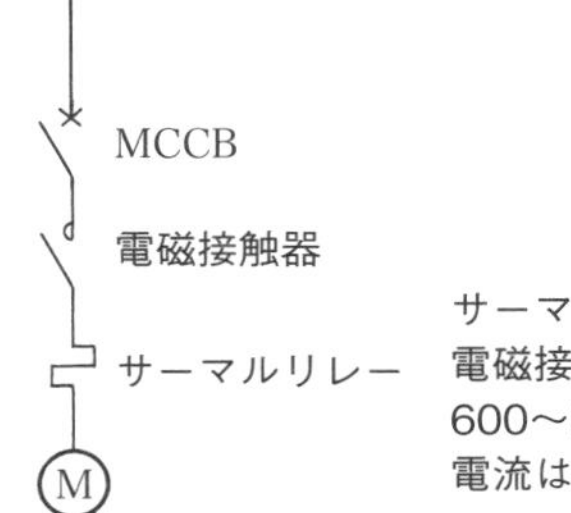

図５　電動機の保護例

4・19 漏電遮断器

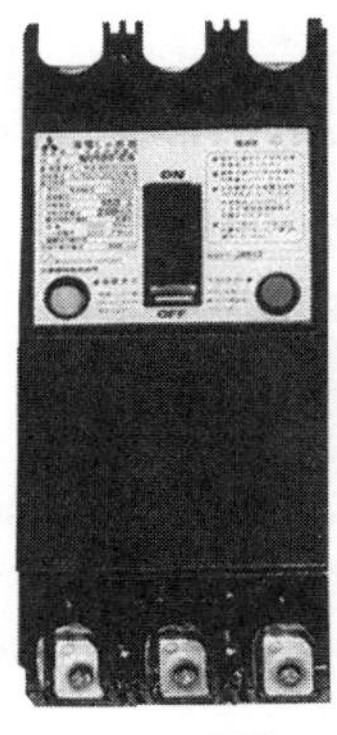

写真1　漏電遮断器

1 機能と構造

低圧側の電路で絶縁不良が生じると大地に漏れ電流が流れる．この漏れ電流は変圧器のB種接地線に還流するもので，感電・火災等の危険要因となる．

漏電遮断器はこの漏れ電流を零相変流器(ZCT)で捕らえ，所定の感度電流値以上になるとトリップ信号を遮断器に出して回路を遮断する．感度電流及び漏電引外し時間は**表1**のようなものがある．

2 漏電遮断器の取付基準

次の電路には漏電遮断器を施設する．

① 金属製外箱を有する使用電圧が60Vを超える低圧の機械器具に接続する電路（電技解釈第36条）には，**表2**により漏電遮断器を施設する．

② 火薬庫内の電気設備に電気を供給する電路(電技解釈第178条)．

③ 発熱線に電気を供給する電路(電技解釈第195条)．

④ 電気温床に電気を供給する電路(電技解釈第196条)(警報装置でも可)

⑤ プール等の水中照明灯用電路で，30Vを超える絶縁変圧器の二次側電路(電技解釈第187条)．

⑥ 接地工事を施さなければならない低圧用機械器具の鉄台又は外箱でやむを得ずこれを省略する場合で，これらの機器に電気を供給する電路(電技解釈第29条)．

表1　漏電遮断器の種類（JIS C 8201, 8221, 8222）

感度電流による区分		定格感度電流〔mA〕
高感度形		5, 6, 10, 15, 30
中感度形		50, 100, 200, 300, 500, 1 000
低感度形		3 000, 5 000, 10 000, 20 000, 30 000
動作時間による区分		動　作　時　間
非時延形	高速形	定格感度電流で 0.1 秒以内
	反限時形	定格感度電流で 0.3 秒以内 定格感度電流の 2 倍の電流で 0.15 秒以内 定格感度電流の 5 倍の電流で 0.04 秒以内
時延形	反限時形*	定格感度電流で 0.5 秒以内 定格感度電流の 2 倍の電流で 0.2 秒以内 定格感度電流の 5 倍の電流で 0.15 秒以内
	定限時形	定格感度電流で 0.1 秒を超え 2 秒以内

（注）　*印のものは，定格感度電流の 2 倍における慣性不動作時間が 0.06 秒の場合を示す．その他のものは，製造業者の指定による．

⑦ 対地電圧が 150V を超える移動式もしくは可搬式のもの又は水等導電性の高い液体によって湿潤している場所その他鉄板上，鉄骨上，定盤上等導電性の高い場所において使用するものに接続する電路（安衛則 333 条）．

⑧ ダクトの導体に電気を供給する電路(電技解釈第 165 条)．

⑨ 平形保護層配線に電気を供給する電路(電技解釈第 165 条)．

⑩ パイプライン等の電熱装置の施設に電気を供給する電路(電技解釈第 197 条)．

⑪ コンクリートに直接埋設して施設するケーブルの臨時配線(電技解釈第 180 条)．

3 漏電遮断器の取付けを省略することができる施設

表 3 に示す施設は，漏電遮断器の取付けを省略できる．

4 漏電遮断器の選定

① 漏電遮断器は JIS C 8221 に適合するものを選定する．

② 感度電流は**表 1** を参考にする．

③ 漏電遮断器は設置対象電路ごとに，原則として分岐点又は手元開閉器の設置箇所に設ける．

④ 幹線等に設置する場合は，特に次の事項に留意して選定する．

a．感度電流は，電路の対地静電容量によって流れる電流を勘案して選定する．

b．幹線及び負荷側に漏電遮断器を設定する場合は保護協調がとれるものを選定する．

表 2　漏電遮断器の取付基準

電気機器の施設場所＼電路の対地電圧		60 V 超過 150 V 以下	150 V 超過 300 V 以下	300 V 超過	備　　考
屋内	乾燥した場所	不　要	住宅に設ける機器には ELCB を設置すること	要	住宅に設けるクーラー等が該当する．
	湿気の多い場所	不　要	要	要	a　浴室又はそば屋，うどん屋などのかま場のように水蒸気が充満する場所 b　床下 c　酒，醤油などを醸造し，又は貯蔵する場所 d　その他上記に類する場所 （注）料理店の調理場（a に該当する場合は除く）住宅の台所のような場所は含まない．
屋側	雨線内	不　要	不　要	要	雨線内，雨線外の説明図．（雨線内 雨線外 AS）
	雨線外	（注）（2）	要	要	
屋外		（注）（2）	要	要	
水気のある場所		要	要	要	a　魚屋，八百屋，クリーニング店の作業場などの水を取り扱う土間，洗車場，洗い場又はこれら付近の水滴が飛散する場所 b　簡易な地下室のように常時水が漏出し，又は結露するような場所 c　沼，池，プール，用水など及びそれらの周辺の場所

（注）（1）　機械器具を乾燥した場所に施設した場合においても人が水気のある場所にいて機械器具に触れるおそれがある場合（プール，発掘等で電気機械器具が金属配管で結ばれており，これに触れる場合も含む），又は大地と電気的につながりをもった金属体と同時に触れるおそれがある場合は，水気のある場所として適用する．

（2）　自動販売機，冷凍ショーケース，浄水器付水銀灯等を屋側の雨線外及び屋外に設置してある場合は，水気のある場所に設置したものとみなす．

（3）　冷蔵庫等に漏電遮断器を取り付ける場合は，漏電遮断器が動作して停電した場合に警報する装置を常時人が居る場所に設けることが必要である．なお，夜間等無人になる事業場で漏電遮断器の動作により商品等に大きな損害が生じるおそれのある場合は，次の対策を現場に合わせて協議すること．

a．機械器具の D 種接地抵抗値を 3 Ω 以下にすること．

b．絶縁変圧器（300 V 以下，3 kVA 以下）からの非接地電路にすること．

（4）　400 V 電路に施設する漏電遮断器は変電室等に設置すること．

c．負荷設備の種類により，漏電遮断器が動作した場合に大きな損害又は災害が生じるおそれがないかを検討し，漏電遮断器以外の感電防止措置についても協議する．

d．感電防止用として漏電遮断器を設置する場合は，高速高感度形を使用する．

⑤ 感電防止を目的として施設する漏電遮断器は，高速高感度形のものであること．ただし，感電事故防止対象器具の外箱などに施す接地工事の接地

表3　漏電遮断器を省略できる施設

区分	内容
漏電警報器でもよい電路	・低圧又は高圧の電路で，非常用照明装置，非常用昇降機，誘導灯等消防設備，鉄道用信号装置が停止すると公共の安全の確保に支障を生じるおそれのある機械器具に電気を供給する電路
漏電遮断器を施設しなくてもよい電路	・電気取扱者以外の者が立ち入りできないように設備した場所に機器を施設する場合
	・機器を乾燥した場所に施設する場合
	・対地電圧 150 V 以下の機器を水気のある場所以外に施設する場合
	・機器に施された C 種又は D 種接地工事の接地抵抗値が 3 Ω 以下の場合
	・電気用品の適用を受ける二重絶縁構造の機器を施設する場合
	・当該電路の電源側に絶縁変圧器(二次電圧 300 V 以下)を施設し，かつ絶縁変圧器の負荷側を接地しない場合
	・ゴム，合成樹脂その他の絶縁物で被覆した機器を施設する場合
	・機器が誘導電動機の二次側電路に接続されるものの場合
	・試験用変圧器，電力線搬送用結合リアクトル，X 線発生装置，電気浴器，電炉，電気ボイラ，電解槽など大地から絶縁することが技術上困難なものを接続する場合
	・機器内に電気用品の適用を受ける漏電遮断器が取り付けられ，かつ電源引出部が損傷を受けないよう施設される場合

表4　保護接地抵抗値

漏電遮断器の動作感度整定電流〔mA〕	接地抵抗値〔Ω〕	
	水気のある場所など電気的危険度の高い場所	その他の場所
30	500	500
50	500	500
75	333	500
100	250	500
150	166	333
200	125	250
300	83	166
500	50	100
1000	25	50

(内線規程 1375-3 表)

抵抗値が**表4**に掲げる値以下の場合であって，かつ，漏電遮断器の動作時間が 0.1 秒以内の場合は，中感度形のものとすることができる．

5　漏電遮断器の取付上の注意点

① 電源側と負荷側の接続を正しく行う．

② 三相 4 線式回路用の漏電遮断器(4 極)を三相 3 線式回路に使用する場合，漏電遮断器の中性極は遊ばせておく（**図3**）．

③ 三相 3 線式回路用遮断器と ZCT，漏電リレーを組み合わせて三相 4 線式

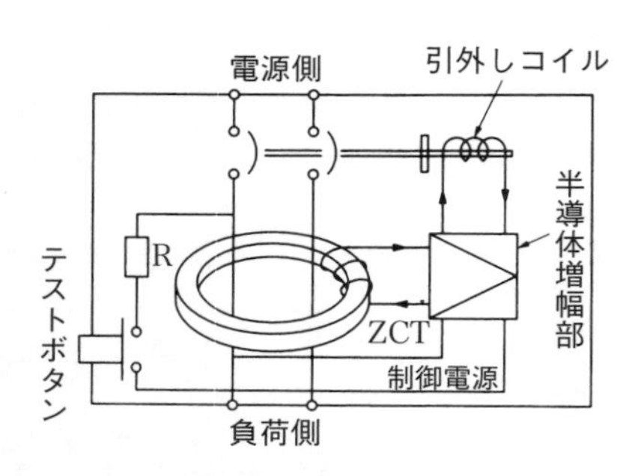

図１　単相２線式漏電遮断器の回路（電子式）

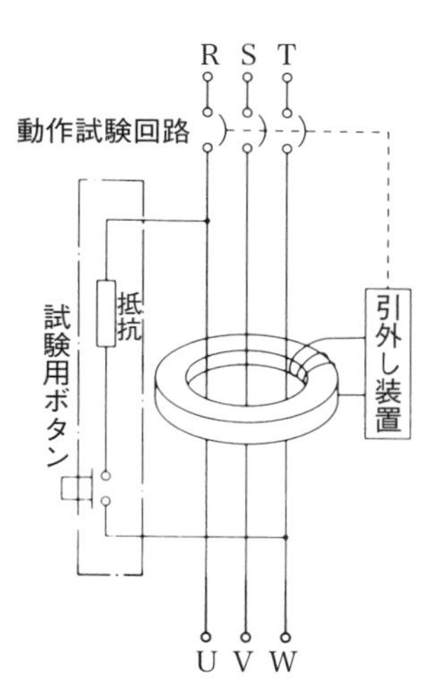

図２　三相３線式漏電遮断器の回路

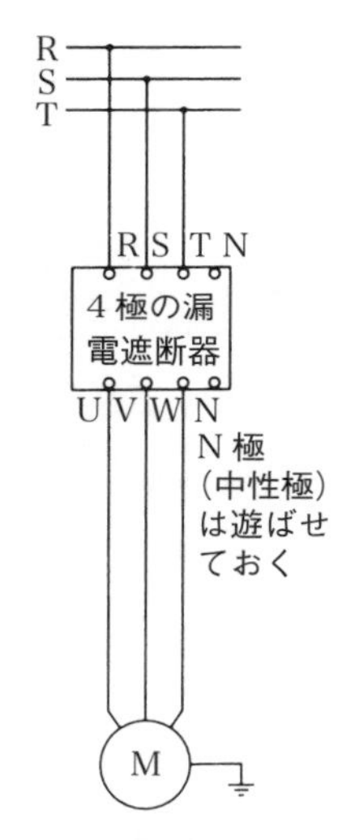

図３　４極の漏電遮断器を三相３線式回路で使用する場合

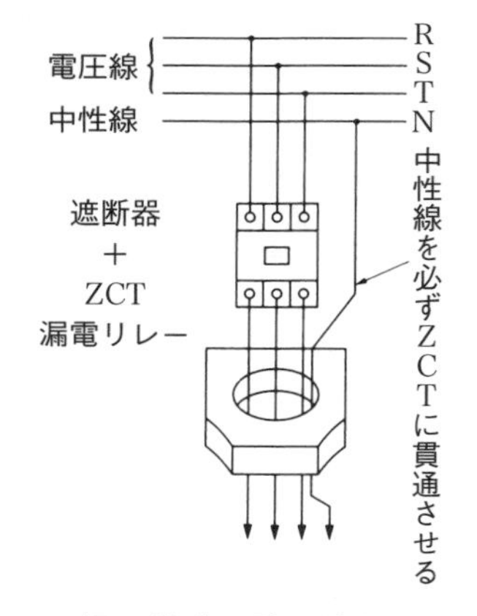

図４　三相３線式回路用遮断器と ZCT，漏電リレーを組み合わせて三相４線式回路に使用する場合

回路に使用する場合は，中性線も必ず ZCT を貫通させなければならない（図 4）．

6 漏電警報器

低圧側の電路で絶縁不良が生じると大地に漏れ電流が流れる．この漏れ電流

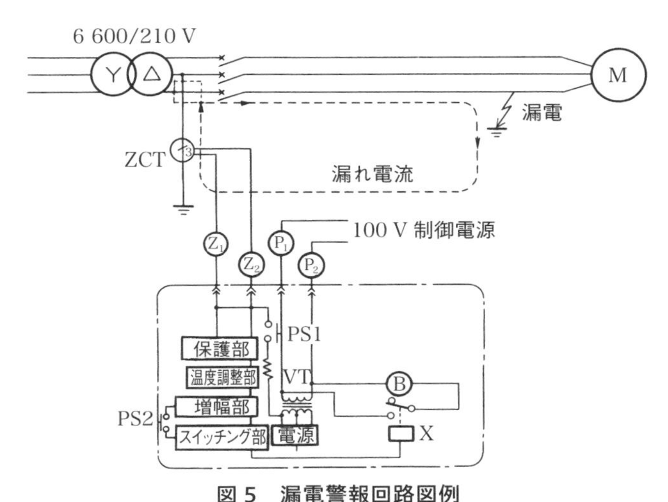

図 5　漏電警報回路図例

写真 2　漏電警報器

は変圧器の B 種接地線に還流するもので，感電・火災等の危険要因となる．

そこで，B 種接地線に零相変流器(ZCT)を設置して漏れ電流を検出し，漏れ電流が所定の値以上(一般に 200 mA)になると漏電警報を発する装置である．

① 設置対象は，壁，床，天井等が鉄網(ラス)入りモルタル塗りで，その防火対象物は**表 5** によること．

② 漏電火災警報器は，他の電路の誘導又は振動等の影響を受けない場所に堅ろうに施設する．

③ 零相変流器は，警戒電路の漏れ電流を有効に検出できる位置であって，点検が容易な場所に施設すること．

表 5　漏電火災警報器の取付けを必要とする防火対象物(消施令)

項	建　築　物 (防火対象物)	該　当　条　件	
		延べ面積〔m^2〕	契約電流〔A〕
1	(イ) 劇場，映画館，演芸場，観覧場 (ロ) 公会堂，集会場	300 以上	
2	(イ) キャバレー，カフェー，ナイトクラブの類 (ロ) 遊技場，ダンスホール (ハ) 風俗営業関連（一部除外あり） (ニ) カラオケ店その他類するもの		

3	（イ）待合，料理店の類 （ロ）飲食店		50 超過
4	百貨店，マーケット，展示場		
5	（イ）旅館，ホテル，宿泊所 （ロ）寄宿舎，下宿，共同住宅	150 以上	
6	（イ）病院，診療所，助産所 （ロ）養老施設，救護施設，厚生施設，児童福祉施設，身体障害者更生援護施設等 （ハ）老人デイサービスセンター等 （ニ）幼稚園，特別支援学校	300 以上	
7	小学校，中学校，高等学校，各種学校	500 以上	
8	図書館，博物館，美術館		
9	（イ）公衆浴場のうち，蒸気浴場，熱気浴場の類 （ロ）（イ）に掲げる公衆浴場以外の公衆浴場	150 以上	
10	車両の停車場，船舶航空機の発着場	500 以上	
11	神社，寺院，教会の類		
12	（イ）工場，作業場 （ロ）映画スタジオ，テレビスタジオ	300 以上	
13	（イ）自動車車庫，駐車場 （ロ）飛行機等の格納庫		
14	倉　　庫	1 000 以上	
15	1 から 14 に該当しない事業場		
16	（イ）複合用途の建物でその一部が 1 から 15 までのうち，1 から 4，5（イ），6，9（イ）に掲げる防火対象物の用途に使用されている部分があるもの	左記の防火対象物のうち，延べ面積 500 以上でかつ 1 から 4，5（イ），6，9（イ）に掲げる防火対象物の用途に使用される部分の床面積の合計が 300 以上	50 超過
	（ロ）複合用途の建物でその一部が 1 から 15 までのうち（イ）に掲げる以外のもの		
16 の 2	地下街	300 以上	
16 の 3	建築物の地階（16 の 2 を除く）で連続して地下道に面した部分と地下道を合わせたもの（特定防火対象物に限る）		
17	重要文化財，重要民族資料，史跡などの建造物	全　部	

4.20 電力需給用計器用変成器（VCT）

写真１　電力需給用計器用変成器（VCT）

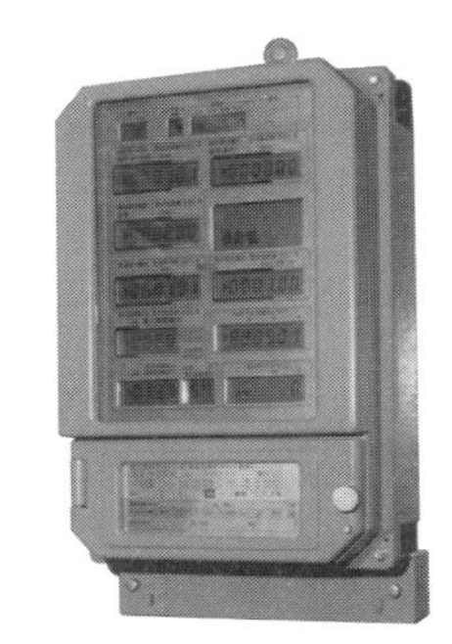

写真２　電子式電力量計

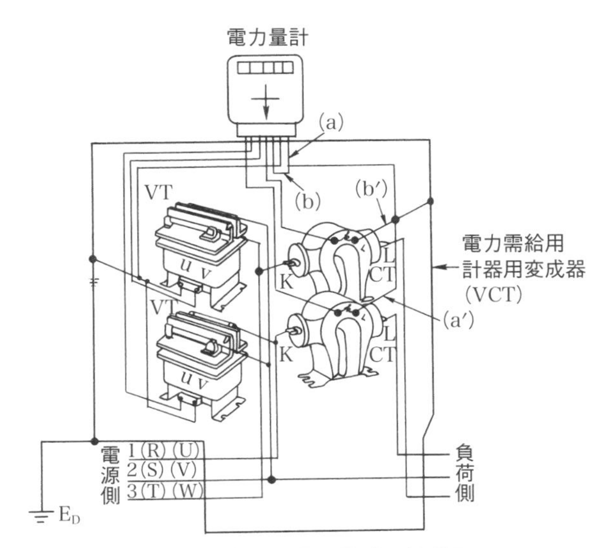

図１　変成器と電力量計の接続図

電力需給用計器用変成器は，計器用変圧器，変流器を一体化した機器で，変成された電圧・電流は電力量計に送られ，使用した電力量を積算し表示する仕組みになっている．**図１**にその内部接続図を示す．

電力需給用計器用変成器，電力量計は，一般送配電事業者の財産であり，一般送配電事業者の関係者以外の者はその取り扱いをすることができない．

●制御器具番号

(JEM1090)

基本器具番号	器具名称
1	主幹制御器・スイッチ
2	始動もしくは閉路限時継電器又は，始動もしくは閉路遅延継電器
3	操作スイッチ
4	主制御回路用制御器・継電器
5	停止スイッチ・継電器
6	始動遮断器・スイッチ，接触器・継電器
7	調整スイッチ
8	制御電源スイッチ
9	界磁転極スイッチ・接触器・継電器
10	順序スイッチ・プログラム制御器
11	試験スイッチ・継電器
12	過速度スイッチ・継電器
13	同期速度スイッチ・継電器
14	低速度スイッチ・継電器
15	速度調整装置
16	表示線監視継電器
17	表示線継電器
18	加速もしくは減速接触器又は，加速もしくは減速継電器
19	始動–運転切換接触器・継電器
20	補機弁
21	主機弁
22	漏電遮断器，接触器・継電器
23	温度調整装置・継電器
24	タップ切換装置
25	同期検出装置
26	静止器温度スイッチ・継電器
27	交流不足電圧継電器
28	警報装置
29	消火装置
30	機器の状態又は故障表示装置
31	界磁変更遮断器，スイッチ，接触器・継電器
32	直流逆流継電器
33	位置検出スイッチ・装置
34	電動順序制御器
35	ブラシ操作装置・スリップリング短絡装置
36	極性継電器
37	不足電流継電器
38	軸受温度スイッチ・継電器
39	機械的異常監視装置・検出スイッチ
40	界磁電流継電器・界磁喪失継電器
41	界磁遮断器・スイッチ・接触器
42	運転遮断器，スイッチ・接触器
43	制御回路切換スイッチ，接触器，継電器
44	距離継電器
45	直流過電圧継電器
46	逆相又は相不平衡電流継電器
47	欠相又は逆相電圧継電器
48	渋滞検出継電器
49	回転機温度スイッチもしくは継電器又は過負荷継電器
50	短絡選択継電器・地絡選択継電器
51	交流過電流継電器・地絡過電流継電器
52	交流遮断器・接触器
53	励磁継電器・励孤継電器
54	高速度遮断器
55	自動力率調整器・力率継電器
56	すべり検出器・脱調継電器
57	自動電流調整器・電流継電器
59	交流電圧継電器
60	自動電圧平衡調整器・電圧平衡継電器
61	自動電流平衡調整器・電流平衡継電器
62	停止もしくは開路限時継電器又は停止もしくは開路遅延継電器
63	圧力スイッチ・継電器
64	地絡過電圧継電器
65	調速装置
66	断続継電器
67	交流電力方向継電器・地絡方向継電器
68	混入検出器
69	流量スイッチ・継電器
70	加減抵抗器
71	整流素子故障検出装置
72	直流遮断器・接触器
73	短絡用遮断器・接触器
74	調整弁
75	制動装置
76	直流過電流継電器
77	負荷調整装置
78	搬送保護位相比較継電器
79	交流再閉路継電器
80	直流不足電圧継電器
81	調速機駆動装置
82	直流再閉路継電器
83	選択スイッチ，接触器・継電器
84	電圧継電器
85	信号継電器
86	ロックアウト継電器
87	差動継電器
88	補機用遮断器，スイッチ，接触器・継電器
89	断路器・負荷開閉器
90	自動電圧調整器・自動電圧調整継電器
91	自動電力調整器・電力継電器
92	扉・ダンパ
94	引外し自由接触器・継電器
95	自動周波数調整器・周波数継電器
96	静止器内部故障検出装置
97	ランナ
98	連結装置
99	自動記録装置 注 1）予備番号　58：93 2）補助記号・補助番号は省略 器具番号の表示方法 例：22（漏電継電器） 例：43–95（周波数継電器切換スイッチ）

第5章

接地工事

接地工事の種類は，A種，B種，C種，D種に分類されるが，その主な目的は，電気設備の故障時などにおける感電・火災等の危険防止である．

ここでは，接地工事の種類と適用，接地を施す機器や電路の具体的な例，接地極の施工などについて説明する．

5.1 接地工事の種類等

表1　接地工事の種類及び接地線の太さ（電技解釈第17条，第24条）

接地工事の種類	接地抵抗値	接地線の太さ
A 種接地工事	10 Ω 以下	2.6 mm 以上の軟銅線（引張強さ 1.04 kN）
B 種接地工事	$\frac{150}{線路の1線地絡電流}$〔Ω〕以下 [*高・低圧混触の際に高圧側電路を1秒を超え2秒以内に遮断すれば $\frac{300}{線路の1線地絡電流}$〔Ω〕以下 *高・低圧混触の際に高圧側電路を1秒以内に遮断すれば $\frac{600}{線路の1線地絡電流}$〔Ω〕以下]	直径 4 mm（引張強さ 2.46 kN）（高圧電路又は第108条に規定する特別高圧架空電線路の電路と低圧電路とを変圧器により結合する場合は，直径 2.6 mm 引張強さ 1.04 kN）
C 種接地工事	10 Ω 以下 [地絡を生じたときに 0.5 秒以内に遮断すれば 500 Ω]	1.6 mm 以上の軟銅線（引張強さ 0.39 kN）
D 種接地工事	100 Ω 以下 [地絡を生じたときに 0.5 秒以内に遮断すれば 500 Ω]	

（注）　*印部には，特別高圧 35 000 V 以下の電路も適用される．

1 接地工事の目的

① 高低圧機器の金属製外箱などを接地することにより，漏電した場合に感電を防止する．

② 変圧器が高圧側と低圧側で絶縁破壊を生じた場合，混触による低圧側の高電圧による漏電あるいは感電の災害を防止する．

③ 高圧回路に接近する導体は大地と絶縁されており，静電的に，又，高抵抗の電位差の影響で電位が上昇することがあるので，この導体を接地することにより大地を零電位にすることができ，計器の指示を安定させる．VT，CT の二次側接地は，その一例である．

④ 避雷器，避雷針の接地により，雷電流を大地に導き雷災害を防止する．

⑤ その他　電気的に必要な接地工事．

2 接地工事の種類

接地工事は**表1**のとおり A 種接地工事，B 種接地工事，C 種接地工事，D 種接地工事に分類される．

電気工作物に対する主な接地工事は，**表2**のとおりである．

表 2　電気工作物に対する主な接地工事の種類

接地を要する機器及び電路	使用電圧	接地工事の種類	電技解釈の条項
電路に施設する機械器具の鉄台及び金属製外箱	高　　圧 300 V を超える低圧 300 V 以下の低圧	A 種 C 種 D 種	第 29 条
高圧と低圧の混触防止装置	低　　圧	B 種	第 24 条
高圧用機械器具を収めた金属製の箱	高　　圧	D 種	第 21 条
計器用変成器二次側電路	高　　圧	D 種	第 28 条第 1 項
避雷器	高　　圧	A 種	第 37 条
架空ケーブル工事のちょう架用線	高圧・低圧	D 種	第 67 条第 1 項第四号
地中電路の金属被覆，金属製の電路接続箱等	高圧・低圧	D 種	第 123 条*
屋側電線路のケーブルを収める防護装置の金属製部分	高　　圧	A 種（接触防護措置を施す場合は，D 種）	第 111 条第 2 項第七号
屋内ケーブル工事の金属製被覆及び金属製防護装置	高　　圧	A 種（接触防護措置を施す場合は，D 種）	第 168 条第 1 項第三号ハ
合成樹脂管工事の金属製ボックス，金属管工事の金属管，金属線ぴ工事の金属線ぴ，金属可とう電線管，金属ダクト工事及びバスダクト工事，フロアダクト工事，セルラダクト工事，ライティングダクト工事のダクト，平形保護層工事の金属保護層，ケーブル工事の金属被覆等	300 V 以下の低圧 300 V を超える低圧	D 種 C 種	第 158 条～165 条
興行場の舞台用コンセントボックス，フライダクト及びボーダーライトの金属製外箱	低　　圧	D 種	第 172 条第 2 項第五号
屋内に施設する低圧接触電線に使用する絶縁変圧器の 1 次巻線と 2 次巻線間の混触防止板	低　　圧	A 種	第 173 条第 5 項第五号
ネオン用及び放電灯用変圧器の外箱，放電灯用器具の金属製部分	高圧・低圧	A，C，D 種	第 185 条，186 条
放電灯用変圧器の 2 次短絡電流又は管灯回路の動作電流が 1 A を超える場合の放電灯用安定器の外箱及び放電灯用器具の金属性部分	高　　圧 300 V を超える低圧	A 種，D 種	第 185 条，186 条
電極式温泉用昇温器の遮へい装置の電極，吸水ポンプ，変圧器外箱	低　　圧	A 種，C 種 D 種	第 198 条
電極式温泉用昇温器，電気浴器，銀イオン殺菌装置の電源装置の金属製外箱等	低　　圧	D 種	第 198 条
交流電車線等と交差する架空電線腕金類	高　　圧	D 種	第 75 条第 7 項第四号ロ
高周波電流の発生を防止する装置の電路と大地との間に設けるコンデンサ及び接地側端子	低　　圧	D 種	第 155 条第 1 項第二号
アーク溶接装置の被溶接材又は電気的に接続される持具，定盤等の金属体	低　　圧	D 種	第 190 条第 1 項第五号
エックス線発生装置の変圧器の外箱等	特 別 高 圧	D 種	第 194 条第 1 項第三号ロ
フロアヒーティングの電線等の被覆に使用する金属体	300 V を超える低圧 300 V 以下の低圧	C 種 D 種	第 195 条第 1 項第六号
電気温床等の防護装置の金属製部分	低　　圧	D 種	第 196 条第 1 項第六号
プール用水中照明の絶縁変圧器の混触防止板，金属製外箱，容器	低　　圧	A 種 C 種	第 187 条

*ただし，次の場合は接地を省略することができる．
① 管，暗きょその他の地中電線を収める防護装置を金属製部分，金属製の電線接続箱及び地中電線被覆に使用する金属体の防食装置を施した部分
② 地中電線を収める金属製の管路を管路式により施設した部分

5.2 A 種接地工事と適用

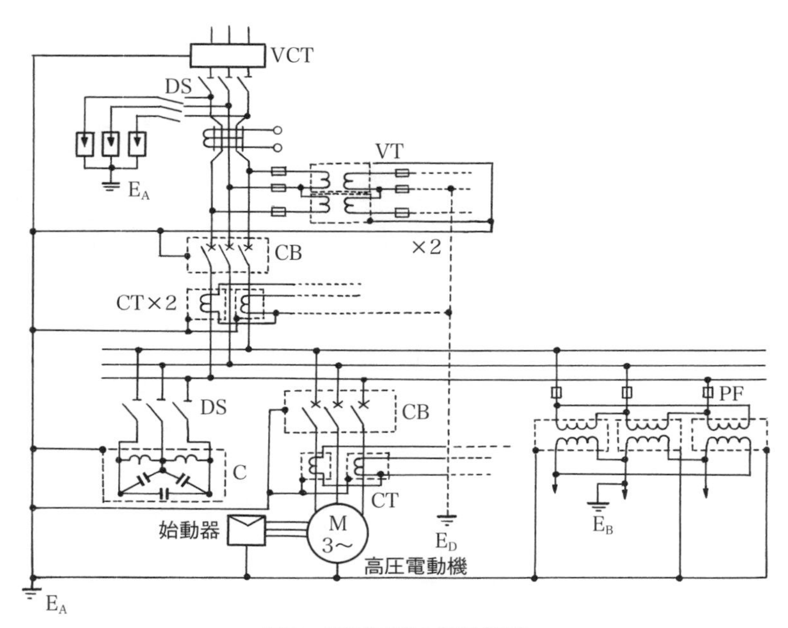

図 1　高圧回路の接地箇所

1 A 種接地工事の適用

高圧電路(受電設備)での接地箇所を観念的に示すと**図 1** のようになる．A 種接地工事が適用されるのは，高圧機器の鉄台・金属製外箱の接地や避雷器の接地などである．全モールド形は不要である(VT や CT の二次配線の接地は D 種接地でよい)．主な目的は，高圧回路の感電防止などのための保護接地である．

2 施工上の注意点

① 高圧機器の鉄台や金属製外箱の接地

高圧電動機など振動が大きい高圧機器の接地は，機器外箱と鉄台の両方へ取り付けておくとよい．又，耐震対策などの意味からより線 14 mm² 以上の電線を使用するとよい．

高圧機器や配電盤などでは必ず接地端子に接地線を接続する．

② 避雷器の接地極

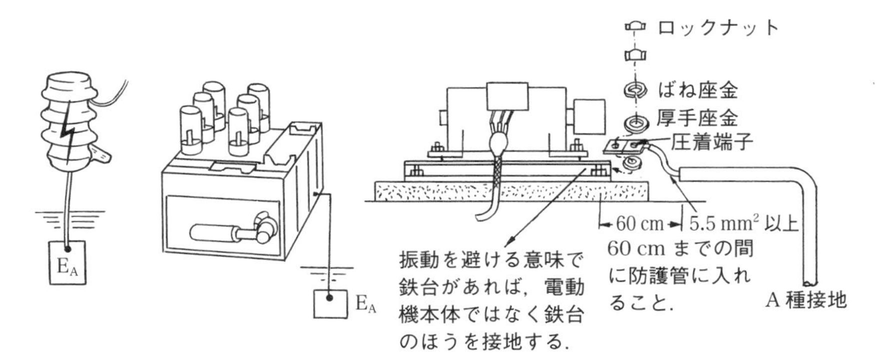

図 2　高圧機器の接地箇所

表 1　A 種接地工事の接地線の太さ（電技解釈第 17 条，内線規程 1350-4 表）

A 種接地工事の接地線部分	接地線の種類	接地線の太さ（銅）
固定して使用する電気機械器具に接地工事を施す場合及び移動して使用する電気機械器具に接地工事を施す場合に，可とう性を必要としない場合	—	2.6 mm 以上 （5.5 mm² 以上）
移動して使用する電気機械器具に接地工事を施す場合に，可とう性を必要とする部分	三種クロロプレンキャブタイヤケーブル，三種クロロスルホン化ポリエチレンキャブタイヤケーブル，四種クロロプレンキャブタイヤケーブル，四種クロロスルホン化ポリエチレンキャブタイヤケーブルもしくは高圧用のキャブタイヤケーブルの 1 心又は多心キャブタイヤケーブルもしくは高圧用キャブタイヤケーブル又は高圧用のキャブタイヤケーブルの遮へい金属体もしくは接地用金属線	8 mm² 以上

避雷器の A 種接地極は，他の接地極などから 1 m 以上離して施工し，原則として共用しない．又，その接地線は鋼製金属管内に収めない．

なお，接地線の最小太さについては，高圧受電設備規程においては 14 mm² と規定されている．（高圧受電設備規程 1160-2 表）

③ 接地母線

工場などでは，機器の使用場所ごとに接地極を設けることが困難な場合がある．このようなときは，接地母線をトレンチなどの中へ布設しておくとよい．接地線の長さについての制限は特にないが，架空接地線では 200 m という規定がある．事故時に流れる電流などを検討し，長さ及び太さを決める．

又，接地抵抗を定期的に保守するために，「接地端子箱」を電気室などに設置しておくと保守が容易となる．

B 種接地工事と適用

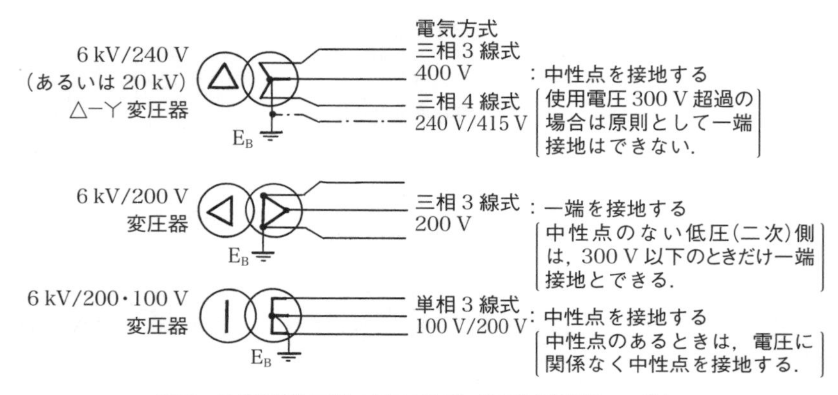

図 1　B 種接地工事の取付位置（電技解釈第 24 条）

1　B 種接地工事の適用及び取付位置

B 種接地工事は，高圧（又は特別高圧）と低圧の混触による危険の防護である．すなわち，変圧器内部でのコイル損傷による一次二次巻線の接触，架空配電線で電線が切断して高圧線が低圧線に接触したときなどに，低圧側から B 種接地工事をとおして高圧電路側の変電所の地絡保護装置を動作させるための機能接地である．

このため，1 線地絡事故時に低圧側の対地電圧を所定の電圧以上に上がらないような接地抵抗値が定められている（遮断時間により電圧が異なる）．

B 種接地工事は，**図 1** に示すような位置の中性点に接地することが原則となっているが，対地電圧が 300 V 以下で中性点がないような場合には，いずれかの 1 相を接地してもよいことになっている．

2　B 種接地工事の接地線の太さ

B 種接地工事の接地線の太さは**表 1** のとおりである．

B 種接地線に流れる電流は，高圧側の 1 線地絡事故の場合数 A～20 A 程度である．しかし，B 種接地線には低圧回路側の地絡事故電流も流れるので，完全地絡した場合，短絡と同程度の電流が流れることがあるので，これに耐える電線の太さが要求される．

表1　B種接地工事の接地線の太さ（内規1350-5表）

変圧器1相分の容量			接地線の太さ	
100 V級	200 V級	400 V級 500 V級	銅	アルミ
5 kVAまで	10 kVAまで	20 kVAまで	2.6 mm以上	3.2 mm以上
10 〃	20 〃	40 〃	3.2 〃	14 mm^2以上
20 〃	40 〃	75 〃	14 mm^2以上	22 〃
40 〃	75 〃	150 〃	22 〃	38 〃
60 〃	125 〃	250 〃	38 〃	60 〃
75 〃	150 〃	300 〃	60 〃	80 〃
100 〃	200 〃	400 〃	60 〃	100 〃
175 〃	350 〃	700 〃	100 〃	125 〃

（注）（1）「変圧器1相分の容量」とは，次の値をいう．

① 三相変圧器の場合は，定格容量の1/3の容量をいう．

② 単相変圧器同容量の△結線又は丫結線の場合は，単相変圧器の1台分の定格容量をいう．

③ 単相変圧器V結線の場合

a. 同容量のV結線の場合は，単相変圧器の1台分の定格容量をいう．

b. 異容量のV結線の場合は，大きい容量の単相変圧器の定格容量をいう．

（2） 低圧側が一つの遮断器で保護される変圧器が2バンク以上の場合の「変圧器1相分の容量」は，各変圧器に対する前項(注)(1)の容量の合計値とする．

（3） 単相3線式100/200 Vは200 V級

3 非接地式高圧電路の一般的な形態

一般送配電事業者の一般的な高圧配電線は，**図2**に示すような非接地式となっている．負荷側の変圧器で混触が発生すると，変圧器B種接地線からEVTの中性点接地線に故障電流が流れ，ZCTで地絡電流，EVTで零相電圧を検出し，方向性を持った地絡検出ができる．

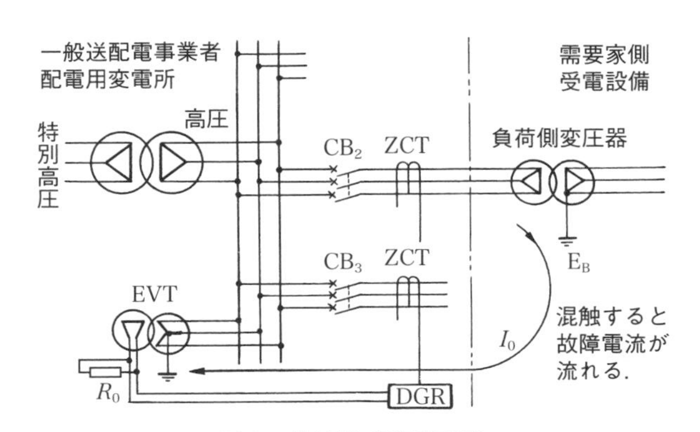

図2　非接地式高圧電路

5·4 C, D 種接地工事と適用

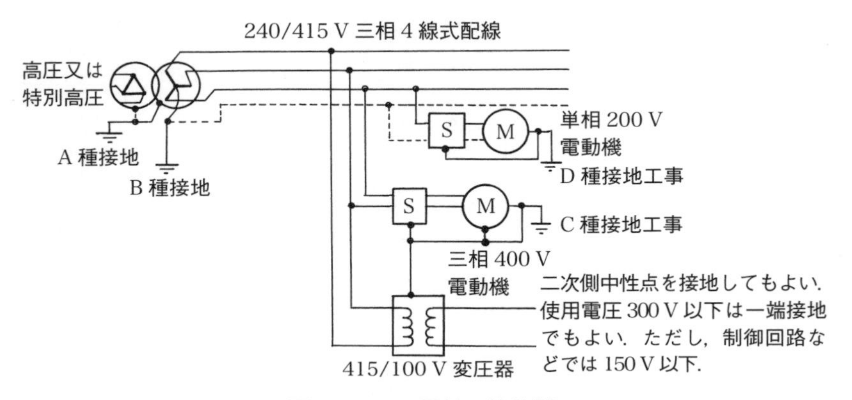

図1　400 V 配線の接地例

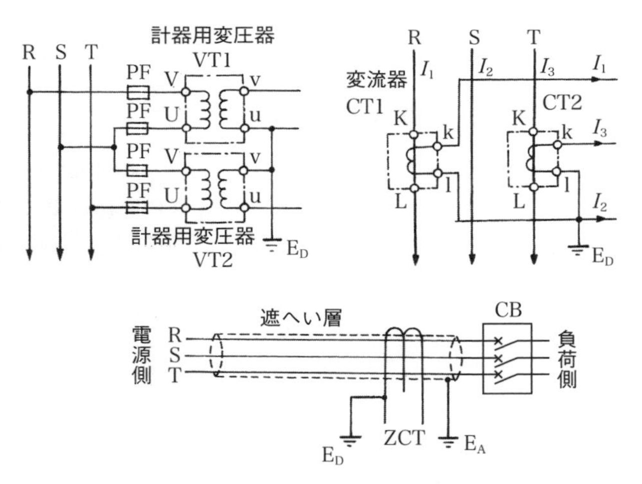

図2　VT, CT, ZCT 二次側の接地

1 C, D 種接地工事の適用

C, D 種接地工事は, 低圧回路の絶縁破壊などによる感電防止を目的に, 低圧機器の金属箱などに接地を施す保護接地である. 主に C 種接地工事は使用電圧が 300 V を超える低圧配線, D 種接地工事は 300 V 以下の低圧配線を対

表1　C，D 種接地工事の接地線の太さ（内規 1350-3 表）

接地する機械器具の金属製外箱，配管などの低圧電路電源側に施設される過電流遮断器のうち最小の定格電流の容量	接地線の太さ				
	一般の場合			移動して使用する機械器具に接地を施す場合において，可とう性を必要とする部分にコードヌはキャブタイヤケーブルを使用する場合	
	銅		アルミ	単心のものの太さ	2心を接地線として使用する場合の1心の太さ
20 A 以下	1.6 mm 以上	2 mm^2 以上	2.6 mm 以上	1.25 mm^2 以上	0.75 mm^2 以上
30 〃	1.6 〃	2 〃	2.6 〃	2 〃	1.25 〃
60 〃	2.0 〃	3.5 〃	2.6 〃	3.5 〃	2 〃
100 〃	2.6 〃	5.5 〃	3.2 〃	5.5 〃	3.5 〃
150 〃		8 〃	14 mm^2 以上	8 〃	5.5 〃
250 〃		14 〃	22 〃	14 〃	5.5 〃
400 〃		22 〃	38 〃	22 〃	14 〃
600 〃		38 〃	60 〃	38 〃	22 〃
800 〃		60 〃	80 〃	50 〃	30 〃
1 000 〃		60 〃	100 〃	60 〃	30 〃
1 200 〃		100 〃	125 〃	80 〃	38 〃

（注）（1）　この表にいう過電流遮断器は，引込口装置用又は分岐用に施設するもの（開閉器が過電流遮断器を兼ねる場合を含む）であって，電磁開閉器のような電動機の過負荷保護器は含まない．

（2）　分電盤又は配電盤であって，その電源側に過電流遮断器が施設されていない場合は，分電盤又は配電盤の定格電流により同表を適用する．

（3）　コード又はキャブタイヤケーブルを使用する場合の2心のものは，2心の太さが同等であって，2心を並列に使用する場合の1心の断面積を示す．

象とする．又，高圧機器であるVTやCTの二次配線の接地や高圧ケーブルを収める金属保護管で人が触れるおそれがない場合などにはD種接地工事が使用される．

2　C，D 種接地工事の接地線の太さ

C，D 種接地工事の接地線の太さは，**表1**のとおりである．

5·5 機械器具の鉄台及び外箱の接地

表1　機械器具の区分による接地工事（電技解釈第29条，内規1350-2表）

機械器具の区分	接地工事
300 V以下の低圧用のもの	D種接地工事
300 Vを超える低圧用のもの	C種接地工事
高圧又は特別高圧のもの	A種接地工事

1．機械器具の鉄台，金属製外箱及び鉄枠などは，**表1**により接地工事を施す．

2．C種接地工事を施す金属体と大地との間の電気抵抗値が10 Ω以下である場合，又D種接地工事を施す金属体と大地との間の電気抵抗値が100 Ω以下である場合は，各々の接地工事を施したものとみなす(電技解釈第17条)．

3．次に掲げるものの接地工事は，**表1**の適用を受けない(電技解釈第29条第2項)．

① 使用電圧が直流300 V又は交流対地電圧150 V以下の回路で使用するものを乾燥した場所に施設する場合

② 低圧用の機械器具を乾燥した木製の床，畳，合成樹脂製タイル，石，リノリウムなどの絶縁性の物の上で取り扱うように施設する場合

③ 機械器具を人が触れるおそれがないように木製の架台などの絶縁性のあるものの上に施設する場合

④ 鉄台又は外箱の周囲に作業者のために適当な絶縁台を設ける場合

⑤ 外箱のない計器用変成器がゴム，合成樹脂その他の絶縁物で被覆したものである場合

⑥ 電気用品安全法の適用を受ける二重絶縁構造の機械器具を施設する場合

⑦ 低圧用の機械器具に電気を供給する電路の電源側に絶縁変圧器(二次電圧が300 V以下であって，定格容量が3 kVA以下のものに限る)を施設し，かつ，当該電路を接地しない場合

⑧ 水気のある場所以外に施設する低圧用の機械器具に電気を供給する電路に，電気用品安全法の適用を受ける高感度高速形漏電遮断器(定格感度電流が15 mA以下，動作時間が0.1秒以下の電流動作型のものに限る)を施設する場合

接地極の施工

表1　接地極の種類と形状

材　　質	形　　状（大きさ）
銅板	厚さ 0.7 mm 以上，面積 900 cm^2 以上（片面）
銅棒，銅覆鋼棒	直径 8 mm 以上，長さ 0.9 m 以上
鉄管（亜鉛めっき鋼管）	外径 25 mm 以上，長さ 0.9 m 以上，厚さ 2.3 mm 以上
鉄棒（亜鉛めっき）	直径 12 mm 以上，長さ 0.9 m 以上
銅覆鋼板	厚さ 1.6 mm 以上，面積 250 cm^2 以上（片面） 長さ 0.9 m 以上
炭素被覆鋼棒（鋼心）	直径 8 mm 以上，長さ 0.9 m 以上

1 接地極施工の留意点

① 電極と土壌とがよくなじむように施工する．
② 大電流が流れたとき，溶断しないよう電線の太さに注意する．
③ 接地極と接地線の接続は堅固に施工する．
④ 電流が流れたとき，地表面に現れる電位の傾きを少なくするように，深く埋設する．

2 接地極の種類と形状

接地極には，**表1**に示すような金属板，金属棒，銅線加工(カウンタポイズ法，メッシュ法など)がある．金属板はほとんど銅板が使われている．金属棒には，銅棒，鋼棒，銅覆鋼棒，鋼パイプ，ステンレスパイプなどがある．いずれも内線規程に寸法が示されているので，これを満足するものを用いる．

3 接地極施工上の注意点

① A種(避雷器用を除く)，B種，C種，D種及び避雷器の各接地は，原則として種類ごとに個別の接地工事を行うことが望ましい．
② 埋設又は打込み接地極は，所定の材料及び寸法のものを用い，水気のあるところで，かつ，ガス，酸等に腐食されるおそれのない場所を選び，地

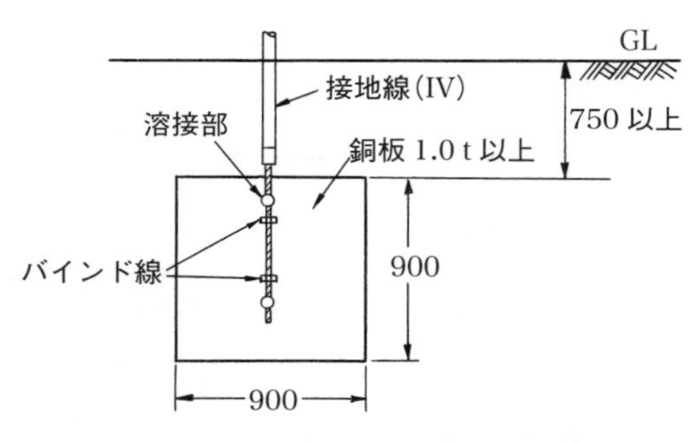

図 1　銅板による接地極の施工例

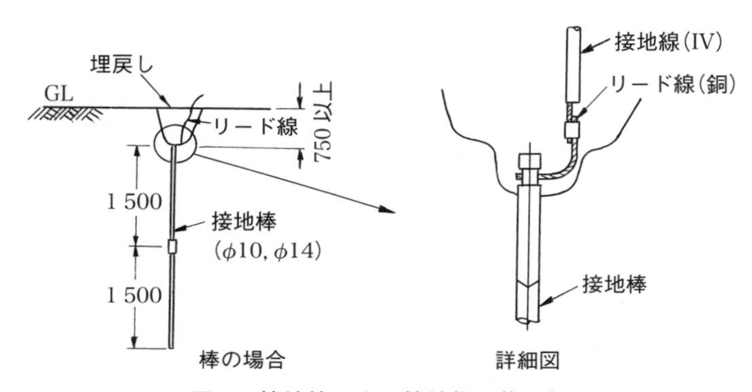

図 2　接地棒による接地極の施工例

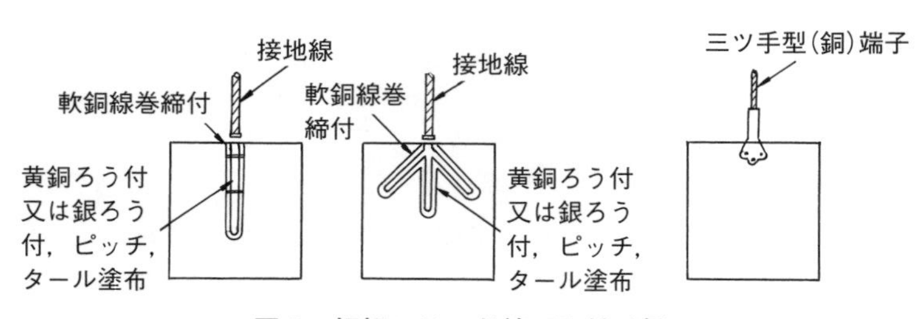

図 3　銅板のリード線の取付け例

下 75 cm 以上の深さに埋設する（**図 1**，**図 2**）.

③ 接地極と接地線との接続は，溶接，ろう付け，端子，その他の確実な方法によること.

ろう付けは，銀ろうその他によることとし，ハンダ付けによらないことが望ましい（**図 3**）.

④ 所定の接地抵抗値が得にくい土質の場合は，接地抵抗値の測定を行うと

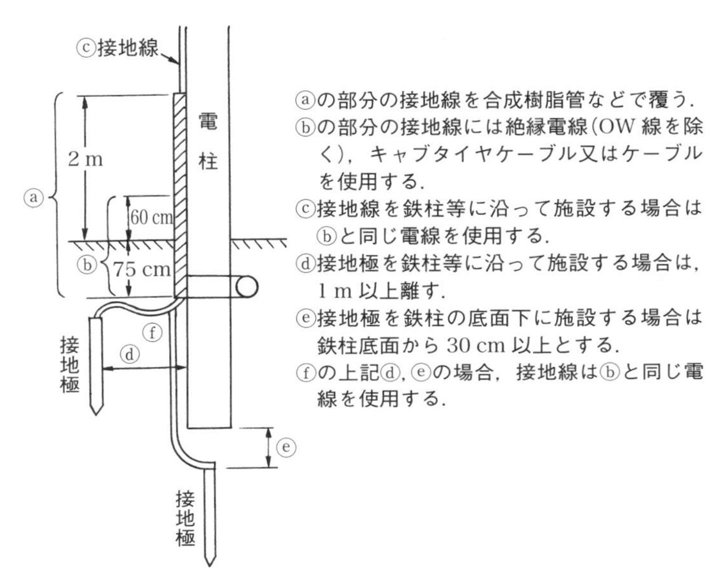

図4　人が触れるおそれがある箇所における接地工事方法

ともに，接地極の構造，布設方法などについて検討する．やむを得ない場合は，接地抵抗低減剤の併用も考慮する．

⑤ 接地極の埋設位置が容易にわかる耐久性のある標識を設ける．

⑥ 接地線に人が触れるおそれがある場合のA種及びB種接地工事の施工方法については，**図4**のとおりに施工すること（電技解釈第17条）．

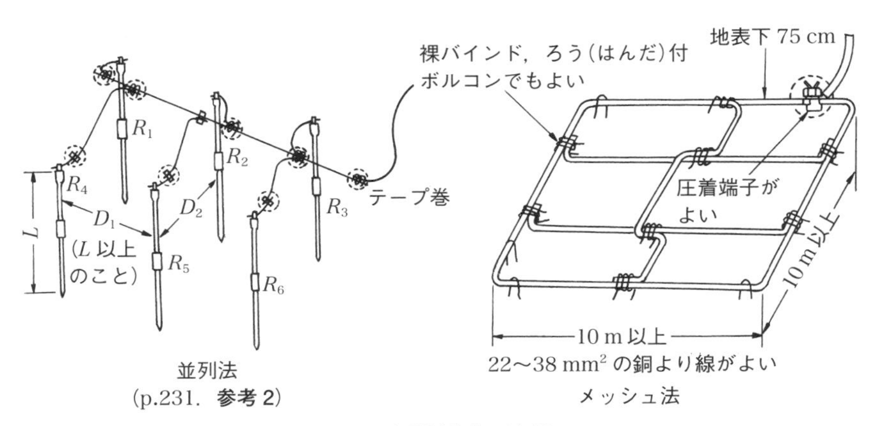

図5　抵抗低減工法例

5·7 接地系統の種類

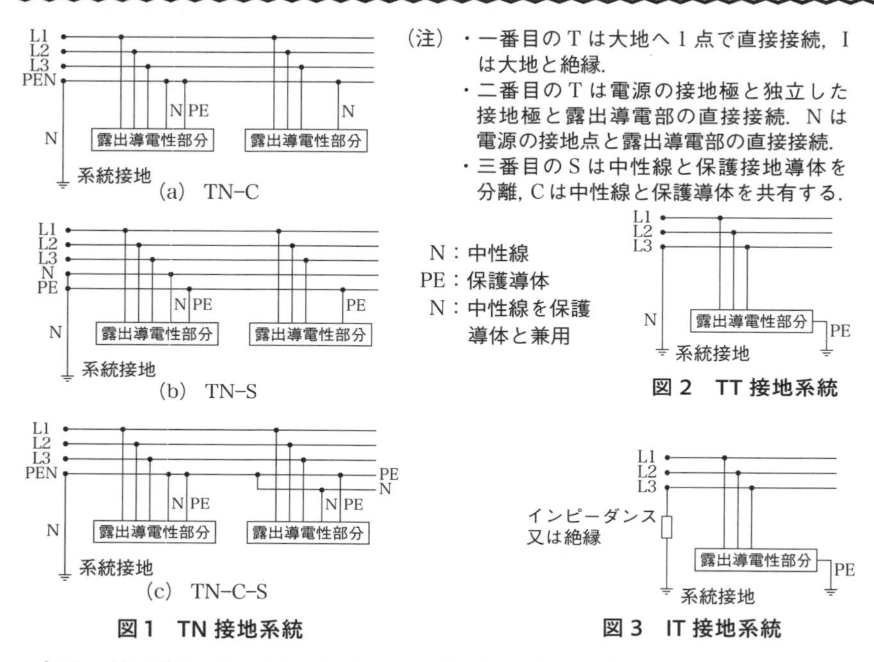

図1　TN 接地系統

図2　TT 接地系統

図3　IT 接地系統

高圧・特別高圧受電設備二次側の低圧設備の接地系統については，IEC 規格を適用することができる（電技解釈第 218 条）．その種類は次のとおり．

1 TN 接地系統（図1）

電気機器の金属製外箱（露出導電性部分）が保護接地導体（PE）を通して，PEN（保護接地導体と中性線 N 兼用の導体）に接続され，それにより電源の中性点に接続される．そのため，地絡電流は大地ではなく地絡保護接地導体等を通して流れるため，短絡電流に相当する大きな電流となる．

2 TT 接地系統（図2）

電源電路の B 種接地極と露出導電部分の接地（C・D 種接地工事）が独立している．日本の方式は，IT 接地系に該当する．

3 IT 接地系統（図3）

電源電路は直接の接地点を持たない．混触防止板付変圧器による低圧側を非接地にした低圧回路である．病院手術室や化学工場等で用いられる．

5.8 共用・連接接地

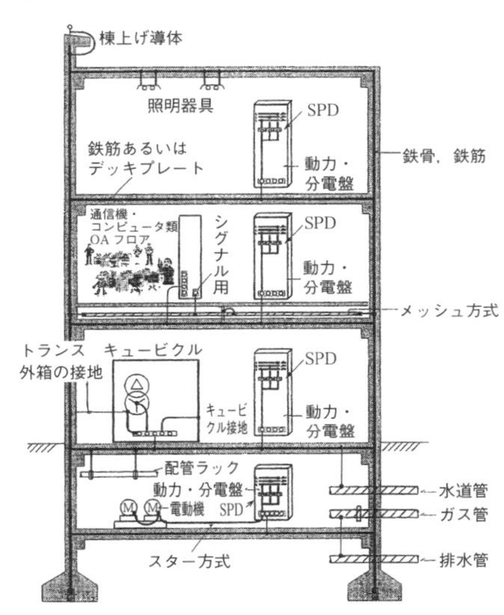

図1　工作物の金属体を利用した接地工事のイメージ

1 工作物の金属体を利用した接地工事（電技解釈第18条，図1）

（1） 鉄骨造，鉄骨鉄筋コンクリート等の建物において，建物の鉄骨等の一部が地中に埋設され，等電位ボンディングが施されている場合には，建物の金属体の接地抵抗値によらず，A種・B種・C種・D種（電技解釈第17条等）に使用できる．ただし，A種・B種接地工事の接地極として使用する場合には，さらに，高圧機器等の絶縁破壊による1線地絡電流が流れたときに，建物の柱や床等（低圧機器・建物外壁・隣接する建物外壁等の金属部分，水道管等系統外導電部を含む）の部分間に50Vを超える電圧が発生しないような等電位ボンディングや，金属部分が露出しないような感電防止対策を施す．

（2） 大地との間の電気抵抗値が2Ω以下の建物の鉄骨，その他の金属体は，A種・B種（電技解釈第18条第2項）・C種・D種接地極に使用することができる．A種・B種・C種・D種及び避雷器の接地極として使用する場合には，全接地を連接接地とすること．

2 共用・連接接地例

図2～図4に，共用・連接接地の例を示す．

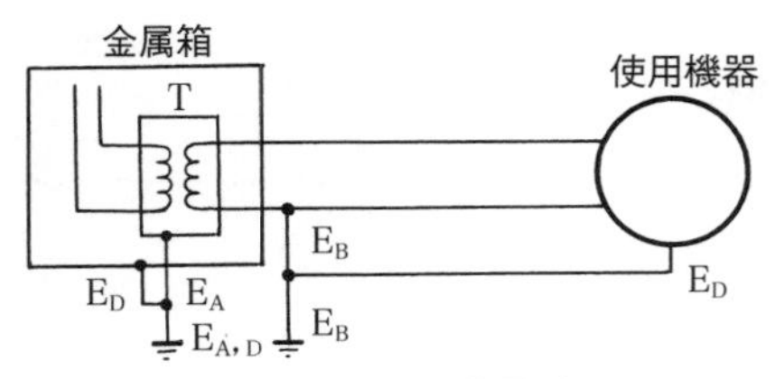

E_A と E_D 又は E_B と E_D の共用ができる.

図 2　共用接地の例 1

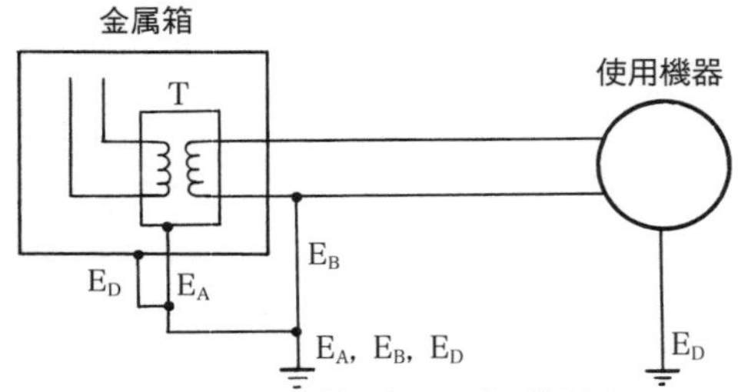

E_B と E_A, E_D は共用しないほうが望ましい.
（漏れ電流がある場合は危険である）

図 3　共用接地の例 2

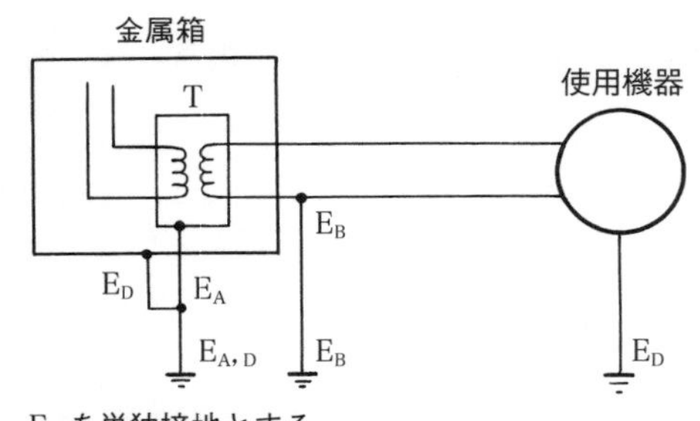

E_B を単独接地とする.
（使用機器の漏電による金属箱の電位上昇を防ぐ）

図 4　共用接地の例 3

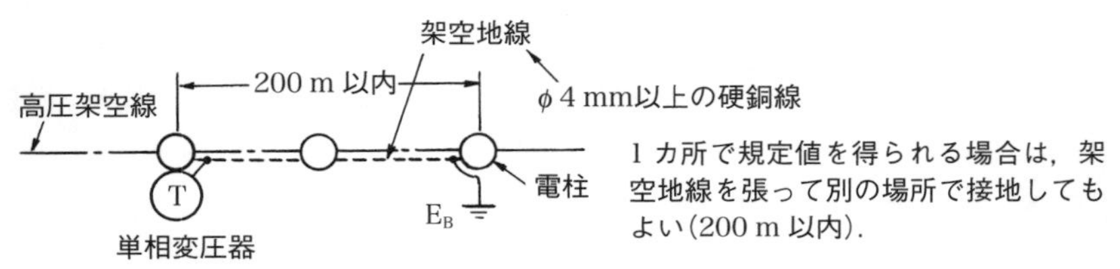

図 5　構内に架空電線があり，変圧器位置で接地がとりにくい場合の方法

5·9 避雷器，避雷針の接地

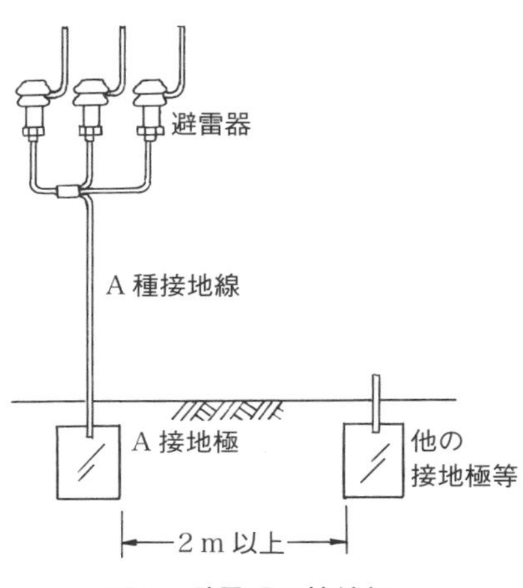

図 1　避雷器の接地例

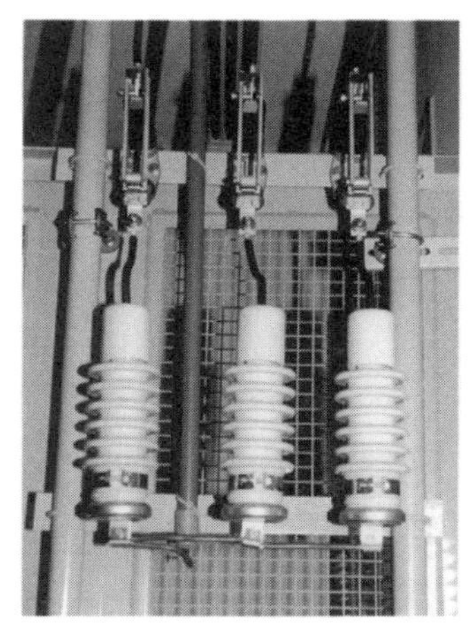
写真 1　避雷器の施設状況

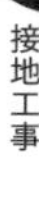

1 避雷器の接地

① 避雷器の接地はA種接地工事(接地抵抗値10 Ω以下)とし，接地線は鋼製金属管内に収めない(高圧架空電線に施設する避雷器の接地抵抗値は除く).

② 国土交通省大臣官房官庁営繕部監修の「公共建築工事標準仕様書（電気設備工事編)」の「各接地と雷保護設備及び避雷器の接地との離隔」は,「接地極及びその裸導線の地中部分と 2 m 以上離す」となっている.

2 避雷針の接地

① 避雷設備の総合接地抵抗値は 10 Ω 以下，単独接地抵抗値は 50 Ω 以下とする(JIS A 4201).(p.230. **参考 1**)

② 鉄骨又は鉄筋コンクリート造の建築物の避雷設備は，基礎の接地抵抗値が 5 Ω 以下の場合は，基礎を接地極として利用できる(**図 2**).

③ 建物の鉄骨その他金属体の接地抵抗値が 2 Ω 以下である場合は，これを接地極の一つに替えることができる.

④ 内規 1350-16「避雷針用接地線との距離」には，電灯電力用，小勢力回路用及び出退表示灯回路用の接地極並びに接地線は，避雷針用の接地極及

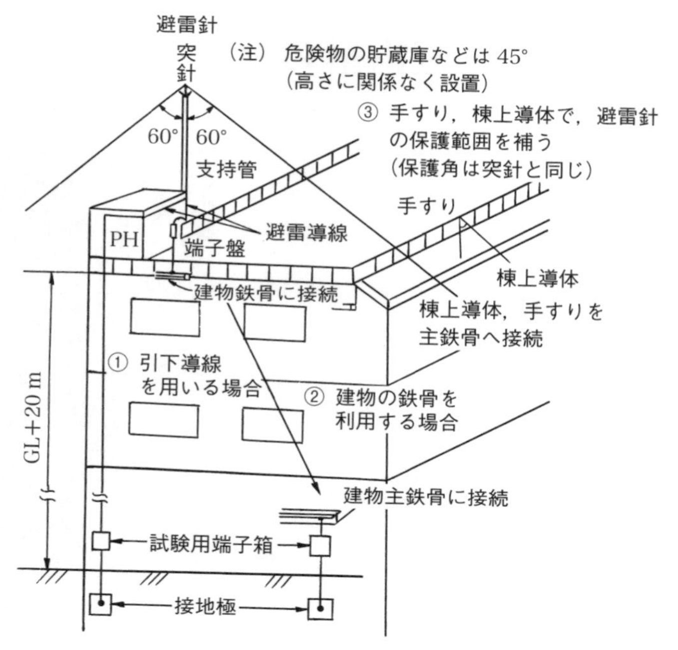

図 2　避雷針設備の設置例

び接地線から 2 m 以上離して施設すること．ただし，建物の鉄骨などをそれぞれの接地極及び接地線に使用する場合は，この限りではない．

＊避雷針の単独接地抵抗値 50 Ω 以下の規定について（p.229．参考 1）

旧 JIS A 4201(1992) の解説 3.1.4 接地極の中に，「実際上の保護効果と施工上の問題などを考慮して，単独接地抵抗を 50 Ω 以下と規定した」とあります．しかし，その後改正された JIS A 4201-2003「建築物等の雷保護」には，単独接地のことについて解説されていません．これは，国際規格(IEC) に準じて改正されたもので，特に，雷保護に関しては「2.3　接地システム」で，「接地極の抵抗値より接地システムの形状及び寸法が重要な要素である」としていますが，「一般的には，低い抵抗値を推奨する」とあります．「等電位ボンディングによって統合した 1 点接続」を推奨する記述となっています．しかし，現在の建築基準法では，新 JIS 又は旧 JIS のどちらを適用してもよい，という国土交通省からの告示(平成 17 年．告示第 650 号) が出されていることから，単独接地抵抗が 50 Ω 以下のものは適用できることになります．

＊棒状電極の並列接地工法について（p.225．参考2）

並列接地工法は電極を比較的浅く打ち込むものである．接地棒1本で所要の接地抵抗が得られない場合，その付近に接地棒を数本打ち込み，それらを並列に接続して接地電極を形成する方法である．ここでは，並列接地の知識と電極配列による接地抵抗及び集合係数について述べる．

1．並列接地とは

普通の抵抗素子を並列につなぐことを並列接続という（図1）．この抵抗素子を接地電極に置き換え，図2のように接続することを並列接地という．接地電極の形状は任意であるが，一般に棒状，板状電極が用いられている．並列接地の電極の配列の仕方も直線状，三角形状，方形状，環状など各種の配列形状がある．

工法としては，接地電極を地中に布設し，端子部を絶縁電線でつなぐだけで電極を形成できるので，非常に簡便である．しかし，並列接地の合成抵抗を計算する場合，抵抗素子の並列接続とは異なる特性が生じる．この特性を十分に理解しておかないと，並列接地のメリットが得られない．それを次に述べる．

2．集合係数

接地電極の接地抵抗が電極周囲の土壌の抵抗を含んでいることは，ご存じのとおりである．

電極が複数ある場合，それぞれの電極周囲の土壌が単独とみなせるほど電極間隔が離れていれば問題はないが，電極が近接している場合は，同じ土壌を共有する関係になる．又，接地電流の流出具合の観点からいえば，電極が近接していると，それぞれの電極から流出する電流が流れにくくなる．このような点が接地電極の並列接地の特徴である．すなわち，抵抗素子の並列接続に比べ，接地電極の並列接地では合成抵抗の計算方法が異なってくる．

図1に示した場合の合成抵抗 R_{or} は，次式で求められる．

$$R_{or}=\frac{R_r}{n} \qquad (1)$$

ここで，R_r：抵抗素子1個の抵抗

n：抵抗素子の個数

ところが，接地電極の場合，同様な関係式で表すと，合成接地抵抗 R_0 は，次式で表される．

$$R_0=\eta\times\frac{R}{n} \qquad (2)$$

ここで，R：単独の接地抵抗

n：電極数

η：集合係数

η は集合係数といい，並列接地の特性値である．

では，この集合係数はどのような性質

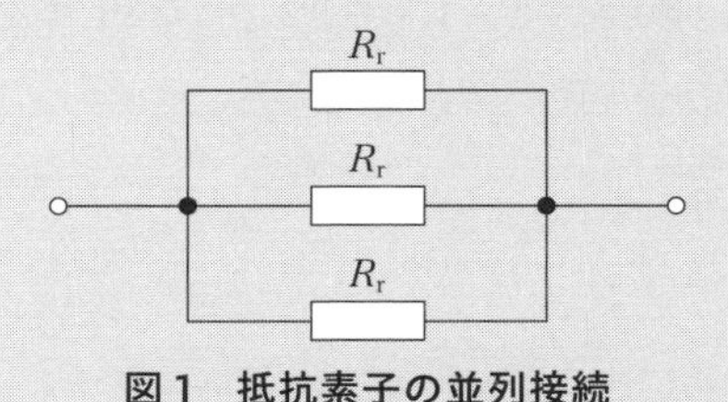

図1　抵抗素子の並列接続

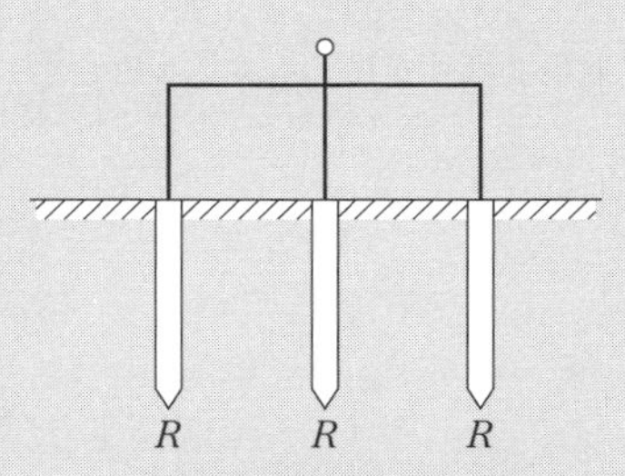

図2　接地電極の並列接地

第5章 接地工事

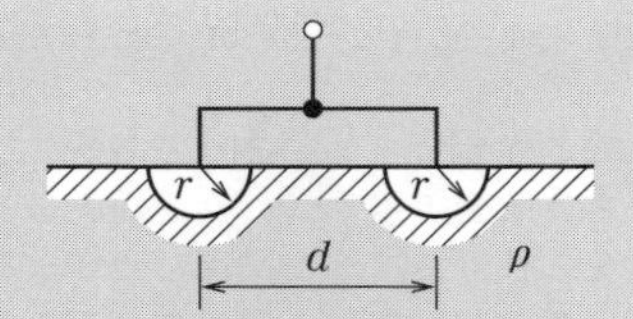

図3　半球状電極の並列接地

を持っているのか，半球状電極を例にとり説明する．

図3に示すような電極2個の並列接地を考える．各々の電極に電荷 Q があるとしたとき，電極の電位 V は，

$$V=\frac{Q}{r}+\frac{Q}{d}=\frac{Q}{r}\left(1+\frac{r}{d}\right) \quad (3)$$

ここで，$\frac{r}{d}=\alpha$ とおき，全電荷を $2Q$ とすると，静電容量 C は，

$$\frac{1}{C}=\frac{V}{2Q}=\frac{1}{2r}(1+\alpha) \quad (4)$$

よって，静電容量と接地抵抗の関係式より，2個の電極の合成抵抗 R_0 は，

$$R_0=\frac{\rho}{2\pi C}=\frac{\rho}{4\pi r(1+\alpha)} \quad (5)$$

一方，電極単独の接地抵抗 R は，

$$R=\frac{\rho}{2\pi r} \quad (6)$$

(5)式と(6)式をそれぞれ(2)式に代入すると，電極数 $n=2$ のとき集合係数 η は次式のようになる．

$$\eta=1+\alpha \quad (7)$$

すなわち，η は，$\alpha=\frac{r}{d}$ の関数である．

(7)式より η の性質は，

① 電極間隔 d が狭くなるほど大きくなる．

② 常に1より大きい値を持つ．

③ 電極間隔が広くなれば1に近づく．

d が小さいということは，接地電流の地中における通路が狭くなるということで，当然接地抵抗が大きくなる．これは η が大きくなることで説明がつき，(5)式からも R_0 が大きくなることがわかる．一方，d が大きいということは，電極周囲の土壌がそれぞれ単独とみなせるわけで，η も1に近づく．このことは(2)式によると，

$$R_0 \fallingdotseq \frac{R}{n}$$

となり，(1)式と同じ関係になる．

すなわち，2個の電極であれば，合成接地抵抗は理論的には単独接地抵抗の $\frac{1}{2}$ になる．

実際の並列接地の場合，このようなことはあり得ない．というのは，敷地面積にも制限があり，d を大きくすることが不可能であるからである．

集合係数 η は，電極の配列（電極の寸法，離隔距離）によって，最適な合成接地抵抗を得るためのひとつの目安になる．

●PCB 含有電気工作物の判明時の届出，及び届出事項の変更の届出等（平成 28 年 9 月改正）

（詳細は経済産業省のホームページを参照）

電気事業法第 106 条では，経済産業大臣は事業用電気工作物設置者に対して報告の徴収ができることとされています．その報告の内容や方法等を，電気事業法施行令（昭和 40 年政令第 206 号）のほか，電気関係報告規則（昭和 40 年通商産業省令第 54 号．以下「報告規則」という）に定めています．PCB 含有電気工作物については，平成 13 年 7 月に新法として PCB 特措法が施行されたことを背景に，平成 13 年 10 月に報告規則を改正し，PCB 含有電気工作物についての届出制度を創設しました．届出を要する場合としては，PCB 含有電気工作物であることが判明した場合，届出内容を変更した場合，PCB 含有電気工作物を廃止した場合及び絶縁油の漏洩事故があった場合の 4 つの場合となっています．その後，平成 28 年 8 月 1 日の改正 PCB 特措法の施行を踏まえ，平成 28 年 9 月 23 日に報告規則を改正しました（同年 9 月 24 日施行）．同改正では，報告規則第 1 条を改正し，届出対象となる電気工作物として，「告示で定める電気工作物であって PCB 含有電気工作物であるもの及び高濃度 PCB 含有電気工作物であるもの」を定義しています．

又，改正前の届出の規定の位置を，報告規則第 4 条の公害全般の条から報告規則第 4 条の 2 の PCB 関係の単独の条に規定されました．なお，告示については，平成 28 年経済産業省告示第 237 号において規定しています． さらに，平成 28 年 10 月 25 日に制定し，施行された，ポリ塩化ビフェニルを含有する絶縁油を使用する電気工作物等の使用及び廃止の状況の把握並びに適正な管理に関する標準実施要領（内規）（20161005 商局第 1 号．以下「PCB 内規」という）において届出の手続方法等を定めています．

第6章

電気設備の竣工検査

竣工検査は，高圧受電設備が設計どおりになっていること，技術的な要件を満たしていることを確認するために実施する．十分な竣工検査をせずに受電すると，設備の不備により大きな事故を招く危険性があることを念頭において実施する必要がある．また，受電後は確認できないことも多いので，竣工検査の機会に十分に確認しておくべきである．

安全管理審査制度と自主検査

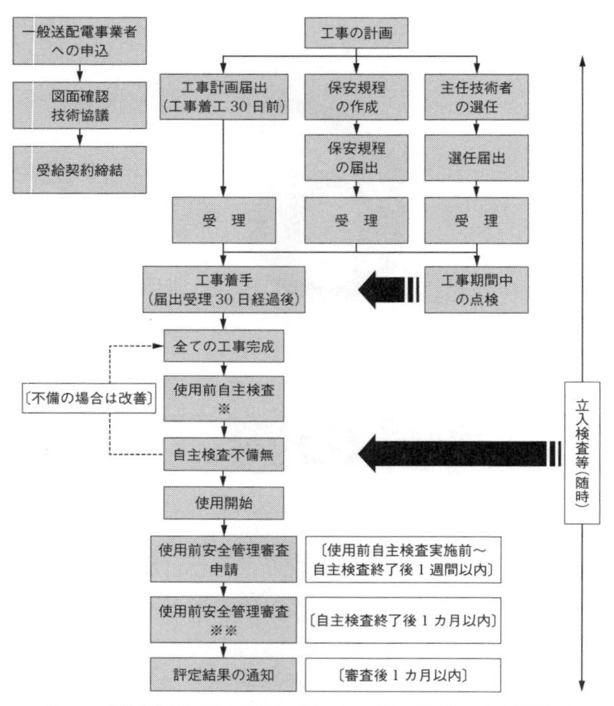

※　・・・経済産業省令で定める電気工作物については，自主検査の実施及び検査記録の保存を義務付ける．

※※・・・法令上検査記録の保存が義務付けられる電気工作物の設置者に対し，当該電気工作物に係る自主検査の実施体制について，国が行う審査を受ける義務を課す（高圧受電は対象外）．

図 1　安全管理審査制度に係る電気事業法の体系

1　安全管理審査導入の背景と趣旨

事業用電気工作物（電気事業用電気工作物及び自家用電気工作物）の保安確保に当たり，従来の電気事業法では，国が電気工作物の技術基準適合性等を直接確認する規制体系をとってきた．しかし，近年の技術進歩，設置者等による自主的な保安確保のための取組みの浸透等を背景として，国が直接電気工作物の技術基準適合性等を確認するのではなく，設置者等の自己責任の下で保安確保のための取組みをより一層推進することを促すことのほうがより合理的な規制体系であると考えられるようになった．

このような考え方に基づき，平成 11 年 8 月，電気事業法が改正され（平成 12 年 7 月 1 日より施行），安全管理審査制度が導入された．

安全管理審査制度に係る電気事業法の体系図を**図 1** に示す．又，安全管理審査制度の要旨は，以下のとおりである．

2 安全管理審査制度の要旨

① 国が直接事業用電気工作物の技術基準適合性等を検査する規制をなくし，代わって，設置者が自主検査を行って技術基準適合性等を確認し，検査記録を保存することが義務付けられた．

② 設置者は，①で行った自主検査の体制（組織，検査方法，工程管理等）について，国の審査を受けることが義務付けられる．

③ 国は，審査結果に基づいて設置者の自主検査体制を評定し，設置者に通知する．通知された評定結果が優良であれば，以後の審査頻度が軽減される．

なお，従来の検査と異なり，安全管理審査の評定が優良でなくとも，すぐに電気工作物の使用ができなくなるということはないが，自主検査を実施していない場合は罰則の対象となり，安全管理審査の機会に電気工作物が技術基準に適合していないことが明らかになった場合には，技術基準適合命令の対象となる．

3 安全管理審査の対象になる設備

安全管理審査の対象となるのは，工事計画届出をして，法定自主検査(使用前自主検査)を実施した設備である．

平成 15 年 3 月 28 日に電気事業法施行規則が改正され，需要設備の場合，工事計画届出の対象となる電気工作物は，受電電圧 1 万 V 以上の電気工作物となり，高圧の需要設備は設備容量に係わらず工事計画届出の対象外となった．

これにより，高圧自家用電気工作物(需要設備)については，安全管理審査の対象から外れることになった（ばい煙，振動，騒音等の公害関連施設は，法第 48 条に基づき工事計画届出を行う）．

4 高圧自家用電気工作物の竣工検査

上述したように，高圧自家用電気工作物(需要設備)については，平成 15 年 3 月 28 日の施行規則改正により，工事計画の届出の対象とはならないが，従来どおり保安規程に基づく自主的な検査の実施と記録の保存が必要であることに変わりなく，随時立ち入り検査も実施される．

又，技術的にも自主的な竣工検査が必要不可欠であり，保安上重要な位置を占めることはいうまでもない．

6.2 外観検査

竣工検査時には最初に外観検査を実施する．外観検査は電気工作物が設計どおりに施工されているか，又，技術基準等の要件を満足しているかを確認するための基本的な確認方法であり，軽視できない．

主なチェック項目を**表1**に示す．

表1　外観検査時のチェック項目

〔1〕引込施設・構内電線路			チェック
(1) 支持物等の施設状況		① コンクリート柱は，必要な深さまで埋設されていること． ② 必要な箇所に支線が取り付けられていること． ③ 1.8 m 未満の足場金具は外されていること． ④ 腕金にD種接地工事が施されていること．	
(2) 架空電線路	絶縁電線の場合	① 架空電線と建造物，弱電流電線等との離隔距離が適正に保たれていること． ② 低圧又は高圧架空電線は風等の影響により，植物に接触するおそれのないこと． ③ 構内の架空電線の高さは，交通その他に支障がないこと． （参考）原則として地表上高圧5 m 以上，低圧3 m 以上であること．ただし，高圧引込線の場合は3.5 m 以上であること．	
	ケーブルの場合	① ケーブルのちょう架用線に損傷がなく，又，ハンガーの外れがないこと． （参考）高圧の場合，ハンガーの間隔は50 cm 以下で施設されていること．ただし，金属テープの場合は20 cm 以下で施設されていること． ② ケーブル遮へい層及びちょう架用線の接地線が確実に接続されていること． ③ ケーブルと他の工作物等との離隔距離が適正に保たれていること．	
(3) 地中電線路		① ケーブルの立上がり部分，屋側部分等に損傷箇所のないこと． ② ブッシングに損傷がないこと． ③ ケーブル端末に異常がないこと． ④ 建物又は支持物におけるケーブル引込部分の取付状況，防護装置（金属管，トラフ及び保護さく等）に異常がないこと	

（4） 柱上地絡保護付区分開閉器（PAS，PGS）	① 支持物に堅ろうに取り付けられていること． ② 開閉器の高圧リード線及び制御ケーブルが確実に固定されていること． ③ 本体にはA種接地工事が施されていること． ④ 制御線が正しく配線されていること． ⑤ 制御装置が確実に固定され，ボックスは施錠できる構造になっていること． ⑥ 接地線のゆるみ，脱落及び断線がないこと．	
（5） 高圧キャビネット	① キャビネット本体が基礎部にアンカーボルト等により堅ろうに固定されていること． ② キャビネット本体には，D種接地工事が施されていること． ③ キャビネット下部には必要以上の穴や隙間がないこと．	
（6） 地中線用地絡保護付区分開閉器（UGS）	① 減圧ロック表示が出ていないこと．表示が出ている場合はメーカーへ連絡すること． ② 電源及び制御ケーブルが支持物に固定されていて，被覆に損傷がないこと． ③ 本体が確実に固定されていること． ④ 制御線が正しく配線されていること． ⑤ 本体にはA種接地工事が施され，接地線のゆるみ，脱落及び断線がないこと．	
〔2〕 遮断器等		チェック
（1） 断路器（DS） 高圧交流負荷開閉器（LBS） 高圧限流ヒューズ（PF） 高圧カットアウトスイッチ(PC) 高圧カットアウト用ヒューズ	① 高圧カットアウト用ヒューズ及び電力ヒューズは，保護対象機器の容量に見合ったものが取り付けられていること．又，取付ネジ等にゆるみがないこと． ② 接地工事が確実に施されていること． ③ 必要な箇所にアクリルカバーが取り付けられていること．	
（2） 真空遮断器（VCB） 油遮断器（OCB） 真空負荷開閉器（VS） 油開閉器（OS）	① OCB，OS本体から油漏れしていないこと． ② 充電部を露出しないよう防護カバーが取り付けられていること． ③ VCB，OCBの定格遮断電流が不足していないこと． ④ 本体が確実に固定されていること． ⑤ 接地線のゆるみ，脱落及び断線がないこと	
〔3〕 計器用変成器		チェック
計器用変圧器（VT） 変流器（CT） 零相変流器（ZCT）	① 本体が確実に固定されていること． ② VTに遮断容量のないヒューズを使用しているときは，遮断容量のあるものに取り替えること． ③ 母線貫通形の場合，ZCTセパレータがあること．又，貫通電線の無理な屈曲及び変形がないか確認すること． ④ 接地線のゆるみ，脱落及び断線がないこと．	

〔4〕 高圧機器		チェック
(1) 避雷器(LA)	① 磁器がい管など容器に亀裂，損傷及び汚損がないこと． ② 取付金具，端子部等の金属部分に発錆がないこと． ③ 接地側端子部分のネジのゆるみがないこと． ④ 避雷器が確実に固定されていること．	
(2) 変圧器(T)	① 油入変圧器が設置されている場合，絶縁油の油量が適量であること． ② ブッシング部の充電部が露出しないよう防護カバーが取り付けられていること． ③ 本体及び防震措置(ゴム等)が確実に固定されていること． ④ モールド変圧器が容易に触れるおそれがないよう施設されているか又は防護板が取り付けられていること． ⑤ 接地線の取付ボルトにゆるみ，外れ等がないこと． ⑥ 電圧タップ値が適正であること．	
(3) 高圧進相コンデンサ(SC)	① 外箱溶接部から油漏れのないこと． ② ブッシング部の充電部が露出しないよう防護カバーが取り付けられていること． ③ 接地線の取付ボルトにゆるみ，外れ等がないこと． ④ 本体が確実に固定されていること． ⑤ 保護用限流ヒューズ等の適切な保護装置が取り付けられていること．	
(4) 直列リアクトル(SR)	① 油入リアクトルが油漏れしていないこと． ② ブッシング部の充電部が露出しないよう防護カバーが取り付けられていること． ③ 本体が確実に固定されていること． ④ 接地線の取付ボルトにゆるみ，外れ等がないこと．	
〔5〕 高圧配線等		チェック
(1) 高圧配線	① 母線，引下線，変圧器の口出し線，VTのリード線等の異極間及び大地間との離隔距離が適正であること． ② 損傷しているものがないこと． ③ 端子の取付状況に異常がないこと． ④ 被覆及び接続部に異常がないこと．	
(2) 配線支持物等	① がいし，クリート等に汚損，破損，亀裂等がないこと． ② 固定が確実であること． ③ 離隔が適正であること．	

〔6〕 配 電 盤		チェック
(1) 高圧配電盤	① 配電盤の固定が確実であること. ② 保護継電器試験用端子の取付状況が確実であること. ③ 計器，配線，切替器等に汚損，損傷及び接触不良のものがないこと.	
(2) 低圧配電盤	① 配線盤の固定が確実であること. ② 計器，配線，切替器等に汚損，損傷及び接触不良のものがないこと. ③ 刃形開閉器及び配線用遮断器の定格電流は，配線及び負荷に対して適正であること．又，十分な遮断能力を有すること.	
〔7〕 保護継電器		チェック
過電流継電器（OCR） 地絡継電器（GR・DGR）等	タップ，レバー（ダイヤル）等の整定値を確認し，適正値になっていること.	
〔8〕 保安装置等		チェック
(1) 接地装置	① 高圧機器外箱（A 種接地工事），変圧器の二次側（B 種接地工事），400 V 機器（C 種接地工事）及び計器用変成器の二次側等（D 種接地工事）の各接地線に外れ，脱落及びゆるみ等がないこと. ② B 種接地工事の接地線は，バンクごとに漏れ電流が安全かつ容易に測定できるように施設されていること. ③ 各接地工事の接地線が堅ろうに固定されていること.	
〔9〕 その他		チェック
(1) キュービクル式 高圧受電設備（屋内，屋外）	① 外箱に注意標識があること. ② 施錠が確実にできること. ③ 扉のストッパーが正常に使用できること. ④ PF 等の予備品が整備されていること. ⑤ 小動物，植物等が入らないよう侵入口がふさがれていること. ⑥ 本体基礎部のひび割れ，欠損がなく，アンカーボルト等の固定に異常がないこと. ⑦ 電気用消火器が設置されていること. ⑧ 接地線のゆるみ，脱落及び断線がないこと.	
(2) 屋内式受電設備（開放形）	① 扉及びフェンスの施錠が確実にできること. ② 扉及びフェンス等に注意標識があること. ③ 室内に小動物，植物が侵入できないよう侵入口がふさいであること. ④ 電気用消火器が設置されていること. ⑤ PF 等の予備品が整備されていること. ⑥ 接地線のゆるみ，脱落及び断線がないこと.	

（3） 地上式・屋上式受電設備（開放形）	① 扉は施錠できるものであること． ② 注意標識があること． ③ 変圧器等，機器のブッシング及び支持がいし等に破損がないこと． ④ 変圧器等，機器の固定用ボルトに外れ，ゆるみがないこと． ⑤ 変圧器等，機器の充電部を保護するカバーに損傷，破損がないこと． ⑥ 電線の被覆に損傷がないこと． ⑦ 接地線に外れ，ゆるみ等がないこと．又，接地線を覆う合成樹脂管等に損傷のないこと． ⑧ 電気用消火器が設置されていること．	
（4） 柱上変台	① 変圧器等，機器のブッシング及び支持がいし等に亀裂，破損がないこと． ② 高圧機器本体に著しい錆，汚れがないこと． ③ 変圧器等，機器の固定ボルトに外れ，ゆるみがないこと． ④ 電線の被覆に損傷がないこと． ⑤ 接地線に外れ，ゆるみ等がないこと．又，接地線を覆う合成樹脂管等が損傷していないこと． ⑥ 電気用消火器が設置されていること． ⑦ 柱に公衆が登らないような対策がされていること．	

6.3 接地抵抗測定

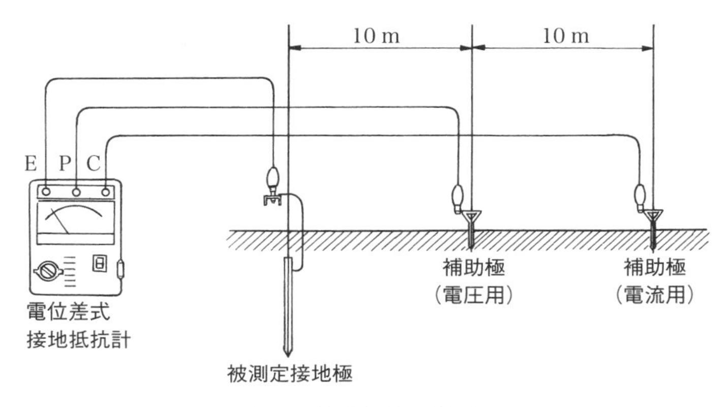

図1　接地抵抗測定図

1 接地抵抗の測定方法

（1）一般的な測定方法（図1参照）

① 接地抵抗計のレンジが電圧レンジになっていることを確認し，**図1**のように補助極をとり配線する．

② 電圧が出ていないことを確認し，レンジを測定レンジに切り替える．

③ 被測定接地極を測定する．

（2）測定時の注意事項

① 接地抵抗測定に当たっては，接地抵抗計(電圧計)等で接地端子に地電圧がないことを確認すること．

② 検流計が振れなかったり(わずかしか振れない)，0にならない場合などは，補助接地棒の打ち込み不完全又は測定コードの断線等が原因である．

③ 測定箇所に補助極がある場合は，使用することができる．又，補助極についても接地抵抗を測定しておくこと．

（3）簡易測定器による使用設備のD種接地抵抗値測定方法の例（図2参照）

① 測定切替スイッチが，電圧であることを確認し，**図2**のように配線する．

（注） B種接地を使用する場合，短絡等に注意すること．

② 電圧が発生していないことを確認し，測定切替えスイッチを測定する．

そして，試験スイッチを校正側に倒し，ボリュームを調整し0ポイント

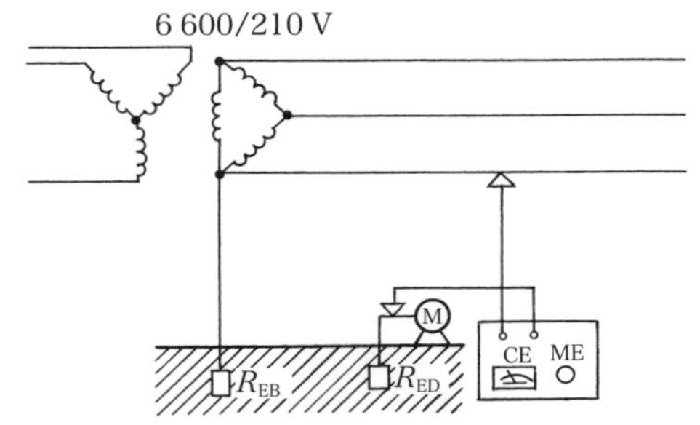

R_{ED}：被測定接地抵抗　R_{EB}：B 種接地抵抗
R：本器の指示する抵抗値(測定値)
$R=R_{EB}+R_{ED}$
ただし，$R_{EB} \ll R_{ED}$ の場合は $R \fallingdotseq R_{ED}$ と考えられる．
(注)　測定値は $R_{EB}+R_{ED}$ であるので，測定値が規定値を超える場合は R_{EB} の値を差し引いて良否判定を行う．

図 2　簡易測定器による接地抵抗測定図

を合わせる．

③ 試験スイッチを測定側に倒し測定する．

(参考)　機器 1 台を測定し基準極とすることにより，B 種接地の使用を 1 回で済ませることができる．

2 判定基準

接地極ごとに接地抵抗値を測定し，**表 1** の値以下であること．

表 1　接地工事の接地抵抗規定値(電技解釈第17条)

接地工事の種類	規　定　値〔Ω〕
A 種 接 地 工 事	10
B 種 接 地 工 事	配電線路ごとに計算された値*
C 種 接 地 工 事	10
D 種 接 地 工 事	100

(注)　C，D 種接地工事で 0.5 秒以内に動作する漏電遮断器を設置してある電路に接続する機器の接地抵抗値は，500 Ω 以下とすることができる．
＊一般送配電事業者に値を確認すること．

3 特殊な場合

大規模な受電設備や河川付近等で土壌の大地抵抗率が高い場合は，メッシュ接地，ボーリングなどによる深埋設接地などの方法を用いるが，この場合の接地抵抗値を正確に測定するためには，電位降下法（補助極の間隔数百 m）により測定する必要がある．

なお，避雷器の接地設備の場合は，接地抵抗値だけでなく，サージインピーダンスを低減するよう配慮しなければならない．サージインピーダンスの測定にはサージインピーダンス計を用いる．

6.4 絶縁抵抗測定

〔E 端子方式〕

絶縁抵抗計のアース端子(E)を接地極に接続して測定する.

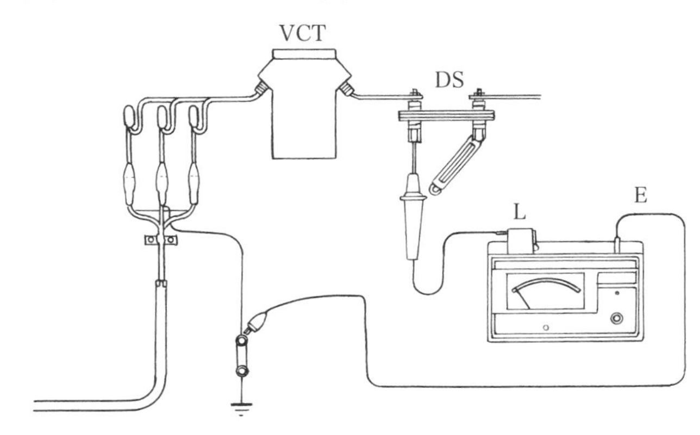

図1　E 端子方式（ケーブル測定例）

1 高圧電路の絶縁抵抗測定

一般に高圧電路の絶縁抵抗測定には 1 000 V, 5 000 V, 10 000 V の絶縁抵抗計(メガ)を用いるが, 5 000 V の絶縁抵抗計(ガード端子付)を例に測定方法を示す.

(1) 測定方法

① 高圧配線及び機器一括と大地間との絶縁抵抗測定は, **図 1**(E 端子方式)のように行う.

② 高圧ケーブルは, 各線心と大地間を測定する.

(注) (1) ケーブルにおいては, 必ず残留電荷を放電してから測定し, 測定後は再度残留電荷を放電すること.

(2) 高圧ケーブルの絶縁抵抗値が 5 000 MΩ 未満の場合は, **図 2**(G 端子方式) により再測定を行うこと. ただし, シースの絶縁抵抗値が 1 MΩ 以上(500 V メガで測定)のときに限る.

(2) 判定基準

① 高圧機器及び機器一括と大地間との絶縁抵抗を測定し, **表 1** により判定する(不良判定の場合は, 回路を区分して再測定し, それぞれが良判定値であればよい).

〔G 端子方式〕

ケーブル本体の絶縁抵抗測定に用いる方式で，絶縁抵抗計のガード端子(G)を接地極に接続し，ケーブルのシールド線にアース端子(E)を接続して測定する．

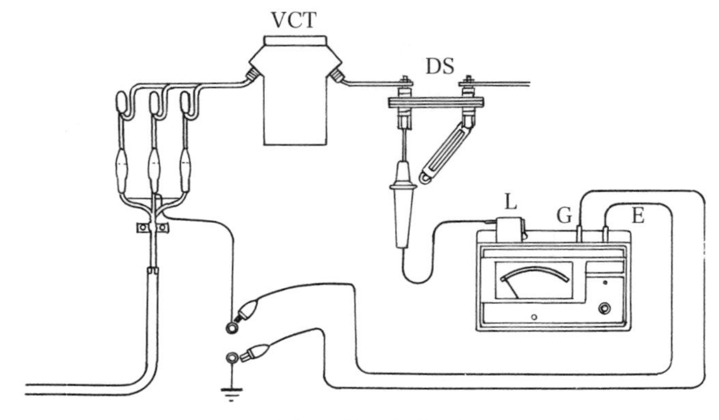

(a) G 端子方式測定例

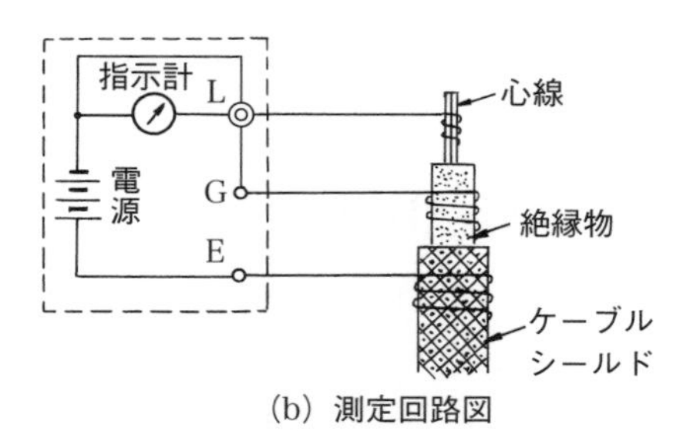

(b) 測定回路図

図 2　G 端子方式

(注)　(1)　**表 1** の絶縁抵抗標準値は，1 000 V 及び 5 000 V 絶縁抵抗計共に適用する．

(2)　高圧ケーブル以外は，最大使用電圧が 3 450 V 電路では 3 MΩ 未満，6 900 V 電路では 6 MΩ 未満を不良とする．

② 高圧ケーブルは各線心と大地との間を測定し，**表 2** により判定する．

(3) 留意事項

① タイトランスがある場合は，一次・二次間及び各大地について測定すること．

② 絶縁抵抗計は，高圧回路では 1 000 V 又は 5 000 V のものを使用すること．

③ 回転機器については，1 000 V の絶縁抵抗計を使用すること．

表1　高圧電路（高圧ケーブルを除く）の絶縁抵抗判定値

最大使用電圧〔V〕	絶縁抵抗値〔MΩ〕	判　　定
3 450	3 以上	良
	3 未満	否
6 900	30 以上	良
	6 以上〜30 未満	要注意
	6 未満	否

表2　高圧ケーブル絶縁抵抗の一次判定基準
（5 000 V で測定時）

ケーブル		測定電圧〔V〕	絶縁抵抗値〔MΩ〕	判　定
絶 縁 体	CV	5 000	5 000 以上	良
			500 以上〜5 000 未満	要注意
			500 未満	否
シ ー ス	CV	500 又は 250	1 以上	良
			1 未満	否

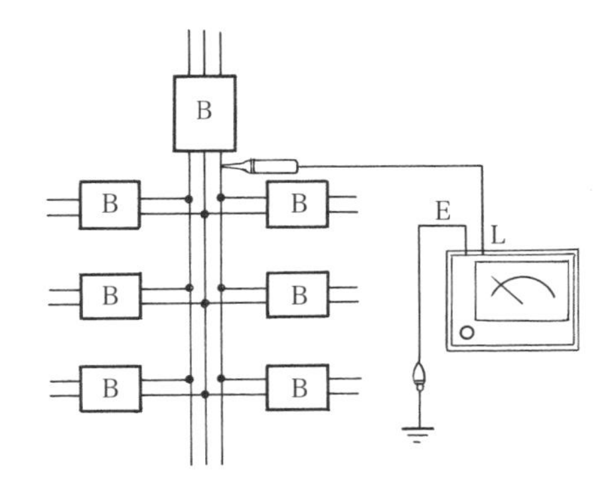

図3　低圧電路の測定回路図

2　低圧電路の絶縁抵抗測定

（1）測定方法（図3参照）

① 絶縁抵抗計の電圧で，損傷のおそれのある負荷設備は事前に測定回路から切り離すこと．

② ラインコードを測定電路に接触させてから電圧を印加すること．

（注）（1）　補助アースに適当なものがなく，低圧開閉器の接地側電線を使用する場合は必ず検電器により無電圧を確認の上使用すること．

（2）　低圧回路では 500 V（低圧配線，機器），125 V・250 V（200 V 級以下の電路及び機器），100 V（電灯回路，制御機器，音響機器等 100 V 級以下）の絶縁抵抗計を使用すること．

表 3　低圧電路の絶縁抵抗規定値（電技第58条）

電路の使用電圧の区分		絶縁抵抗値〔MΩ〕	測定電圧〔V〕
300 V 以下	対地電圧（接地式電路においては電線と大地との間の電圧，非接地式電路においては電線間の電圧をいう）が 150 V 以下の場合	0.1	100 又は 125
	その他の場合	0.2	250
300 V 超過		0.4	500

（3）　漏電遮断器が設置されている場合は，電線相互間の測定は行わないこと．

③ 絶縁測定を行う場合は，各相を測定すること．

④ 雨天など大気中に湿気が多い場合は，絶縁抵抗値が通常より低い値を示す場合もあるが，規定値を満たす必要がある．

（2）　留意事項と判定基準

① 電路の電線相互間

受電設備の低圧開閉器より使用設備の主開閉器電源一次側までの電路について，電線相互間の絶縁抵抗測定を行うこと．

② 電路と大地間

受電設備の低圧開閉器より使用設備の負荷側開閉器までの絶縁抵抗を測定する．主幹一括で測定した結果が規定値以下の場合は，回路を区分して回路ごとに絶縁抵抗を測定し，各分岐回路の値が規定値以上であること．なお，絶縁抵抗測定の判定値は，**表 3** の値以上であること．

③ 新設部分の竣工検査時の判定値について

低圧電路の絶縁抵抗規定値は電技第 58 条により，**表 3** のとおり定められているが，新設電路の竣工検査時の際は，通常，絶縁抵抗値が絶縁抵抗計の有効測定範囲の最大値を示すはずである．電技第 58 条は既設設備を含め，許容できる最低の限界を示しているのであって，これを新設の電路に単純に適用すべきではない．新設電路の竣工検査時の際に規定値付近の値を示すようであれば，その原因を調べる必要がある．

6.5 絶縁耐力試験

表1　試験電圧(電技解釈第15条)

公称電圧〔V〕	最大使用電圧〔V〕	試　験　電　圧	
		交　流〔V〕	直　流〔V〕
3 300	3 450	5 175	10 350 (回転機) 8 280
6 600	6 900	10 350	20 700 (回転機) 16 560

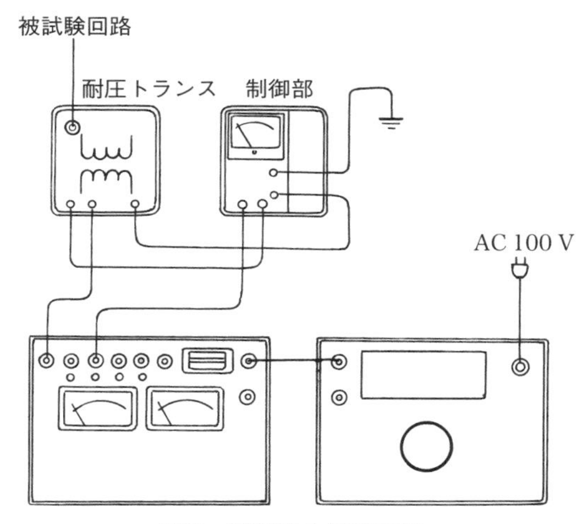

図1　標準的な試験回路

高圧回路一括と大地間に最大使用電圧(3 450 V 又は 6 900 V)の 1.5 倍の交流電圧を連続して 10 分間印加しこれに耐えること．又，直流の試験電圧の場合は，ケーブルにあっては交流試験電圧の 2 倍の電圧とし，回転機にあっては交流試験電圧の 1.6 倍の電圧とすること．なお，試験電源の容量が不足する場合は，分割して印加すること．

(1)　試験電圧

試験は，高圧機器を一括して大地との間に交流の試験電圧を印加して行うこと．ただし，電線にケーブルを使用する電路や回転機(回転変流機を除く)であって被試験物の静電容量が大きく，交流電圧による試験が困難な場合は直流電圧で試験を行うことができる．

表 2　6 kV 高圧架橋ポリエチレンケーブルの静電容量（JIS C 3606）

断面積〔mm²〕	静　電　容　量〔μF/km〕	
	CV ケーブル	CVT ケーブル
22	0.28	0.27
38	0.33	0.32
60	0.39	0.37
100	0.47	0.45
150	0.55	0.52

（注）静電容量は，電線 1 心当たりの値を示す．
　静電容量を計算する場合は，各電線メーカーの静電容量は最大でも表の 80%以下なので，0.8 の係数を乗じて求めること．

表 3　3 kV 高圧架橋ポリエチレンケーブルの静電容量（JIS C 3606）

断面積〔mm²〕	静　電　容　量〔μF/km〕	
	CV ケーブル	単心ケーブル
22	0.30	0.30
38	0.37	0.37
60	0.38	0.38
100	0.47	0.47
150	0.55	0.55

（注）静電容量は，電線 1 心当たりの値を示す．
　静電容量を計算する場合は，各電線メーカーの静電容量は最大でも表の 80%以下なので，0.8 の係数を乗じて求めること．

表 4　6 kV 変圧器の静電容量（参考値）

変圧器容量〔kVA〕	静　電　容　量〔μF〕	
	単　相	三　相
50	0.0022	0.0022
100	0.0022	0.0025
300	0.005	0.006
500～1 000	0.006～0.008	0.006～0.008

試験電圧は**表 1** によること．

（2）　試験回路

標準的な試験回路の例を，**図 1** に示す．

（3）　試験の留意事項

① 被試験物（高圧ケーブル，高圧機器）の静電容量を**表 2～4** から求め，絶縁

耐力試験時の充電電流を計算すること．

$I=2\pi f CE$〔A〕

f：周波数〔Hz〕　C：静電容量〔F〕　E：試験電圧〔V〕

② 大容量機器等の場合は静電容量チェッカで実測し，絶縁耐力試験時の充電電流を把握すること．

③ 試験開始前に，高圧ケーブルシールド及び高圧機器の接地，変圧器及び高圧計器用変成器二次側の接地が確実に接続されているかを確認すること．

④ 絶縁耐力試験実施の前後には，絶縁抵抗測定を行うこと．

⑤ 1 000～3 000 V 程度の電圧を印加したときに，高圧検電器により各機器及びケーブルに試験電圧が印加されたことを確認した後，定格試験電圧にすること．

⑥ 直流耐圧試験時は，必ずケーブル単独で行うこと．

⑦ 直流耐圧試験時は，交流検電器では検電できないので十分注意すること．

⑧ 絶縁耐力試験の印加電圧は**表 1** の試験電圧を印加するが，使用機器により最大使用電圧が異なる場合があるので，最大使用電圧を確認してから試験電圧を印加すること．

⑨ 現地加工を要しない機器で運送中及び設置時の損傷のおそれがない場合，成績書等により工場での耐圧試験結果が良好であることを確認できることを条件に，常規対地電圧を電路と対地間との間に 10 分間加えてこれに耐えることを確認することで，前述の絶縁耐力試験に代えることもできる．ただし，高圧ケーブル等の高圧電路は除かれる(電技解釈第 15 条第 1 項第四号，第 16 条第 1 項第二号)

⑩ 絶縁耐力試験時の電圧の印加は電路の 3 線一括と対地間を原則とする．高圧ケーブルが長く充電電流が多いために 1 本ずつ印加する場合，VT 内蔵形の地絡保護付区分開閉器(PAS，UGS 等)が接続されていると，内蔵されている VT を焼損するおそれがあるので注意を要する．

⑪ 充電部のまわりは区画ロープ等で囲い，表示札を設け周知を図るとともに，関係者以外の者が近づかないようにすること．

⑫ 必要な箇所に人員を配置し，印加の確認，異常の有無の確認を実施する．又，同時に，各人が周囲の安全に留意しながら，連絡をとりあって実施すること．

⑬ 耐電圧試験実施後は，試験用に配線したジャンパー線などの外し忘れがないよう，確認を徹底すること．

6.6 過電流保護継電器試験

表1　過電流継電器の整定（p.259. 参考1）

継電器の種類		用途	タップ	レバー
過電流継電器	誘導形(瞬時要素なしの場合)	一般負荷	次項「2.CTの定格電流とOCRの整定電流の選定」によって求めた値により限時要素のタップ値を整定する.	定限時部分で0.1秒を標準とする.
		変動負荷		定限時部分で0.2秒以下とする.
	誘導形(瞬時要素付の場合)	一般負荷及び変動負荷	瞬時要素のタップ値は,限時要素のタップ値の500〜1 000%の電流値に整定する.*	定限時部分で1秒以下とする.

（注）　静止形OCRについても，これに準じて整定すること.

1　過電流継電器(OCR)の動作特性試験 (JIS C 4602)

(1)　過電流継電器の整定

① 過電流継電器は**表1**のように整定すること.

② **表1**の瞬時要素の整定範囲が「1.8 過電流保護と保護協調」項の**表1**と異なっているのは，限時要素のタップ値を基準としているためである*.

③ CTは過大な電流が流れると鉄心の磁気飽和により，二次側には一次側の電流に比例した電流が流れなくなるので，CTの過電流定数を配慮してOCRの瞬時要素の整定を行う.

(2)　試験回路

竣工検査時は一般に高圧回路は充電されていないので，他電源で試験を行う．**図1**に過電流継電器(電流トリップ)の竣工検査時の標準試験回路を示す.

(3)　最小動作特性試験

① 継電器動作時間目盛を10にして実施する.

② 電流を徐々に増加し，継電器，遮断器の動作時の電流を測定する.

（・最小動作電流：OCRの円板が回転し，主接点が完全に閉じる最小電流をいう.
・始動電流：OCRの円板や始動表示等が動き始める電流をいう.）

(4)　動作時限特性試験

① 動作時間目盛10と整定目盛について行う.　(p.259. **参考2**)

② 整定値の300%と700%の電流を通電したときの，動作時間を測定する(700%時の電流が確保できない場合は，500%の動作時間を測定すること).

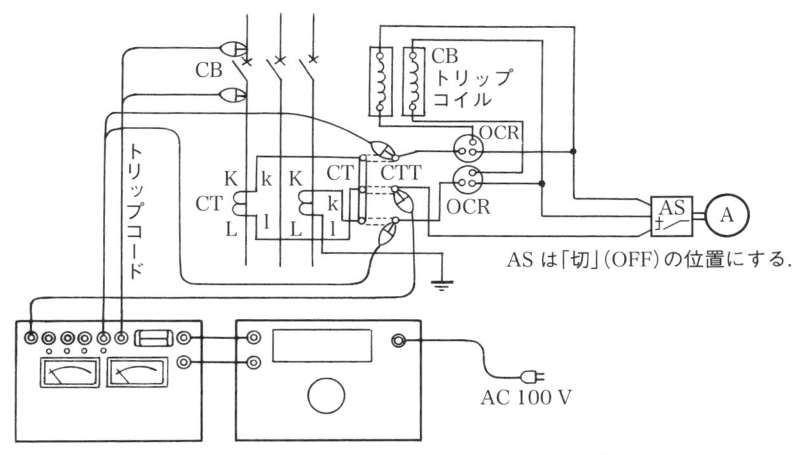

図１　他電源試験の標準試験回路（OCR）

（５）　瞬時要素動作特性試験

継電器の瞬時要素が，動作したときの電流値を測定する．

（６）判定値

① 最小動作電流値は，整定値±10％以内であること（JIS C 4602）．

② 限時動作時間は，次式による許容誤差率の範囲に入っていること（JIS C 4602）．

$$\left| \frac{t_{N3} - \dfrac{N}{10} T_{10.3}}{T_{10.3}} \times 100 \right| \leqq 17 \,〔\%〕$$

N：動作時間目盛値

$T_{10.3}$：目盛 10 で整定値の 300％の電流を流したときの公称動作時間

t_{N3}：目盛 N で整定値の 300％の電流を流したときの実測動作時間

$$\left| \frac{t_{N7} - \dfrac{N}{10} T_{10.7}}{T_{10.7}} \times 100 \right| \leqq 12 \,〔\%〕$$

N：動作時間目盛値

$T_{10.7}$：目盛 10 で整定値の 700％の電流を流したときの公称動作時間

t_{N7}：目盛 N で整定値の 700％の電流を流したときの実測動作時間

（注）　この判定値は，継電器単体試験時の判定値であるので，遮断器との

連動試験の場合は，遮断器の遮断時間を考慮して判定すること．

（計算例）　公称動作時間 10.0 s，実測動作時間 11.75 s，遮断器の動作時間 3 サイクルの場合，上記に当てはめると，

$$\left| \frac{11.75 - \frac{10}{10} \times 10}{10} \times 100 \right| = 17.5〔\%〕$$

となり，判定基準を超過するが，遮断器の動作時間 3 サイクル（0.06 s）を加味し計算すると，

$$\left| \frac{(11.75 - 0.06) - \frac{10}{10} \times 10}{10} \times 100 \right| = 16.9〔\%〕$$

となり，判定基準内となる．

③ 瞬時要素電流値は，整定値±15％以内であること（JIS C 4602）．
（動作時間は，0.05 秒以下）

（7）　実施上の注意事項

① 試験は，CT 二次側の配線を短絡して実施すること（自電源試験の場合）．

② 試験器の電源極性を確認すること．

③ 試験時は電流計を切替器により，「切」にすること．切替器がない場合は，電流計端子を短絡すること．

④ テストターミナル（CTT 等）が取り付けられている場合は，テストターミナルで実施すること．
ただし，テストターミナルから CT 間の配線を目視等で確認すること．

⑤ トリップコイルが動作しても遮断器が開放されない場合は，機器損傷等のおそれがあるので，速やかに試験電流の通電を止めること．

⑥ 塵埃の付着した OCR のふたを外す場合は，円板上に塵埃を落とさないよう注意すること．

（8）　静止形過電流継電器

二次定格 5 A の変流器と組み合わせて使用する静止形過電流継電器は，前述の誘導形過電流継電器に準じて試験を行うこと．その他の仕様の過電流継電器については，製造者の仕様書等を参考にして試験を実施すること．

（9）　CB との連動試験

OCR を単体で動作特性試験を行ったときは，その後に必ずテストボタンや接点メークにより CB が遮断することを確認すること（コンデンサトリップ，DC トリップ等）．

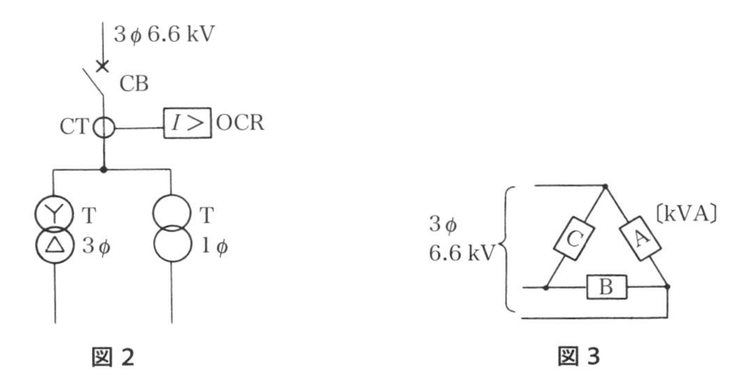

図2　　図3

2 CTの定格電流とOCRの整定電流の選定

(1) **図2**のように，三相変圧器(3φ)と単相変圧器(1φ)を組み合わせた受電設備に取り付けるCTの定格電流及びCT二次電流を**表2**に示す．OCRの整定値は，CT二次電流の直近上位のタップ値とし，最大タップ値は5Aを原則とする．

(2) 任意の変圧器の組合せの場合は，**図3**のように各相分の容量S_A，S_B，S_Cに換算し，その大小関係を$S_A \geqq S_B \geqq S_C$とすれば，その設備の定常状態における最大電流I_{max}は次式で表せる．

$$I_{max}=\frac{\sqrt{{S_A}^2+S_A\cdot S_B+{S_B}^2}}{6.6}\ 〔\mathrm{A}〕$$

(p.259．**参考3**)

(I_{max}は設備の各線電流（I_a，I_b，I_c）のうち最も大きな値をいう)

この，I_{max}の直近上位の定格のCTを選定し，このCT比によりI_{max}時のCT二次電流を求めて，直近上位のタップ値をOCRの整定値とする．

(3) **留意事項**

① 一般送配電事業者の整定式は次式のとおりである．

$$I=\frac{P}{\sqrt{3}\times 6\times\cos\theta}\times\alpha\ 〔\mathrm{A}〕$$

したがって，αは次式で求められる．

$$\alpha=\frac{6\sqrt{3}\,I\cos\theta}{P}\quad(\cos\theta=0.85を基本とする)$$

この際，α値が$\alpha=1.25〜1.75$の範囲内であることを確認すること．

② α値が1.25〜1.75の範囲外になる場合は，一般送配電事業者と十分協議すること．

③ CT定格電流は，受電設備における適当なCTの直近上位値を示してあるが，増設等による変更が予想される場合は，上位の定格電流値を選定す

ること．

④ 高圧電動機等の起動電流が大きく，整定電流への影響が著しいものの場合は，適宜選定すること．

⑤ V 結線の場合は，2 個の変圧器定格容量の合計に 0.87 を乗じたものを 1 個の三相変圧器定格容量と同等に考えて適用すること．

⑥ 異容量 V 結線の場合は，2 個の変圧器定格容量の差を 1 個の単相変圧器とし，残りを同じ定格容量の V 結線と考える．

適　用　例（1）

図 4 のような設備の場合には，**表 2** の整定表を利用する．

最大電力	90 kW
CT の定格電流	15 A
一次電流	13.7 A
CT の二次電流	4.6 A（$\because = 13.7 \times \dfrac{5}{15} \fallingdotseq 4.6$）
OCR 整定タップ	5 A

$$\alpha = \frac{6\sqrt{3} \times 13.7 \times 0.85}{90} \fallingdotseq 1.34$$

この値を，一般送配電事業者の整定式に代入すると，

$$I = \frac{90}{\sqrt{3} \times 6 \times 0.85} \times 1.34 \fallingdotseq 13.7 \text{〔A〕}$$

したがって，$\alpha = 1.34$ とすることにより協調がとれる．α は，一般送配電事業者が用いる計算式の係数であるといえる．

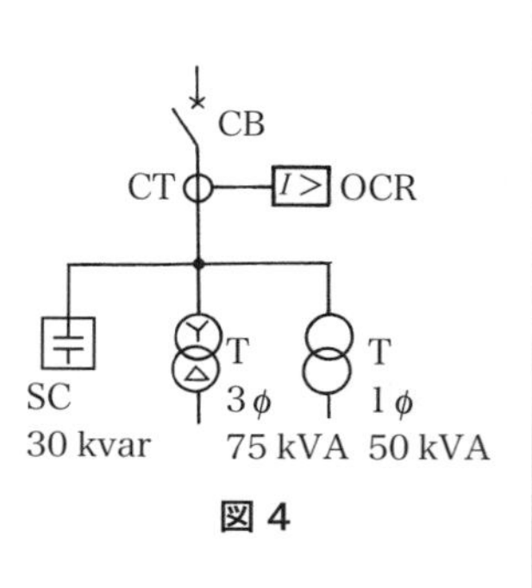

図 4

一方，OCR の限時要素のタイムダイヤル(レバー)と瞬時要素の整定電流の選定については，種々の条件を加味しなければならず，限時要素の整定電流を含め，相互に関係しているので整定値の一般的な算出方法を示すことは難しい．上述の種々の条件とは具体的には，一般送配電事業者の配電用変電所の CT 比，OCR 時限特性，整定値，需要家の CB 遮断時間，CT 比，CT 過電流定数，OCR 時限特性，整定値，変圧器容量・台数及びバンク構成，復電時の投入方法，負荷の特性等々である．

基本的には，一般送配電事業者の配電用変電所との保護協調がとれるとともに，突入電流で需要家の OCR が誤動作しないような整定であればよい．

「1.8　過電流保護と保護協調」の項を参考に，個々に検討されたい．(p.260. **参考 4**)

表 2　CT の定格電流及び OCR の整定電流選定表

3φ TkVA		1φTkVA	0	5	7.5	10	15	20	30	50	75	100	150	200	250	300	
		CT の定格電流	5/5							10/5	15/5	20/5	30/5	40/5		50/5	
0	5/5	最大電力 kW							24	40	58	75	105	135	165	195	
		最大電流 A		0.8	1.1	1.5	2.3	3.0	4.5	7.6	11.4	15.2	22.7	30.3	37.9	45.5	
		CT二次電流 A							4.5	3.8	3.8	3.8	3.8	3.8	4.7	4.6	
5		最大電力 kW						20	28	44	61	78	108	138	168	198	
		最大電流 A	0.4	1.2	1.5	1.9	2.7	3.4	4.9	8.0	11.7	15.5	23.1	30.7	38.3	45.8	
		CT二次電流 A						3.4	4.9	4.0	3.9	4.4	3.9	3.8	4.8	4.6	
10		最大電力 kW					20	24	32	47	65	81	111	141	171	200	
		最大電流 A	0.9	1.6	1.9	2.3	3.1	3.8	5.3	8.3	12.1	15.9	23.5	31.1	38.6	46.2	
		CT二次電流 A					3.1	3.8	5.3	4.2	4.0	4.0	3.9	3.9	4.8	4.6	
15		最大電力 kW				20	24	28	36	51	68	84	114	144	174	203	
		最大電流 A	1.3	2.0	2.4	2.7	3.5	4.2	5.7	8.7	12.5	16.3	23.9	31.4	39.0	46.6	
		CT二次電流 A				2.7	3.5	4.2	2.9	4.4	4.2	4.1	4.0	3.9	4.9	4.7	
20		最大電力 kW		20	22	24	28	32	40	54	72	87	117	147	177	205	
		最大電流 A	1.7	2.4	2.8	3.2	3.9	4.6	6.1	9.1	12.9	16.7	24.3	31.8	39.4	47.0	
		CT二次電流 A		2.4	2.8	3.2	3.9	4.6	3.1	4.6	4.3	4.2	4.1	4.0	4.9	4.7	
30		最大電力 kW	24	28	30	32	36	40	47	61	78	93	123	153	183	210	
		最大電流 A	2.6	3.3	3.7	4.0	4.7	5.5	6.9	9.9	13.7	17.5	25.0	32.6	40.2	47.7	
		CT二次電流 A	2.6	3.3	3.7	4.0	4.8	2.8	3.5	5.0	4.6	4.4	4.2	4.1	4.0	4.8	
50		最大電力 kW	40	44	45	47	51	54	61	75	90	105	135	165	195	220	
		最大電流 A	4.4	5.0	5.4	5.7	6.4	7.2	8.6	11.6	15.3	19.1	26.6	34.2	41.7	49.3	
		CT二次電流 A	4.4	5.0	2.7	2.9	3.2	3.6	4.3	3.9	3.8	4.8	4.4	4.3	4.2	4.9	
75	10/5	最大電力 kW	58	61	63	65	68	72	78	90	105	120	150	180	208	233	
		最大電流 A	6.6	7.2	7.6	7.9	8.6	9.3	10.7	13.7	17.4	21.1	28.6	36.1	43.7	51.2	
		CT二次電流 A	3.3	3.6	3.8	4.0	4.3	4.7	3.6	4.6	4.4	3.5	4.8	4.5	4.4	3.4	
100		最大電力 kW	75	78	80	81	84	87	93	105	120	135	165	195	220	245	
		最大電流 A	8.7	9.4	9.7	10.1	10.8	11.5	12.9	15.8	19.4	23.1	30.6	38.1	45.7	53.2	
		CT二次電流 A	4.4	4.7	4.9	5.1	3.6	3.8	4.3	4.0	4.9	3.9	3.8	4.8	4.6	3.6	
150	15/5	最大電力 kW	105	108	110	111	114	117	123	135	150	165	195	220	245	270	
		最大電流 A	13.1	13.8	14.1	14.5	15.1	15.8	17.2	20.0	23.7	27.3	34.7	42.2	49.7	57.2	
		CT二次電流 A	4.4	4.6	4.7	4.8	5.0	4.0	4.3	5.0	4.0	4.6	4.4	4.2	5.0	3.8	
200	20/5	最大電力 kW	135	138	140	141	144	147	153	165	180	195	220	245	270	295	
		最大電流 A	17.5	18.2	18.5	18.8	19.5	20.2	21.6	24.4	27.9	31.5	38.9	46.3	53.7	61.2	75/5
		CT二次電流 A	4.4	4.6	4.6	4.7	4.9	3.4	3.6	4.1	4.7	3.9	4.9	4.6	3.9	4.1	
250	30/5	最大電力 kW	165	168	170	171	174	177	183	195	208	220	245	270	295	320	
		最大電流 A	21.9	22.5	22.9	23.2	23.9	24.5	25.9	28.7	32.2	35.8	43.1	50.4	57.9	65.3	
		CT二次電流 A	3.7	3.8	3.8	3.9	4.0	4.1	4.3	4.8	4.0	4.5	4.3	3.4	3.9	4.4	
300		最大電力 kW	195	198	199	200	203	205	210	220	233	245	270	295	320	345	
		最大電流 A	26.2	26.9	27.2	27.6	28.2	28.9	30.3	33.0	36.5	40.1	47.3	54.6	62.0	69.4	
		CT二次電流 A	4.4	4.5	4.5	4.6	4.7	4.8	3.8	4.1	4.6	4.0	4.7	3.6	4.1	4.6	
350	40/5	最大電力 kW	220	223	224	225	228	230	235	245	258	270	295	320	345	365	
		最大電流 A	30.6	31.3	31.6	31.9	32.6	33.3	34.6	37.4	40.9	44.4	51.6	58.8	66.2	73.6	
		CT二次電流 A	3.8	3.9	4.0	4.0	4.1	4.2	4.3	4.7	4.1	4.4	3.4	3.9	4.4	4.9	
400		最大電力 kW	245	248	249	250	253	255	260	270	283	295	320	345	365	385	
		最大電流 A	35.0	35.6	36.0	36.3	37.0	37.6	39.0	41.7	45.2	48.7	55.8	63.1	70.4	77.8	
		CT二次電流 A	4.4	4.5	4.5	4.5	4.6	4.7	4.9	4.2	4.5	4.9	3.7	4.2	4.7	3.9	
450		最大電力 kW	270	273	274	275	278	280	285	295	308	320	345	365	385	405	
		最大電流 A	39.4	40.0	40.4	40.7	41.3	42.0	43.4	46.1	49.5	53.0	60.1	67.3	74.6	81.9	
		CT二次電流 A	5.0	5.0	4.0	4.1	4.1	4.2	4.3	4.6	4.9	3.5	4.0	4.5	5.0	4.1	
500	50/5	最大電力 kW	295	298	299	300	303	305	310	320	333	345	365	385	400	425	
		最大電流 A	43.7	44.4	44.7	45.1	45.7	46.4	47.7	50.4	53.9	57.4	64.4	71.6	78.9	86.2	
		CT二次電流 A	4.4	4.4	4.5	4.5	4.6	4.6	4.8	3.4	3.6	3.8	4.3	4.8	4.0	4.3	
										75/5					100/5		

適　用　例（2）

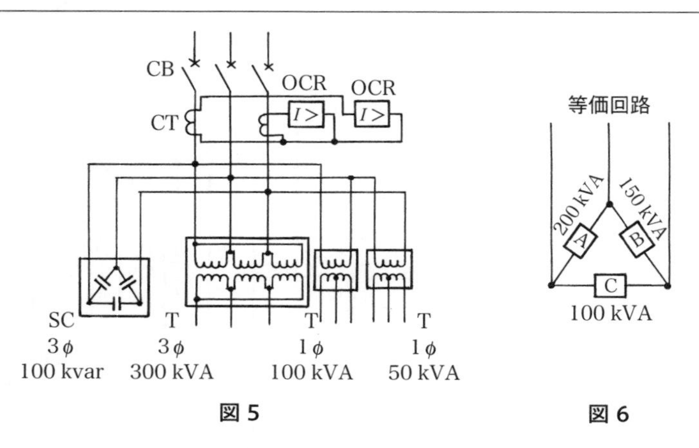

図 5　　　　図 6

図 5 のような設備の場合，各相分に換算した等価回路を図 6 に示す．

$\therefore S_A = 200$〔kVA〕，$S_B = 150$〔kVA〕，

一次電流 $I = \dfrac{\sqrt{200^2 + 200 \times 150 + 150^2}}{6.6} \fallingdotseq 46$〔A〕

CT の定格電流 ＝50〔A〕

CT 二次電流 ＝4.6〔A〕$\left(\because 46 \times \dfrac{5}{50} \fallingdotseq 4.6\right)$

∴ OCR タップ ＝5〔A〕

最大電力 P ＝270〔kW〕

（「1.11 契約電力と受電回路方式」項の表 2 により計算する）

α を求めると，

$$\alpha = \frac{6\sqrt{3} \times 46 \times 0.85}{270} \fallingdotseq 1.50$$

この値を，一般送配電事業者の整定式に代入すると，

$$I = \frac{270}{\sqrt{3} \times 6 \times 0.85} \times 1.50 \fallingdotseq 46 \text{〔A〕}$$

したがって，$\alpha = 1.50$ とすることによりその協調がとれる．又，増設等が予想される場合で，CT の定格電流を 60 A とした場合は，CT 二次電流が 3.83 A $\left(\because 46 \times \dfrac{5}{60} \fallingdotseq 3.83\right)$ となり，OCR のタップを 4 A に整定する．

＊過電流継電器のレバー「N」，タップ「T」(p.252．参考 1)

過電流継電器(OCR)の「N」は，レバーのことで，動作時間を整定するものである．一般に 0，0.5，1，～10 の値(位置)で，公称動作時間はメーカー及び型式により異なるので，その OCR に明示されている電流－時間特性グラフを参照する（一般に，レバー 10 の設定値）．

「T」は，タップ(端子)で，最小動作電流値をいう．一般に 3，4，5，…のようにタップ値があり，「4」タップを整定すると，OCR は 4 A で動作を開始することになる．「T10.3」，「T10.7」とは，レバーの値(位置)が「10」で，タップ値の 300% 及び 700% の電流を OCR に流したときの公称動作時間を意味する．

＊過電流継電器（OCR）の動作時限特性試験（p.252．参考 2)

過電流継電器の試験電流の整定値(タップ)の倍率(%)は JIS C 4602 では，整定値の 300%，700% の試験電流で動作時間を測定することになっている．竣工時には極力 700% で実施するようにしているが，年次点検の場合，実際の現場では試験電源の確保が難しいことから，500% 又は 300% で実施することが多い．

レバーを整定値にしての動作時限特性試験というものは，JIS C 4602 では規定していないが，定められた過電流継電器の許容誤差率は，300% と 700% の試験電流により計算式が示されており，各々 17% と 12% が規定されている．この許容誤差率は，レバー整定値及び 10 でも同様である．整定値レバーの値は実際の保護協調に関係するので重要である．

瞬時要素がある場合は，動作時間は 200% 試験で 0.05 秒以下で，動作電流の許容誤差は，整定値に対して ±15% の範囲である．

＊高圧主遮断器における最大負荷電流の計算式について（p.255．参考 3)

線電流 $\dot{I}_a$〔A〕，$\dot{I}_b$〔A〕，$\dot{I}_c$〔A〕，相電流 $\dot{I}_{ab}$〔A〕，$\dot{I}_{bc}$〔A〕，$\dot{I}_{ca}$〔A〕，各相分の容量をそれぞれ S_a〔kVA〕≧S_b〔kVA〕≧S_c〔kVA〕とすると，線電流と相電流の関係は次式のとおりとなる（図 1，2)．

ただし，相順は a→b→c とする．

$\dot{I}_a=\dot{I}_{ab}-\dot{I}_{ca}$ （1）　$\dot{I}_b=\dot{I}_{bc}-\dot{I}_{ab}$ （2）　$\dot{I}_c=\dot{I}_{ca}-\dot{I}_{bc}$ （3）

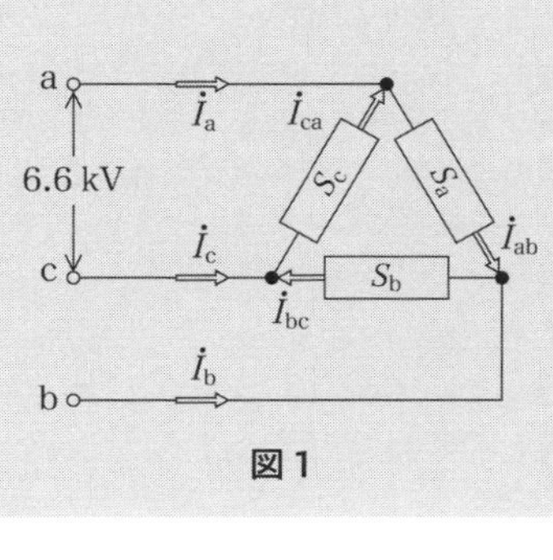

図 1

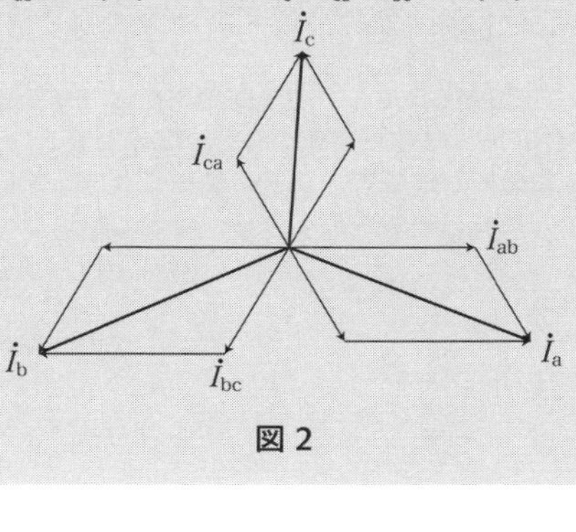

図 2

ただし，$\dot{I}_{ab}=\dfrac{S_a\,〔\mathrm{kVA}〕}{6.6\,〔\mathrm{kV}〕}$，$\dot{I}_{bc}=\dfrac{S_b\,〔\mathrm{kVA}〕}{6.6\,〔\mathrm{kV}〕}$，$\dot{I}_{ca}=\dfrac{S_c\,〔\mathrm{kVA}〕}{6.6\,〔\mathrm{kV}〕}$とする．

各線電流を求めると，

$$|\dot{I}_a|=\sqrt{(I_{ab}+I_{ca}\cos 60°)^2+(I_{ca}\sin 60°)^2}$$
$$=\sqrt{I_{ab}{}^2+2I_{ab}\cdot I_{ca}\times\cos 60°+I_{ca}{}^2\,(\cos^2 60°+\sin^2 60°)}$$

ここで，$\cos 60°=\dfrac{1}{2}$，$\cos^2 60°+\sin^2 60°=1$ であるから，

$$|\dot{I}_a|=\sqrt{I_{ab}{}^2+2I_{ab}\times I_{ca}\times\frac{1}{2}+I_{ca}{}^2\times 1}$$
$$=\sqrt{I_{ab}{}^2+I_{ab}\cdot I_{ca}+I_{ca}{}^2}$$
$$=\sqrt{\left(\frac{S_a}{6.6}\right)^2+\frac{S_a}{6.6}\times\frac{S_c}{6.6}+\left(\frac{S_c}{6.6}\right)^2}$$
$$=\sqrt{\frac{S_a{}^2}{6.6^2}+\frac{S_aS_c}{6.6^2}+\frac{S_c{}^2}{6.6^2}}$$

最大となるのは，$S_a\geqq S_b\geqq S_c$ のうち，S_a と S_b である．

$$|\dot{I}_a|=\frac{\sqrt{S_a{}^2+S_a\cdot S_c+S_c{}^2}}{6.6}$$

同様に，

$$|\dot{I}_b|=\sqrt{(I_{bc}+I_{ab}\cos 60°)^2+(I_{ab}\sin 60°)^2}$$
$$=\sqrt{I_{bc}{}^2+I_{bc}\cdot I_{ab}+I_{ab}{}^2}$$
$$=\frac{\sqrt{S_b{}^2+S_b\cdot S_a+S_a{}^2}}{6.6}$$

同様に，

$$|\dot{I}_c|=\sqrt{(I_{ca}+I_{bc}\cos 60°)^2+(I_{bc}\sin 60°)^2}$$
$$=\sqrt{I_{ca}{}^2+I_{ca}\cdot I_{bc}+I_{bc}{}^2}$$
$$=\frac{\sqrt{S_c{}^2+S_c\cdot S_b+S_b{}^2}}{6.6}$$

＊変流器の過電流定数（p.256．参考 4）

変流器（CT）の一次電流が定格値よりも大きくなると，CT は磁気飽和により変流比（一次／二次）誤差が大きくなる．誤差が大きな状態では，CT と組み合わせて使用する過電流継電器（OCR）等が正常に動作しない．定格一次電流の何倍までの電流が流れても，定められた誤差以内に収まるか規定しているのが過電流定数である．過電流強度（S）とは，CT の定格一次電流に対して，熱的及び機械的に損傷しない電流の倍数を示したものである．

6.7 地絡保護継電器試験

表1　JIS 基準における地絡継電装置の動作時間

（1）地絡継電装置単体		
①高圧受電用地絡継電装置（JIS C 4601）		
試験電流〔%〕	動作時間〔s〕	
整定電流値の 130%	0.1～0.3	
整定電流値の 400%	0.1～0.2	
②高圧受電用地絡方向継電装置（JIS C 4609）		
試験電流〔%〕	試験電圧〔%〕	動作時間〔s〕
整定電流値の 130%	整定電圧値の 150%	0.1～0.3
整定電流値の 400%	整定電圧値の 150%	0.1～0.2
（2）引外し形高圧交流負荷開閉器において開閉器連動の場合		
（JIS C 4607）　適用タップ 200 mA		
試験電流〔%〕	動作時間〔s〕	
整定電流値の 130%	0.4 秒以内	
整定電流値の 400%	0.3 秒以内	

1 地絡保護継電器の整定

地絡保護継電器の整定は，**表1**の JIS 基準を満足するものとし，次の事項を基本とする．

① 最小動作電流値の整定
　最小動作電流値は 0.2 A を基準とすること．

② 動作時間の整定
　動作時間整定タップがある地絡継電器では，0.2 秒を基準とすること．

2 地絡継電器（GR）の動作特性試験

（1）試験回路

図1に竣工検査時の地絡継電器の標準試験回路を示す．

（2）試験ボタンによる動作確認

継電器の試験ボタンを押し，遮断装置の動作及び継電器の動作表示を確認する．

（3）動作電流試験

電流を徐々に増加し，継電器，遮断装置が動作したときの試験電流値を測定する．全てのタップについて行う．

（4）動作時間試験

電流を整定値の 130%及び 400%流したときの動作時間を測定する．

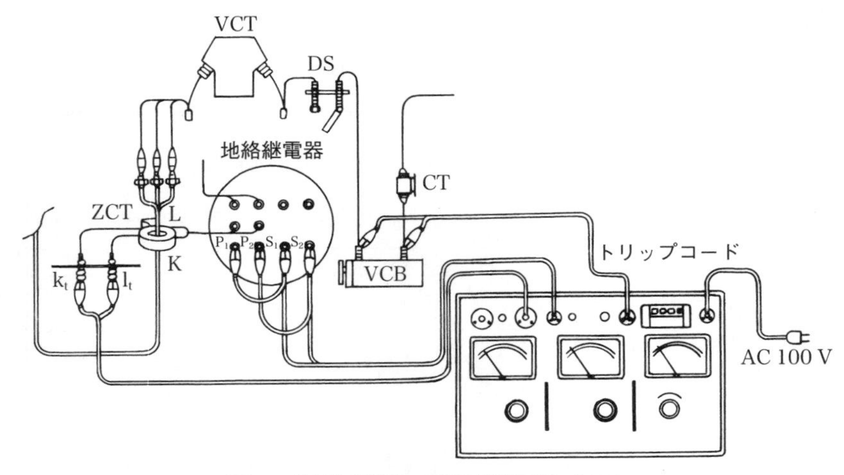

図１　他電源試験の標準試験回路（GR）

（5）判定値

① 動作電流値は整定値±10％以内であること（JIS C 4601）.

② 動作時間は製造者が示す範囲であること.

（6）実施上の注意事項

① 試験器の電源極性を確認すること.

② P_1，P_2 端子の配線を外してから，P_1，P_2 端子へ試験電源を印加すること.

③ トリップコイルが動作しても遮断器が開放されない場合は，機器損傷等のおそれがあるので，速やかに試験電流の通電を止めること.

④ 動作時間試験時のトリップコードの取付箇所に注意すること.

3　地絡方向継電器（DGR）の動作特性試験

（1）試験回路

図２に竣工検査時の地絡方向継電器の標準試験回路を示す.

（2）試験ボタンによる動作確認

継電器の試験ボタンを押し，遮断装置の動作及び継電器の動作表示を確認する.

（3）動作電圧試験

試験電流を整定値の150％流した状態で，製造者の明示する位相角を整定し電圧を徐々に増加し，継電器及び遮断器が動作したときの電圧値を測定する.

（4）動作電流試験

試験電圧を整定値の150％印加した状態で，製造者の明示する位相角を整定

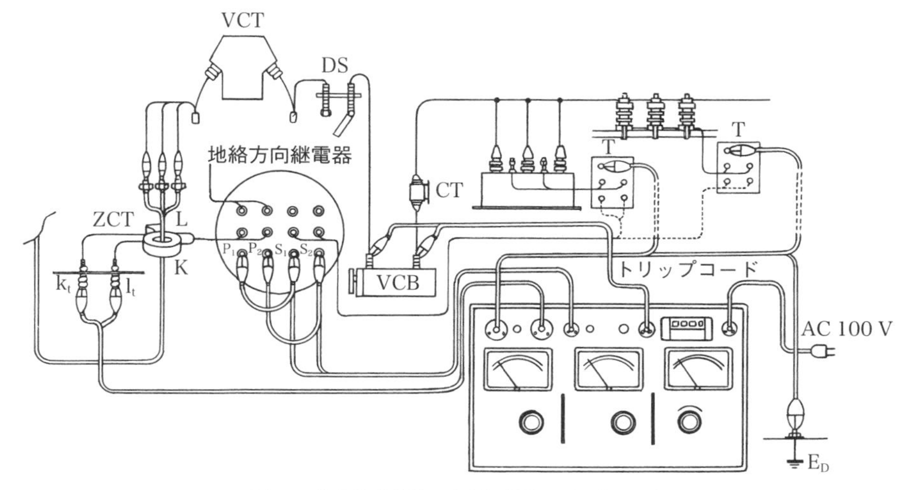

図 2　他電源試験の標準試験回路（DGR）

し電流を徐々に増加し，継電器及び遮断器が動作したときの電流値を測定する．

（5）動作時間試験

試験電圧を整定値の150％印加した状態で，電圧と同位相で電流を整定値の130％及び400％流したときの動作時間を測定する．

（6）位相特性試験

電流を整定値の1 000％流し，電圧を整定値の150％印加して不動作域より動作域へ位相を変化させたときの動作位相角を測定する．

（7）判定値

① 動作電流値は整定値±10％以内であること（JIS C 4609）．
② 動作電圧値は整定値±25％以内であること（JIS C 4609）．
③ 位相特性は製造者が示す範囲であること．
④ 動作時間は製造者が示す範囲であること．

（8）実施上の注意事項

① 試験器の電源極性を確認すること．
② P_1，P_2 端子の配線を外してから，P_1，P_2 端子へ試験電源を印加すること．
③ トリップコイルが動作しても遮断器が開放されない場合は，機器損傷等のおそれがあるので，速やかに試験電流の通電を止めること．
④ 補助ボックスに試験用端子を備えていない場合は，接地コンデンサを電路より切り離し，3線一括－E間に試験電圧を印加する（**図3**参照）．

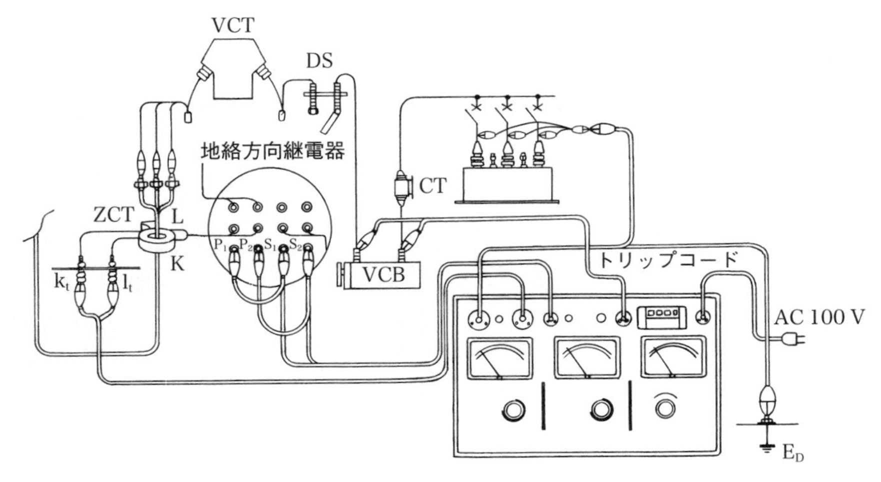

図 3　他電源試験で接地コンデンサに直接電圧を印加する場合の試験回路（DGR）

⑤ 動作電圧試験を行う場合は，あらかじめ製造者に試験時の位相角を確認しておくこと．

⑥ ZCT の極性，ケーブルシールドの接地位置（特にサブ変への送り出し用の場合）を目視等により確認すること．

⑦ テストターミナルから試験を行う場合は，テストターミナルから ZCT 間及びテストターミナルから ZPD（ZPC）間の配線を目視等により確認すること．

4　地絡保護付区分開閉器（DGR 付 PAS（PGS））の動作特性試験

（1）試験回路

図 4 に竣工試験時の DGR 付 PAS（PGS）の標準試験回路を示す．

（2）試験ボタンによる動作確認

SOG 制御箱の地絡試験ボタンを押し，PAS の動作，動作表示を確認する．

過電流ロック試験ボタンがある場合は，過電流ロックについても行う．

（3）動作電圧試験

試験電流を整定値の 150％流した状態で，製造者の明示する位相角を整定し電圧を徐々に増加し，PAS が動作したときの電流値を測定する．

（4）動作電流試験

試験電圧を整定値の 150％印加した状態で，製造者の明示する位相角を整定

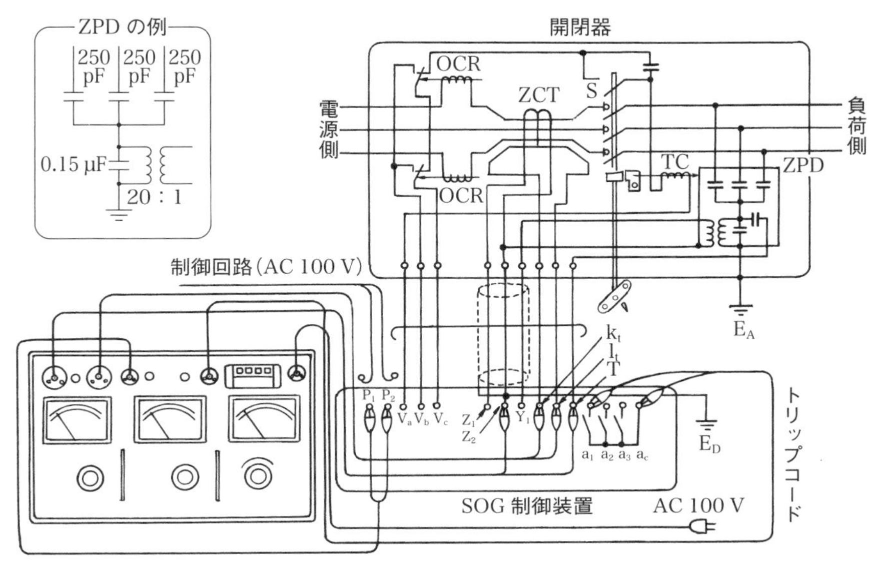

図 4　他電源試験の標準試験回路（DGR 付 PAS（PGS））

し電流を徐々に増加し，PAS が動作したときの電流値を測定する.

（5）動作時間試験

試験電圧を整定値の 150％印加した状態で，電圧と同位相で電流を 130％及び 400％流したときの動作時間を測定する.

（6）位相特性試験

電流を整定値の 1 000％流し，電圧を整定値の 150％印加して不動作域より動作域へ位相を変化させたときの動作位相角を測定する.

（7）過電流ロック電流試験

① 過電流ロック試験用端子がある場合に実施する.

② メーカーの指定する電流を流した状態から PAS 電源，試験電流を開放し，PAS が動作することを確認する.

（8）判定値

① 動作電流値は整定値±10％以内であること（JIS C 4609）.

② 動作電圧値は整定値±25％以内であること（JIS C 4609）.

③ 位相特性は製造者が示す範囲であること.

④ 動作時間は製造者が示す範囲であること.

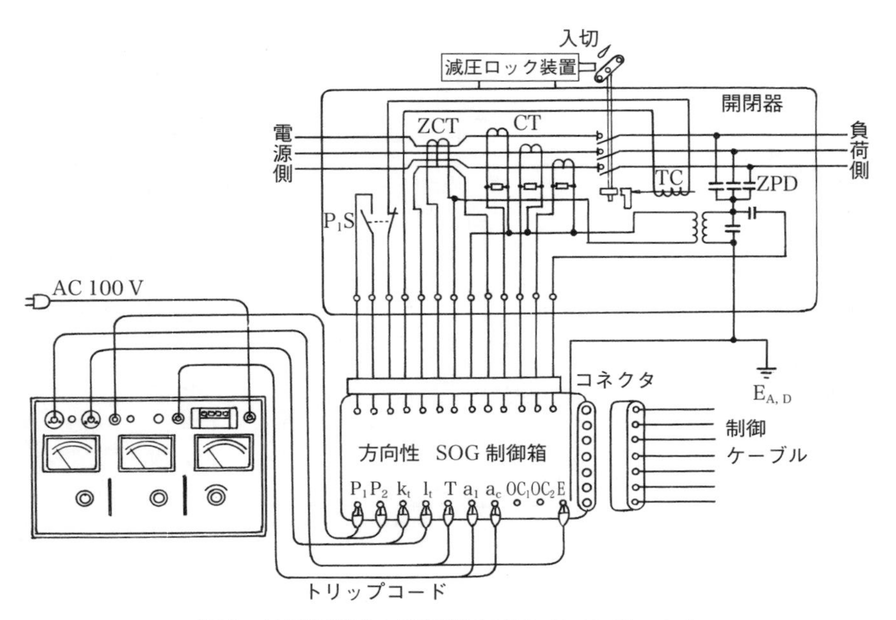

図 5　他電源試験の標準試験回路（DGR 付 UGS）

(9) 実施上の注意事項

① 電源ランプがあるものについては，点灯していることを確認すること．

② 自己診断表示灯，異常警報表示があるものについては，警報が出ていないことを確認し，警報が出ている場合はメーカー等に確認し原因を調査すること．

③ SOG 制御装置の電源を確保しておくこと．

④ 試験配線の際，T，E 端子がある場合にはその端子を使用すること．又，端子台での短絡に注意すること．

⑤ 動作電圧試験を行う場合は，あらかじめ製造者に試験時の位相角を確認しておくこと．

5 地絡保護付区分開閉器（DGR 付 UGS）の動作特性試験

(1) 試験回路

図 5 に竣工試験時の DGR 付 UGS の標準試験回路を示す．

(2) 試験ボタンによる動作確認

SOG 制御箱の地絡試験ボタンを押し，UGS の動作，動作表示を確認する．過電流ロック試験ボタンがある場合は，過電流ロックについても行う．

(3) 動作電圧試験

試験電流を整定値の150%流した状態で，製造者の明示する位相角を整定し電圧を徐々に増加し，UGSが動作したときの電圧値を測定する．

(4) 動作電流試験

試験電圧を整定値の150%印加した状態で，製造者の明示する位相角を整定し電流を徐々に増加し，UGSが動作したときの電流値を測定する．

(5) 動作時間試験

試験電圧を整定値の150%印加した状態で，電圧と同位相で電流を130%及び400%流したときの動作時間を測定する．

(6) 位相特性試験

電流を整定値の1 000%流し，電圧を整定値の150%印加して不動作域より動作域へ位相を変化させたときの動作位相角を測定する．

(7) 過電流ロック電流試験

① 過電流ロック試験用端子がある場合に実施する．

② メーカーの指定する電流を流した状態からUGS電源，試験電流を開放し，UGSが動作することを確認する．

(8) 判定値

① 動作電流値は整定値±10%以内であること（JIS C 4609）．

② 動作電圧値は整定値±25%以内であること（JIS C 4609）．

③ 位相特性は製造者が示す範囲であること．

④ 動作時間は製造者が示す範囲であること．

(9) 実施上の注意事項

① 電源ランプがあるものについては，点灯していることを確認すること．

② 自己診断表示灯，異常警報表示があるものについては，警報が出ていないことを確認し，警報が出ている場合はメーカー等に確認し原因を調査すること．

③ 試験配線の際，端子台での短絡に注意すること．

④ 制御装置の電源を確保すること．

一般に制御装置のスイッチを試験側にたおすと，端子台のP_1，P_2に外部より制御電源を供給することができる．

⑤ 動作電圧試験を行う場合は，あらかじめ製造者に試験時の位相角を確認しておくこと．

6.8 シーケンス試験

表1　シーケンス試験のチェックリストの例

故障内容	動作方法	ランプ表示名称	リレー表示	遮断機器	発電機用出力		判定
					名　称	出力	
51-RH1	接点メーク	構内異常	○	52 R 52 B	構内事故	○	良
67G-R1	接点メーク	構内異常	○	52 R 52 B	構内事故	○	良
系統連系中 59-R1	テストボタン	受電異常	○	52 B	1系受電異常	○	良
系統連系中 95L-1	接点メーク	受電異常	○	52 B	1系受電異常	○	良
系統連系中 67P-1	テストボタン	受電異常	○	52 B	1系受電異常	○	良
系統連系中 67S-1	テストボタン	受電異常	○	52 B	1系受電異常	○	良
系統連系中 64 V-1	テストボタン	受電異常	○	52 B	1系受電異常	○	良
系統連系中 27-R1	テストボタン	受電異常	○	52 B	1系受電異常 商用停電	○	良

1 シーケンス試験の目的

シーケンス試験は受変電設備がさまざまな条件に対し，所定の動作・不動作をするか確認するために行う．設備に異常が発生し，保護継電器が動作しても遮断器が動作（開放）しなければ意味がない．保護継電器の動作特性試験を継電器単体で行った場合は，必ず遮断器まで含めた保護シーケンス試験を行う必要がある．

小規模な受変電設備では，保護シーケンス以外のシーケンスは組まれていない場合が多いが，大規模な設備になるとかなり複雑なシーケンスが組まれているので，チェックリスト（**表1**）等を利用し，漏れがないようにする必要がある．

2 シーケンス試験の種類

一般に実施するシーケンス試験のなかで主なものを次に示す．

① 保護シーケンスの確認試験　② インターロックの確認試験

③ 停電・復電シーケンス，順次投入シーケンスの確認試験

④ 警報・表示の確認試験

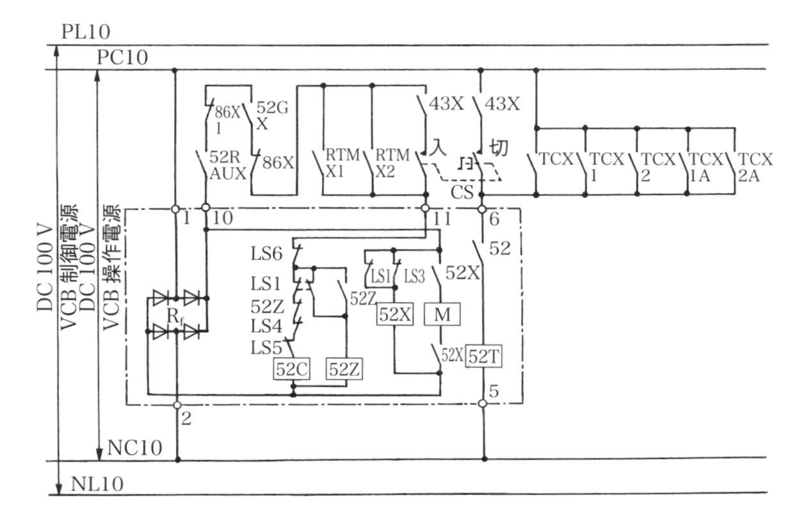

図 1　シーケンス図面の例

3 シーケンス試験の内容と実施方法

盤メーカーが工場で行うシーケンス試験は，**図 1** に示すような設計図面(シーケンス図面(連動図表))に基づき，使用されている全ての継電器(主継電器及び補助継電器)が，所定の関連動作をするかどうかの確認を行うが，現地試験では，模擬条件に対する主器の所定動作・不動作を確認することが一般的である．

なお，複雑なシーケンスが組まれている大規模な設備では制御用に直流(バッテリー)電源を用いている．具体的内容と実施方法の一例を次に示す．

① 保護シーケンスの確認

- 保護継電器のテストボタン又は接点メークにより，所定の遮断器がトリップすることを確認する．

② インターロックの確認

- 遮断器が投入されているときに断路器が操作できないことを確認する．
- 両母線に異系統の電源が加圧されているとき（不足電圧継電器を模擬復帰させ条件を作る）に母線連絡遮断器が投入できないことを確認する．

③ 停電・復電シーケンス，順次投入シーケンスの確認

- 不足電圧継電器の模擬動作・復帰により，所定の遮断器が所定の順序で開放・投入されることを確認する．

④ 警報・表示の確認

- 保護継電器，警報装置のテストボタン又は接点メークにより，所定の警報・表示がなされることを確認する．

6.9 指示計器の校正試験

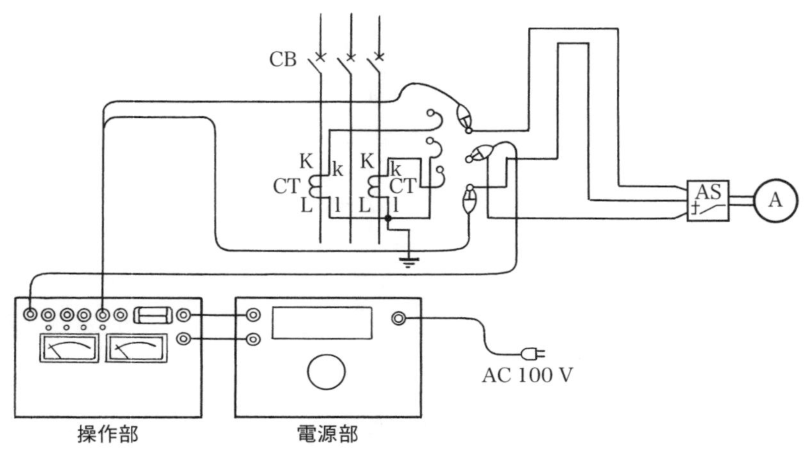

図１　電流計校正の試験配線

図２　電圧計校正の試験配線

1 計器の点検

（１）　計器が正しく接続されているか確認する．特に，変成器付の場合には注意する．

（２）　計器の端子部のネジにゆるみ等がないこと．

（３）　計器及び計器を取り付けた配電盤等に傾斜又は振動がないこと．

2 校正試験

（１）試験配線

表1　計器の許容誤差表

計器の階級	1.0 級	1.5 級	2.5 級
許容差	±1.0%	±1.5%	±2.5%

（注）　許容差とは，試験状態において許容される誤差率の限界値をいう．

$$誤差率=\frac{測定値-標準計器の指示値}{標準計器の指示値}\times 100\%$$

（参考）　最大目盛 200 A，階級 1.5 級の可動鉄片形電流計での誤差の見方

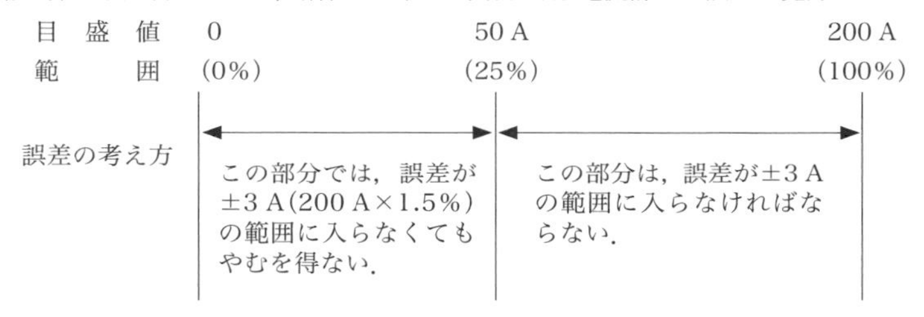

① 指示計器の校正試験は，高圧回路が充電されていない状態で実施する．

② 試験配線は，**図1**，**図2**のとおりとする．

（2）試験方法

① 零点を確認すること．零点の狂っているものは調整する．ただし，電圧計の場合は，常時指示する目盛において誤差が最小となるよう調整したものについては，この限りではない．

② 試験方法は，標準計器の指示値を基準とし，これに対応する被試験計器の指示値を読み取って記録する（デジタル計器も同様とする）．

（注）　標準計器は，精密級（0.5 級）とする．

③ 電圧計の場合は，6 000 V，3 000 V を基準とし，それぞれの前後 20% の範囲にわたって 5 点について行う．

④ 電流計の場合は，測定範囲内の 5 点について行う．

（3）判定基準

指示計器の誤差は，計器の最大目盛値に対して**表1**の許容差の値以内であること．ただし，可動鉄片形計器（零の付近で著しく縮小した目盛）は，最大目盛値の 25～100% の範囲に適用する．

（4）留意事項

電圧計の校正は，**図2**のように電圧計の端子に接続されている配線を外し，この端子に試験器から直接電圧を電圧計に印加して，単体で行うことを原則とする．誤って，VT を介してステップアップ電圧が高圧回路にかかることを防ぐためである．

6.10 絶縁油の劣化判定

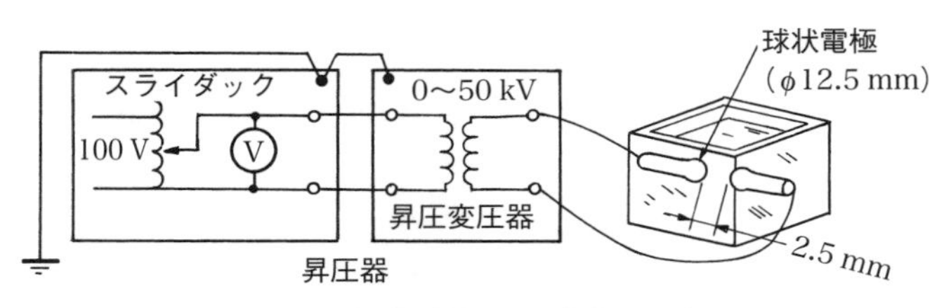

図1　絶縁油絶縁破壊電圧試験の回路図

他で使用していた変圧器等を再使用する場合は，竣工検査の際に必ず絶縁油の劣化判定試験を実施する必要がある．

1 試料油の採油

① 試料油の採油は専用のポンプを使い，できるだけ下部より採取すること．

② ポンプ及び容器は清潔な状態に保ち，かつ，容器は使用前に新油で洗い，ゴミ，不純物，湿気等の混入を避けること．

③ 1試料の採取量は，400 mL 程度とする．

④ 試料油を採取したため，機器内の油量が減少した場合は，規定レベルまで絶縁油を補給すること．

⑤ PCB の含有が否定できない機器の絶縁油，及び PCB 含有分析の結果，0.5 mg/kg を超過した絶縁油については，試験後の適正処理が必要なことからその扱いには十分注意すること（採油せず絶縁油の透明度等を目視点検）．

2 絶縁破壊電圧試験

図1に，絶縁油破壊電圧試験の回路図を示す．

① 試験器の電極は，直径 12.5 mm の球状電極とし，ギャップは 2.5 mm とする．

② カップを新油で洗浄して，電極の上端が油面下約 20 mm ぐらいの位置になるように試料油を入れ，約3分間放置して油中の泡がなくなってから試験を開始する．

③ この試験は，同一の試料から2個の試料を取り，各試料について5回ずつ計10回の測定を行い，各々の初回の値を捨てて8回の平均値を求める．

表1　絶縁破壊電圧の判定基準

		絶縁破壊電圧〔kV〕	摘　　要
新　　油		30 kV 以上	JIS C 2320
使用中の油	良　好 使用可	20 kV 以上	
	要注意 使用可	15 kV 以上 20 kV 未満	機会をみて，ろ過又は取替えを検討する．
	不　良 使用不可	15 kV 未満	至急，取替えを検討する．

④ 試験電圧を毎秒 3 000 V の割合で一様な速さで上昇させ，絶縁破壊電圧を測定する．

⑤ 最初の破壊により試験用変圧器の一次側遮断器が動作し，回路を開放してから約 1 分間放置し，油中に生じた泡等が消失するのを待って，次の試験を行う．

3 酸価試験

図 2 に，酸価試験の方法例を示す．試験は原則として，簡易酸価測定器を用いて実施すること．

① 5 mL の試料油を測定管(試験管)にとる．

② 同じ管に，試料油と同量(5 mL)の抽出液を加え，十分攪拌する．

③ ビュレット(注射管)に中和液を入れ，測定管(試験管)に中和液を 1 目盛ずつ注入して攪拌し，その内容液が赤く変化したときの中和液の注入量を，ビュレットの目盛から読み取る．

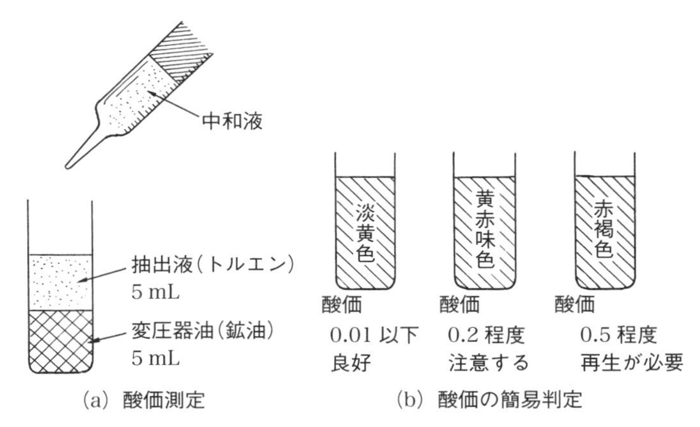

(a) 酸価測定　(b) 酸価の簡易判定

図 2　酸価試験

表 2　中和比色法に用いる試薬の種類

No.	キャップのシール	液　色	用　途
1	青	青	全酸価 0.1 以下判定用
2	白	青	全酸価 0.2 判定用
3	赤	赤紫	全酸価 0.4 判定用

図 2　判定液の選択

図 3　資料油の採油

図 4　試薬ガラス瓶への注入

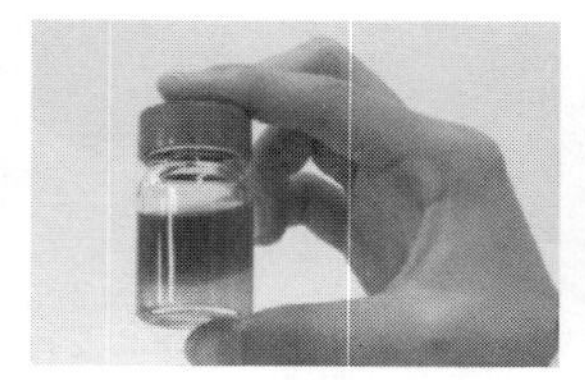

図 5　資料油と試薬の撹拌

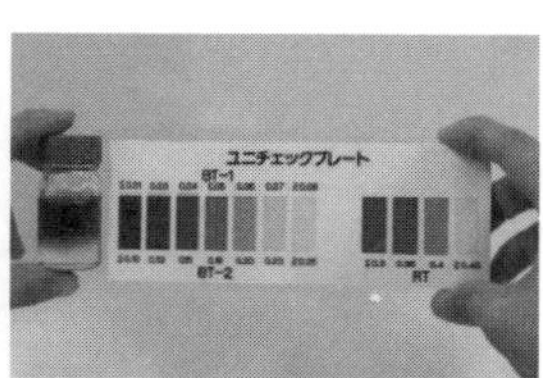

図 6　カラー板による判定

4　中和比色法を用いた酸価試験

図 2〜6 に試薬を加えて色で判定する方法（中和比色法）を用いた酸価試験方法を示す．試験は，プロムチモールブルー（BTB）指示薬による全酸価簡易測定法を用いて実施するものであり，現地での試験が可能なため現在では広く用いられている．

① 資料油の劣化程度から用いる判定液を表 2 の 3 種類から選択する．

② スポイトの赤色票線まで資料油を採取し，判定液のガラス瓶に静かに注入する．

③ キャップをして，3〜5 秒間激しくガラス瓶を振った後，2〜3 分間静置する．

④ 静置後，ガラス瓶内液が 2 層に分離した後，上層部をカラー板と比較して判定する．

⑤ 判定範囲外となった場合は，別の判定液で再度試験を行う．

表3　酸価値の判定基準

		酸　価〔mL〕	摘　　要
新　　油		0.02 以下	JIS C 2320
使用中の油	良　好 使用可	0.2 以下	
	要注意 使用可	0.2 超過 0.4 未満	機会をみて，取替えを検討する.
	不　良 使用不可	0.4 以上	至急，取替えを検討する.

5 判定基準

① 絶縁破壊電圧は，**表1**のとおりであること.

② 酸価値は，**表3**のとおりであること.

6 油中ガス分析について

油中ガス分析とは，変圧器内部で過熱や放電などの発熱を伴う異常現象が発生すると，絶縁油や油浸固体絶縁物から特定のガスが発生するため，これを検出分析することにより，変圧器の劣化を判定する方法である．油中ガス分析は，変圧器内部の異常を早期に発見でき，その状況が把握できる．前述した絶縁油の絶縁破壊試験や酸価試験のように絶縁油自体の劣化を判定するものとは性格を異にするが，採取した絶縁油から，絶縁油も含めた変圧器内の固体絶縁物の劣化が判定できるので，既設の変圧器を再利用する場合の竣工検査では有効である.

図7にその手順を示す.

分析のための費用や時間がかかるため，従来大容量(特高変圧器クラス)の変圧器に適用されてきたが，最近では，簡易分析装置が開発され，中小の汎用変圧器への適用も広まりつつある.

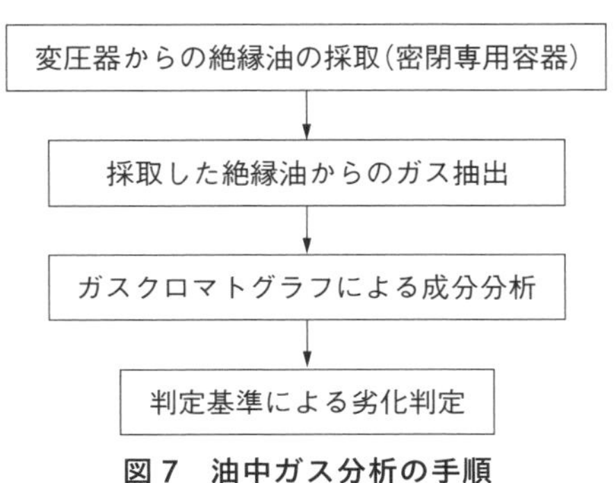

図7　油中ガス分析の手順

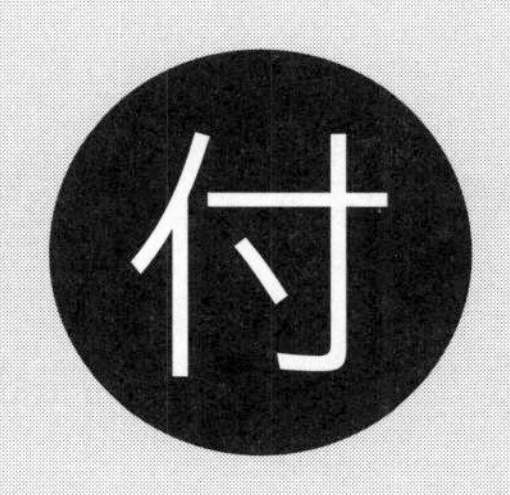

資料編

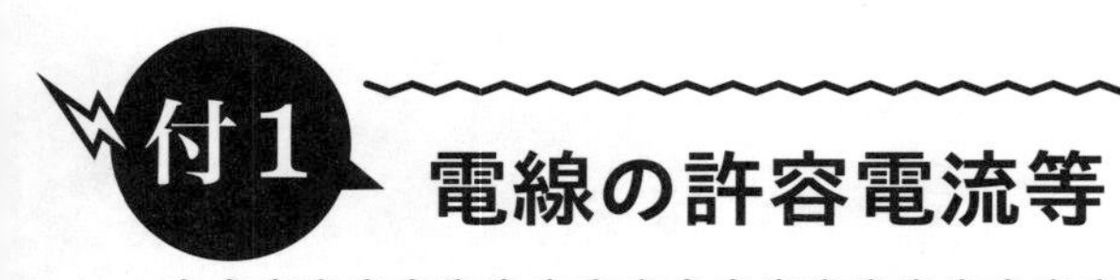

付1 電線の許容電流等

1 電線の種類と略称

■電線の種類と略称

絶縁電線・ケーブルの名称	略　称	規　格
600 V ビニル絶縁電線	IV	JIS C 3307
600 V 二種ビニル絶縁電線	HIV	JIS C 3317
600 V 耐燃性ポリエチレン絶縁電線	EM-IE	JIS C 3612
600 V 耐燃性架橋ポリエチレン絶縁電線	EM-IC	JIS C 3417
600 V ゴム絶縁電線	RB	
屋外用ビニル絶縁電線	OW	JIS C 3340
屋外用ポリエチレン電線	OE	
引込用ビニル絶縁電線	DV	JIS C 3341
600 V ビニル絶縁ビニルシースケーブル（平形）	VVF	JIS C 3342
600 V ビニル絶縁ビニルシースケーブル（丸形）	VVR	JIS C 3342
ゴムキャブタイヤケーブル	CT	JIS C 3327
ビニルキャブタイヤケーブル	VCT	JIS C 3312
2 種クロロプレンキャブタイヤケーブル	2RNCT	
3 種クロロプレンキャブタイヤケーブル	3RNCT	
4 種クロロプレンキャブタイヤケーブル	4RNCT	
溶接機導線用キャブタイヤケーブル	WCT	
600 V コンクリート直埋用ケーブル	CB	
600 V 架橋ポリエチレン絶縁ビニルシースケーブル	CV	JIS C 3605
600 V 架橋ポリエチレン絶縁ビニルシースケーブル（トリプレックス形）	CVT	
600 V ポリエチレン絶縁ビニルシースケーブル	EV	JIS C 3605
600 V ポリエチレン絶縁ポリエチレンシースケーブル	EE	JIS C 3605
無機絶縁ケーブル	MI	
耐火ケーブル	FP	

2 ビニル絶縁電線及びゴム絶縁電線の許容電流

■がいし引き配線により絶縁物の最高許容温度が60℃のIV電線などを施設する場合の許容電流

（周囲温度30℃以下）

（内規1340-1表）

導体（銅）		許容電流〔A〕
単線・より線の別	直径又は公称断面積	
単線	1.0 mm	(16)
	1.2 〃	(19)
	1.6 〃	27
	2.0 〃	35
	2.6 〃	48
	3.2 〃	62
	4.0 〃	81
	5.0 〃	107
より線	0.9 mm^2	(17)
	1.25 〃	(19)
	2 〃	27
	3.5 〃	37
	5.5 〃	49
	8 〃	61
	14 〃	88
	22 〃	115
	38 〃	162
	60 〃	217
	100 〃	298
	150 〃	395
	200 〃	469
	250 〃	556
	325 〃	650
	400 〃	745
	500 〃	842

〔備考〕直径1.2 mm以下及び断面積1.25 mm^2以下の電線は，一般的には配線に使用する電線として認められていない．したがって，（　）内の数値は参考に示したものである．

付 資料編

600 V CV ケーブルの許容電流

■600 V 架橋ポリエチレン絶縁ビニルシースケーブル（CV）の許容電流（単心，2 心，3 心）
（絶縁物の最高許容温度 90℃）　　（単位：〔A〕）

布設条件 ＼ 公称断面積	空中，暗きょ布設			直接埋設布設			管路引入れ布設			
	単心	2 心	3 心	単心	2 心	3 心	単心	2 心	3 心	単心
	3 条布設 S = 2d	1 条布設	1 条布設	3 条布設 S = 2d	1 条布設	1 条布設	4 孔 3 条布設	4 孔 4 条布設	4 孔 4 条布設	6 孔 6 条布設
2 mm²	31	28	23	38	39	32	—	25	21	—
3.5	44	39	33	52	54	45	—	35	29	—
5.5	58	52	44	66	69	58	—	45	37	—
8	72	65	54	81	85	71	—	55	46	—
14	100	91	76	110	115	97	—	75	63	—
22	130	120	100	140	150	125	—	98	81	—
38	190	170	140	190	205	170	—	130	110	—
60	255	225	190	245	260	215	—	170	140	—
100	355	310	260	325	345	285	310	225	185	270
150	455	400	340	405	435	360	390	285	235	340
200	545	485	410	470	505	420	460	330	275	395
250	620	560	470	525	570	470	520	370	305	445
325	725	660	555	605	650	540	600	425	350	510
400	815	—	—	670	—	—	670	—	—	570
500	920	—	—	745	—	—	750	—	—	635
600	1 005	—	—	805	—	—	820	—	—	695
800	1 285	—	—	990	—	—	990	—	—	835
1 000	1 465	—	—	1 095	—	—	1 115	—	—	930
基底温度	40℃			25℃			25℃			
導体温度	90℃			90℃			90℃			

（注）管路引入れ布設で 4 孔 3 条とは，4 孔のある管路のうち 3 孔を使用し，1 孔につき 1 条〔本〕のケーブルを 3 孔布設するという意味である．

600 V VV ケーブル，IV 電線(管に収める場合)の許容電流

■VV ケーブル並びに電線管などに絶縁物の最高許容温度が 60℃の IV 電線などを収める場合の許容電流

VV ケーブル配線，金属管配線，合成樹脂管配線，金属製可とう電線管配線，金属線ぴ配線，金属ダクト配線，フロアダクト配線及びセルラダクト配線などに適用する．

この場合において，金属ダクト配線，フロアダクト配線及びセルラダクト配線については，電線数「3 以下」を適用する．　(内規 1340-2 表)

(周囲温度 30℃以下)

導体(銅)		許容電流〔A〕				
単線・より線の別	直径又は公称断面積	VV ケーブル 3 心以下	IV 電線を同一の管，線ぴ又はダクト内に収める場合の電線数			
			3 以下	4	5～6	7～15
単線	1.2 mm	(13)	(13)	(12)	(10)	(9)
	1.6 〃	19	19	17	15	13
	2.0 〃	24	24	22	19	17
	2.6 〃	33	33	30	27	23
	3.2 〃	43	43	38	34	30
より線	5.5 mm^2	34	34	31	27	24
	8 〃	42	42	38	34	30
	14 〃	61	61	55	49	43
	22 〃	80	80	72	64	56
	38 〃	113	113	102	90	79
	60 〃	150	152	136	121	106
	100 〃	202	208	187	167	146
	150 〃	269	276	249	221	193
	200 〃	318	328	295	262	230
	250 〃	367	389	350	311	272
	325 〃	435	455	409	364	318
	400 〃	—	521	469	417	365
	500 〃	—	589	530	471	412

(備考) (1) この表において，中性線，接地線及び制御回路用の電線は，電線数に含めない．

(2) 直径 1.2 mm 以下の電線は，一般的には配線に使用する電線として認められていない．したがって，(　) 内の数値は，参考に示したものである．

600 V CV ケーブルの許容電流

■600 V 架橋ポリエチレン絶縁ビニルシースケーブル(CV)の許容電流(単心 2 個より，単心 3 個より)

(絶縁物の最高許容温度 90℃)　　(単位：〔A〕)

布設条件 ＼ 公称断面積	空中，暗きょ布設		直接埋設布設		管路引入れ布設	
	単心 2 個より	単心 3 個より	単心 2 個より	単心 3 個より	単心 2 個より	単心 3 個より
	1 条布設	1 条布設	1 条布設	1 条布設	2 孔 1 条布設	2 孔 1 条布設
14 mm²	91	86	120	100	90	81
22	120	110	155	130	115	105
38	165	155	210	180	160	145
60	225	210	270	230	210	185
100	310	290	360	305	285	250
150	400	380	450	380	360	320
200	490	465	525	445	430	380
250	565	535	590	500	490	430
325	670	635	675	570	570	500
400	765	725	750	635	635	560
500	880	835	830	705	715	645
基底温度	40℃		25℃		25℃	
導体温度	90℃		90℃		90℃	

6 引込用ビニル絶縁電線，屋外用絶縁電線の許容電流

■引込用ビニル絶縁電線（DV 電線）及び屋外用絶縁電線の許容電流

（内規 1340-8 表）

導体の種類	導体		許容電流〔A〕				
	直径又は公称断面積もしくは素線数（mm 又は mm²）		DV 電線		屋外用絶縁電線		
			2 個より	3 個より	OW 電線	OE 電線	OC 電線
銅	単線	2.0	28	25	—	—	—
		2.6	38	34	35	—	—
		3.2	50	44	45	—	—
		4.0	—	—	57	—	—
		5.0	—	—	73	110	140
	より線	14 7/1.6	70	62	60	—	—
		22 7/2.0	92	80	78	120	150
		38 7/2.6	130	113	100	165	210
		60 19/2.0	174	152	130	220	280
		100 19/2.6	238	209	175	300	390
鋼心アルミ	より線	12 6/SB	45	45	—	—	—
		19 6/SB	60	55	—	—	—
		25 6/SB	70	65	64	95	125
		32 6/SB	80	70	73	115	145
		58 6/SB	115	110	99	160	205
		95 6/SB	150	140	125	210	275
		120 6/SB	—	—	135	240	305

（備考）（1）鋼心アルミ DV 電線は，次図（2 個よりのものを示す）の形状で 1 条あるいは 2 条（3 個よりの場合）が硬アルミ線心であるが，この表では，鋼心アルミ線心の公称断面積をもって示している．

（2）単相 3 線式の回路に使用する場合は，導体数 2 本の許容電流を適用する．

（3）この表の数値は，（一社）日本電気協会制定，電気技術規程，JEAC7001［配電規程］による．なお，屋外用絶縁電線は，周囲温度 40℃の場合の数値を示している．

鋼心アルミ DV 線（2 個より）

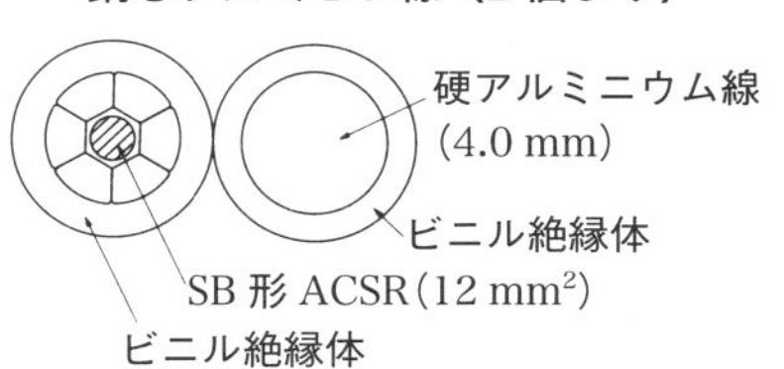

付 資料編

高圧配線の電線の太さ

■高圧配線の電線の太さ（キュービクル式以外の場合）

項　目	短絡電流〔kA〕	CB			PF 限流形
		8 サイクル遮断	5 サイクル遮断	3 サイクル遮断	
母　線	4.0	22 mm^2	22 mm^2	14 mm^2	14 mm^2
	8.0	38	38	30	14
	12.5	60	50	50	14
母線から分岐する電線	4.0	14	14	14	5.5
	8.0	30	22	22	8
	12.5	60	38	38	14

（注）計器用変圧器などの配線には，5.5 mm^2 以上の太さの電線を使用すること．

■高圧配線の電線の太さ（キュービクル式の場合）

主遮断装置の種類 ＼ 配線の種類	PF・S	CB
母　線	14 mm^2	38 mm^2
母線から分岐する電線	14 mm^2	14 mm^2

（JIS C 4620）

8 高圧ケーブルの許容電流

ケーブルサイズ〔mm^2〕	6.6 kV CV-1C〔A〕	6.6 kV CVT〔A〕
2.0	—	—
3.5	—	—
5.5	—	—
8	78	—
14	105	75
22	140	120
38	195	170
60	260	225
100	355	310
150	455	405
200	540	485
250	615	560
325	720	660

（備考）基底温度：40℃
　　　　導体最高許容温度：90℃

付2 高圧ケーブル端末処理

1 6 600 V CVT ケーブル用ゴムストレスコーン形屋内終端接続部

■6 600 V CVT ケーブル用ゴムストレスコーン形屋内終端接続部
（JCAA 規格 C3103）

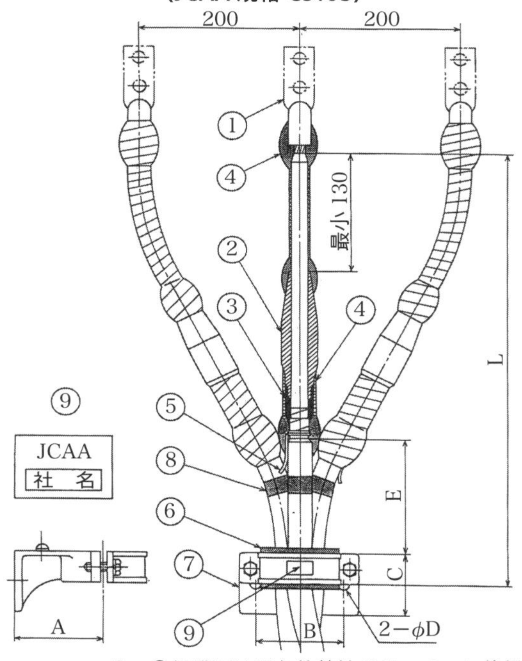

注：④保護層は黒色粘着性ポリエチレン絶縁テープ
又は自己融着性絶縁テープ及び保護テープ

9	銘　板
8	相色別テープ
7	ケーブル用ブラケット
6	ゴムスペーサー
5	すずめっき軟銅線
4	保護層
3	半導電性融着テープ
2	ゴムストレスコーン
1	端　子

導　体 断面積 〔mm^2〕	各部の寸法〔mm〕					
	A	B	C	D	E	L
8～22	80	75	70	11	100	475
38, 60	90	80	70	14	130	505

2 6 600 V CVT ケーブル用ゴムとう管形屋外終端接続部

■6 600 V CVT ケーブル用ゴムとう管形屋外終端接続部
（JCAA 規格 C3104）

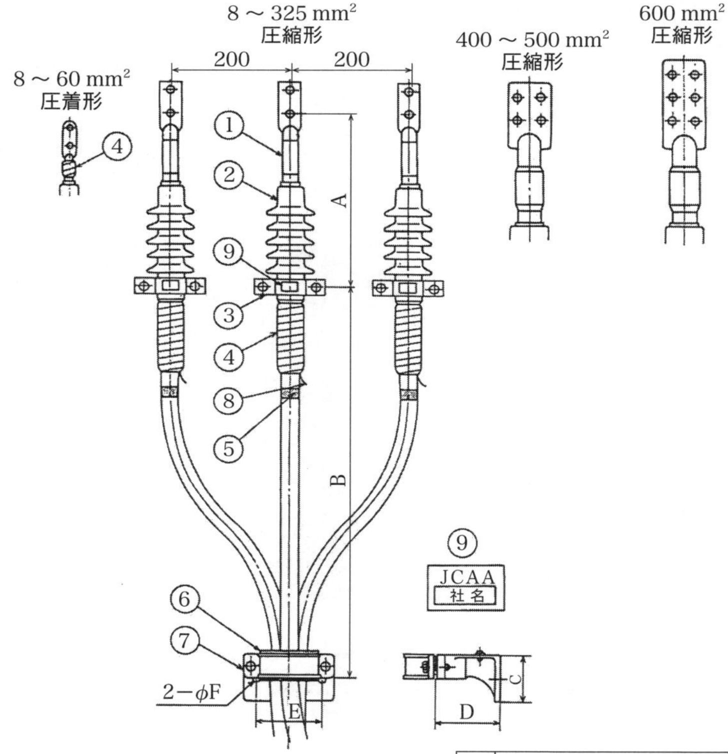

導 体 断面積 〔mm²〕	各部の寸法〔mm〕						
	A		B	C	D	E	F
	圧着形	圧縮形					
8	240	300	550	70	80	75	11
14	240	300	565	70	80	75	11
22	240	300	575	70	80	75	11
38	245	300	600	70	90	80	14
60	245	300	620	70	90	80	14

9	銘 板
8	すずめっき軟銅線
7	ケーブル用ブラケット
6	ゴムスペーサー
5	相色別テープ
4	保護層
3	サドル
2	ゴムとう管
1	端 子

3 6 600 V CVT ケーブル用耐塩害終端接続部

■6 600 V CVT ケーブル用耐塩害終端接続部
（JCAA 規格 C3101）

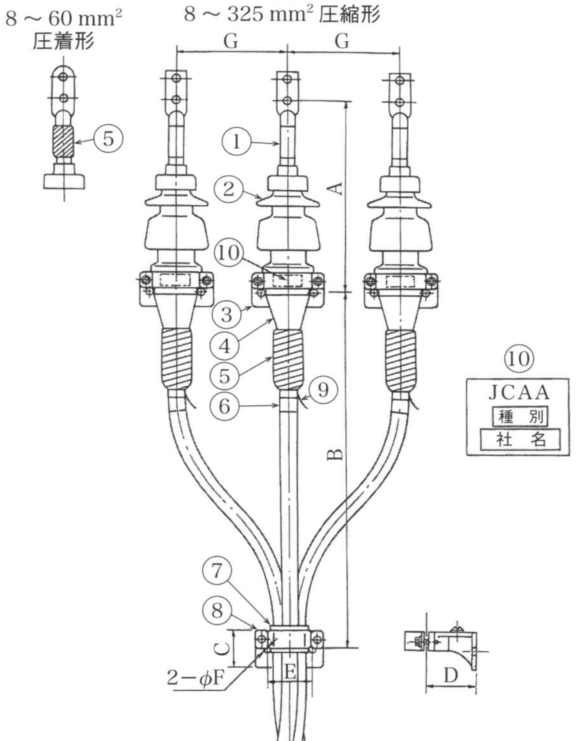

注：⑤保護層は黒色粘着性ポリエチレン絶縁テープ又は自己融着性絶縁テープ及び保護テープ

導体断面積〔mm²〕	各部の寸法〔mm〕							
	A		B	C	D	E	F	G
	圧着形	圧縮形						
8	290	355	590	70	80	75	11	210
14	290	355	590	70	80	75	11	210
22	295	355	590	70	80	75	11	210
38	295	355	615	70	90	80	14	210
60	300	355	635	70	90	80	14	210

10	銘　板
9	すずめっき軟銅線
8	ケーブル用ブラケット
7	ゴムスペーサー
6	相色別テープ
5	保護層
4	ゴムストレスコーン
3	ブラケット
2	がい管
1	端　子

④ 6 600 V CVT ケーブル用テープ巻形屋内終端接続部

■6 600 V CVT ケーブル用テープ巻形屋内終端接続部
(JCAA 規格 C4102)

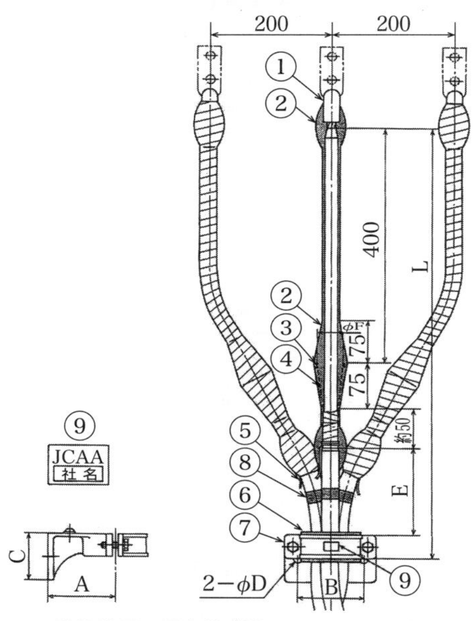

注：1. ②保護層は黒色粘着性ポリエチレン絶縁テープ又は自己融着性絶縁テープおよび保護テープ
2. ④に半導電性融着テープを使用する場合は③すずめっき軟銅線は不要

導　体 断面積 〔mm²〕	各部の寸法〔mm〕						
	A	B	C	D	E	F	L
8	80	75	70	11	100	ケーブル絶縁体外径＋11	680
14	80	75	70	11	100		680
22	80	75	70	11	100		680
38	90	80	70	14	130		710
60	90	80	70	14	130		710
100	90	80	70	14	160		740
150	110	110	80	14	160		745
200	110	110	80	14	160		745
250	110	110	80	14	180		765
325	120	120	90	14	180		770

番号	名称
9	銘　板
8	相色別テープ
7	ケーブル用ブラケット
6	ゴムスペーサー
5	すずめっき軟銅線
4	鉛テープ又は半導電性融着テープ
3	すずめっき軟銅線
2	保護層
1	端　子

付3 高圧受電設備等の主要機器と文字記号

■主要機器名等の文字記号

主な機器名	文字記号
断路器	DS
ピラーディスコン	PDS
モールドディスコン	MDS
避雷器	LA
零相変流器	ZCT
地絡継電器	GR
地絡方向継電器	DGR
過電流継電器	OCR
不足電圧継電器	UVR
過電圧継電器	OVR
電力需給用計器用変成器	VCT
計器用変圧器	VT
変流器	CT
高圧限流ヒューズ	PF
高圧交流遮断器	CB
油遮断器	OCB
真空遮断器	VCB
高圧交流負荷開閉器	LBS
高圧気中負荷開閉器	PAS
高圧ガス負荷開閉器	PGS
地中線用 GR 付ガス開閉器	UGS
真空負荷開閉器	VS
油開閉器	OS
高圧進相コンデンサ	SC
直列リアクトル	SR
変圧器	T
高圧カットアウト	PC
配線用遮断器	MCCB
漏電遮断器	ELCB
引外しコイル	TC
A 種接地工事	E_A
B 種接地工事	E_B
C 種接地工事	E_C
D 種接地工事	E_D

付4 デマンドコントローラ

デマンドコントローラは，最大需要電力を適正な管理値に維持するために，一般送配電事業者の取引用計器等から発信される電力パルス(例えば50 000パルス/kWh）を入力として，電力使用状況を常時監視し，あらかじめ設定された管理目標電力値に対し，一般に30分時限終了時のデマンド値を予測する．超過のおそれが生じたときに警報を発し，負荷の遮断が必要なときには，定められた負荷を手動又は自動遮断する．又，余裕ができた場合には，手動又は自動復旧する．このように，電力の使用に応じて負荷の制御を行い，最大需要電力が契約需要電力を超過しないように，又は低減するために活用される．

システム基本構成を**図1**に示す．

① パルス検出器

取引用計器からパルスを検出し，所定のパルス幅・パルス定数に変換するもので，パルス検出部(貫通形CT)は一般送配電事業者が設置するパルス線に取り付ける．

② デマンドコントローラ

マイコンによる演算機能をもち，設定部，操作部，表示部，印字記録部，入出力部，電源部等から構成される．

③ リレーボックス

デマンドコントローラからの警報・制御信号を，リレーにより接点増幅し，分離出力する．又，負荷の制御等により発生するノイズがデマンドコントローラへの影響を低減する役割も果たす．

デマンドコントローラの基本動作原理を**図2**に示す．

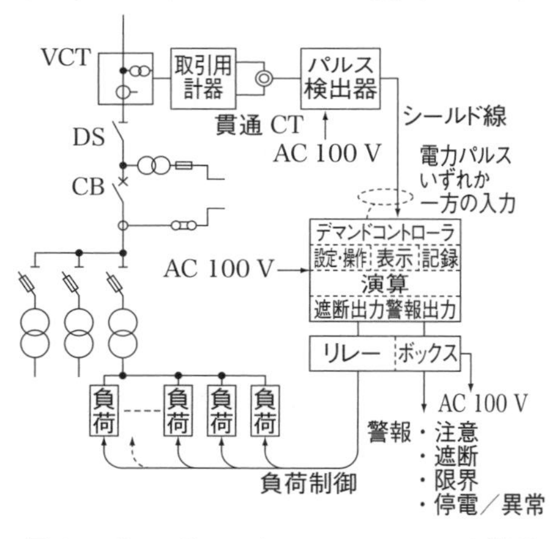

図1　デマンドコントローラのシステム構成

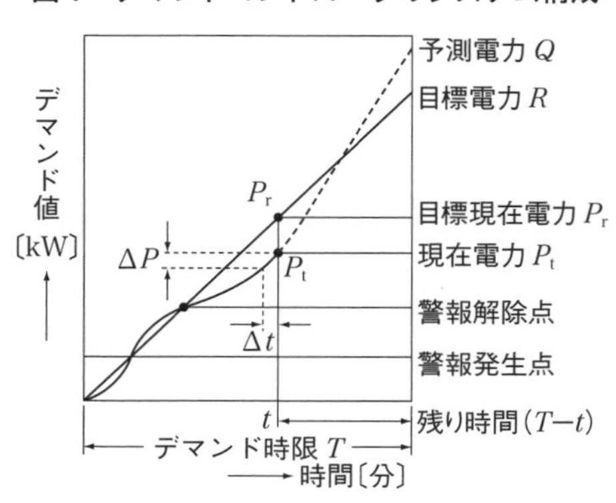

図2　基本動作原理の関係

付5 絶縁監視装置

絶縁監視装置とは，低圧電路の絶縁レベルの異常を検出する絶縁検出器，その監視結果を自動伝送する発信器及び伝送された情報を受信する受信機から構成される．

1 絶縁検出器

絶縁検出器は，監視対象電路の漏れ電流が変圧器のB種接地工事の接地線に還流してくる性質を利用して，この漏れ電流(I_0)を常時計測し，所定の変化が生じたとき信号を発するI_0検出方式がある．

しかし，交流電路におけるI_0は，対地絶縁抵抗に基づく電流成分と対地静電容量に基づく電流成分から成るため，単に漏れ電流の変化だけでは絶縁監視ができない場合があるので，対地絶縁抵抗に基づく電流成分のみを常時計測し，所定の変化が生じたとき信号を発する方式のものが必要である．

そこで，電路と大地の間に商用周波と異なる周波数の交流を監視用電源としてB種接地工事の接地線から印加し，対地インピーダンスを通してB種接地

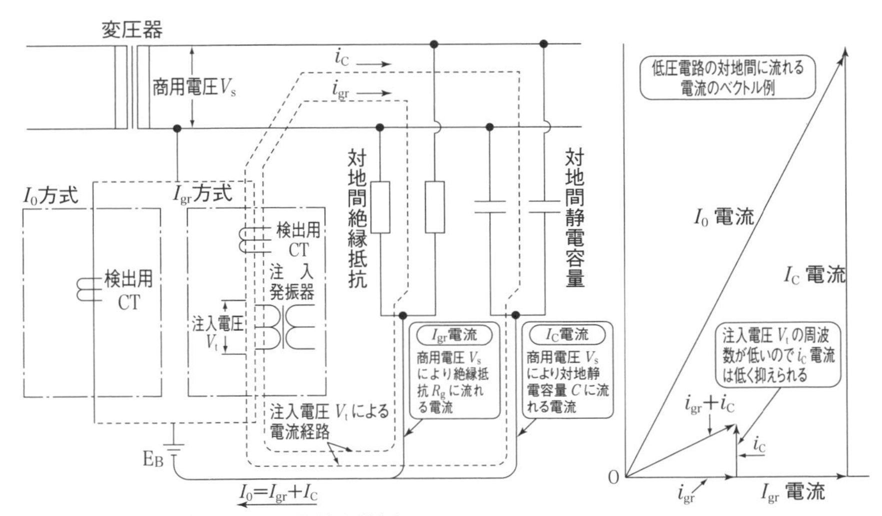

（参考）1. I_0方式では，I_0電流を計測している．
2. I_{gr}方式では，i_{gr}電流を計測して，この値からI_{gr}電流を換算して求める．

図1 絶縁監視装置の検出方式

付 資料編

工事の接地線に還流する電流の有効分を分離検出する交流重畳有効分(I_{gr})方式などがある.

I_0 絶縁検出器と I_{gr} 絶縁検出器との検出方式の概念図は，**図1**のとおりである.

(a) I_0 絶縁検出器

I_0 絶縁検出器の構成は，**図2**のとおりであり，その機能及び動作は次のとおりである.

① B種接地工事の接地線に装着した検出用変流器(CT)により検出される漏れ電流 I_0 を増幅整流し，警報判定回路に出力する.

② 警報判定回路は，あらかじめ設定されている注意レベル警報値及び警戒レベル警報値と比較し，設定値以上の場合は，表示ランプを点灯するとともに発信器又は通報器に警報信号を出力する.

③ この I_0 絶縁検出器は，低圧電路の対地静電容量が常時小さい場合に適用するので，絶縁低下が生じた場合，I_0 は大きくなる．したがって，I_0 の大きさを常時計測して所定の設定値以上になったとき，絶縁低下が発生したものと推測する.

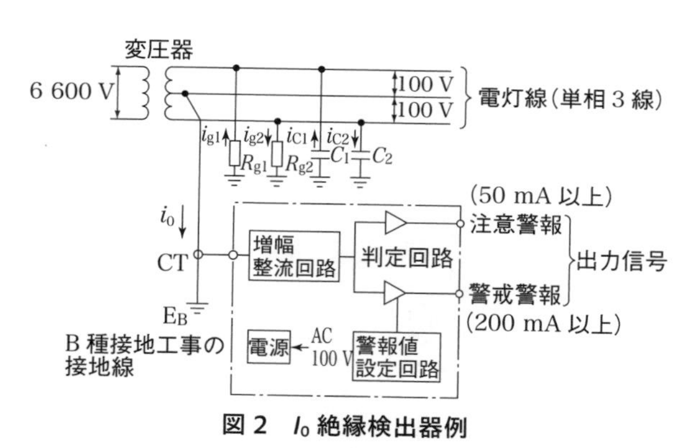

図2　I_0 絶縁検出器例

(b) I_{gr} 絶縁検出器

I_{gr} 絶縁検出器の構成は，**図3**のとおりであり，その機能及び動作は次のとおりである.

① 注入発信器(注入トランス)によりB種接地工事の接地線を通じ，変圧器二次側の低圧電路に低周波(12 Hz，20 Hz ほど)の監視用信号電圧を商用周波に重畳して注入する．監視対象電路からB種接地工事の接地線に還流してくる漏れ電流をCTにより検出し，濾波器（フィルタ）により監視

用信号成分を分離抽出する．

② 電路の対地静電容量が大きく，絶縁低下のない健全な電路の場合，漏れ電流のうち対地静電容量に基づく電流成分 I_{gC} が，I_0 のうち対地絶縁抵抗に起因する電流成分 I_{gr} に比べ著しく大きいので，有効分検出回路において有効分を求めるとき誤差が大きくなる傾向がある．これを防ぐため，静電容量抑圧回路で無効分を抑圧する．

③ 有効分検出回路は，静電容量抑圧回路で無効分を抑圧後，有効分に比例した電流値のみを検出し，警報判定回路に出力する．

④ 警報判定回路は，あらかじめ設定されている注意レベル警報値，警戒レベル警報値と比較し，それ以上の場合は表示ランプを点灯するとともに，発信器又は通報器に警報信号を出力する．

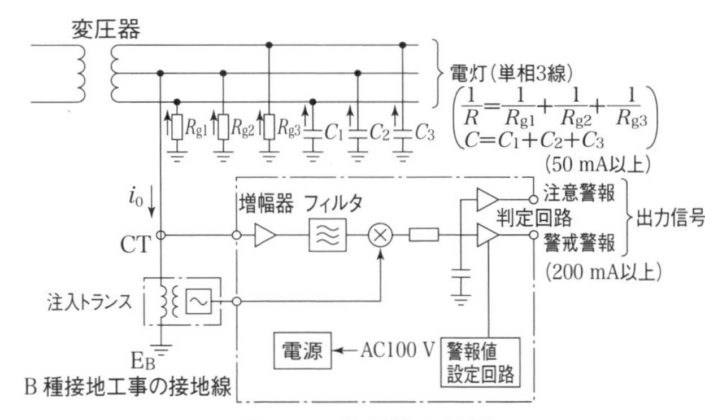

図 3 I_{gr} 絶縁検出器例

2 発信器

発信器の構成は**図 4** のとおりであり，その機能及び動作は次のとおりである．

① 絶縁検出器の警報信号を検出すると網制御部が動作し，自動ダイヤルで監視センターの受信機を呼び出し，電話回線に接続する．

② 回線接続後，受信機からの応答信号を受信すると，入力データを変調部に送り，周波数変調した信号波を回線に送出する．

③ 受信機からの受信確認信号を受信すると．回線を復旧して送信を終了する．近時，発信器は検出器と一体化され，無線端末により直接監視センターに転送されるようになった．

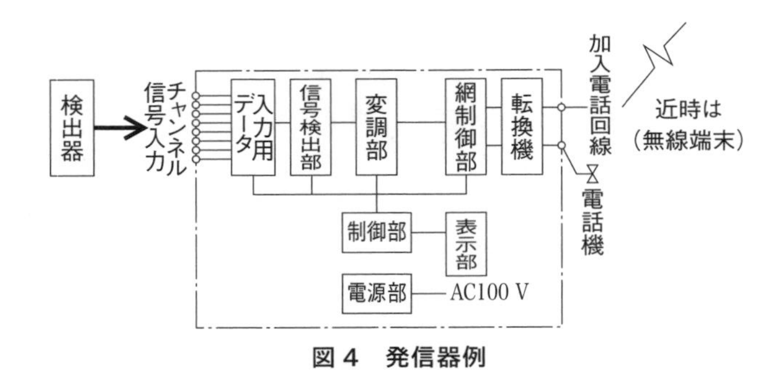

図４　発信器例

3 通報器

通報器の構成は図５のとおりであり，その機能及び動作は次のとおりである．

絶縁検出器の警報信号を受けると，警報表示ランプが点灯するとともにアラームが鳴動する．通報器は，現場に設置されているため，現場に監視する人がいないと警報がわからないため，この方式は数少なくなっている．

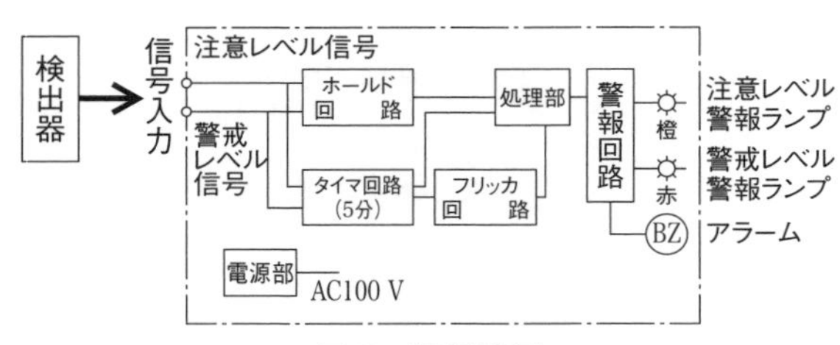

図５　通報器例

4 受信機

受信機の構成は図６のとおりであり，その機能及び動作は次のとおりである．

① 電話回線等から発信器の呼び出しを受けると，網制御部は自動着信形式でこれに応じ，変復調部を公衆通信回路に接続する．

② 変復調は，発信器から送出されてくる変調信号を復調し，パルス信号に変換する．

③ パルス信号は処理され，受信日時，場所No，監視情報コードなど，文

字で表示及びプリントするとともにメモリされ，警報を発する．
④ 受信内容を確認して，設備担当者等が現場に出動する．

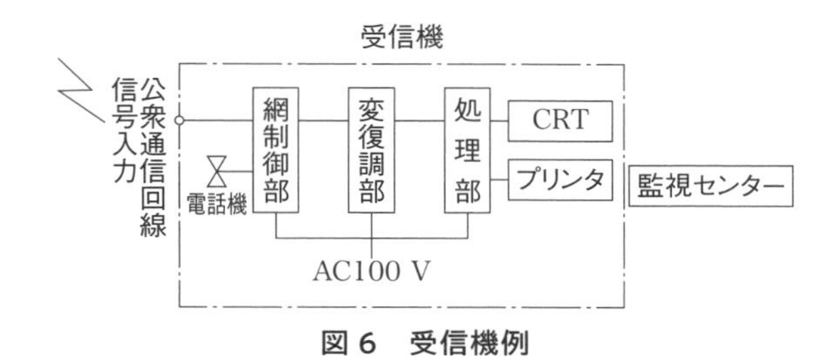

図 6　受信機例

高圧受電設備機器等の更新推奨の目安

各機器の更新推奨時期

機　種	更新推奨時期
柱上気中開閉器（PAS）	屋外用：10年又は負荷電流開閉回数200回 屋内用：15年又は負荷電流開閉回数200回 GR付開閉器の制御装置：10年
高圧CVケーブル	水気の影響がある場合：15年 水気の影響がない場合：20年
断路器	手動操作：20年　又は操作回数　1 000回 動力操作：20年　又は操作回数10 000回
避雷器	15年
真空遮断器	20年　又は規定開閉回数
油遮断器（小油量遮断器含む）	20年
モールド形計器用変成器	15年
高圧気中負荷開閉器（LBS）	15年
保護継電器	15年
高圧限流ヒューズ	屋内用：15年 屋外用：10年
高圧交流電磁接触器	15年　又は規定開閉回数
高圧進相コンデンサ 直列リアクトル	15年 15年
高圧配電用変圧器	20年

(注)「汎用高圧機器の更新推奨時期に関する調査」報告書及び技術資料((一社)日本電機工業会),「高圧CVケーブルの保守・点検指針」技術資料((一社)日本電線工業会)による.

電線・ケーブルの仕上がり外径早見表

（単位：〔mm〕）

サイズ	IV HIV	KIV	VVR		600 V CV				CVT	
〔mm〕		600 V	2C	3C	1C	2C	3C	4C	600 V	6 600 V
1.2	2.8									
1.6	3.2		9.9	10.5						
2.0	3.6		11.0	11.5						
2.6	4.6		13.0	13.5						
〔mm^2〕										
0.75		2.8								
0.9	2.8									
1.25	3.0	3.1								
2	3.4	3.1		11.0	6.5	10.0	11.0	12.0		
3.5	4.1	4.1		12.5	7.0	11.0	12.0	13.0		
5.5	5.0	5.1	13.5	14.5	8.0	13.0	14.0	16.0		
8	6.0	6.1	15.5	16.5	9.0	15.0	15.0	17.0	19.0	
14	7.6	7.7	19.0	20.0	9.5	16.0	17.0	19.0	21.0	
22	9.2	10.2	23.0	24.0	11.0	19.0	20.0	23.0	24.0	40.0
38	11.5	12.7	27.0	29.0	13.0	23.0	25.0	27.0	28.0	44.0
60	14.0	15.3	32.0	33.0	16.0	29.0	31.0	34.0	33.0	49.0
100	17.0	19.2	39.0	42.0	19.0	37.0	39.0	44.0	41.0	56.0
150	21.0	23.1	47.0	50.0	22.0	42.0	45.0	51.0	47.0	62.0
200	23.0	26.2	52.0	56.0	26.0	50.0	53.0	60.0	55.0	70.0
250	26.0	28.4	58.0	62.0	28.0	54.0	58.0	65.0	60.0	76.0
325	29.0		64.0	69.0	31.0	60.0	64.0	72.0	66.0	82.0

CV ケーブルの太さと保護管サイズ早見表

（単位：〔mm〕）

種別	サイズ	仕上外径	厚鋼電線管	配管用 炭素鋼鋼管	硬質塩化 ビニル電線管	波付硬質 合成樹脂管
600 V CV-2C	2.0	10.5	28	25	28	30
	3.5	11.5	28	25	28	30
	5.5	13.5	28	25	28	30
	8	15.0	28	25	28	30
	14	16.5	28	25	28	30
	22	19.5	36	32	36	30
	38	24.0	42	40	42	40
	60	29.0	54	50	54	50
	100	37.0	70	65	70	65
	150	43.0	70	65	70	65
	200	50.0	82	80	82	80
	250	54.0	92	90	82	100
	325	60.0	92	90	92	100
600 V CV-3C	2.0	11.0	28	25	28	30
	3.5	12.5	28	25	28	30
	5.5	14.5	28	25	28	30
	8	16.0	28	25	28	30
	14	17.5	28	25	28	30
	22	21.0	36	32	36	40
	38	25.0	42	40	42	40
	60	31.0	54	50	54	50
	100	40.0	70	65	70	65
	150	46.0	70	80	82	80
	200	54.0	82	90	100	100
	250	58.0	92	90	100	100
	325	65.0	104	100	100	100
600 V CVT	14	21.0	36	32	36	40
	22	24.0	36	40	42	40
	38	28.0	42	50	54	50
	60	33.0	54	50	54	65
	100	41.0	70	65	70	65
	150	47.0	82	80	82	80
	200	55.0	92	90	100	100
	250	60.0	92	90	100	100
	325	66.0	104	100	100	100
6.6 kV CVT	22	42.0	70	65	70	65
	38	46.0	70	80	82	80
	60	50.0	82	80	82	80
	100	57.0	92	90	100	100
	150	65.0	104	100	100	100
	200	72.0	—	125	125	125
	250	76.0	—	125	125	125
	325	85.0	—	150	150	150

※1 管 1 条の場合

索　　引

あ　行

か　行

さ　行

た 行

な 行

は 行

ま 行

や 行

ら 行

わ 行

ギリシャ・数字

英 字

索
索引

高圧受電設備等設計・施工要領（改訂３版）

2002 年 1 月 20 日　第 1 版第 1 刷発行
2012 年 9 月 20 日　改訂 2 版第 1 刷発行
2022 年 1 月 20 日　改訂 2 版第 11 刷発行
2023 年 4 月 25 日　改訂 3 版第 1 刷発行

編　者　オーム社
発行者　村上和夫
発行所　株式会社 オーム社
郵便番号　101-8460
東京都千代田区神田錦町 3-1
電話　03(3233)0641(代表)
URL　https://www.ohmsha.co.jp/

印刷・製本　三美印刷
ISBN978-4-274-23022-6　Printed in Japan